ON FIRE

Naomi Klein
ナオミ・クライン
中野真紀子、関房江［訳］

地球が燃えている

気候崩壊から人類を救うグリーン・ニューディールの提言

大月書店

地球が燃えている

目次

ONF

【凡例】

本書は Naomi Klein, *On Fire: The Burning Case for a Green New Deal* (Simon & Schuster, 2019) の全訳である。

一、原書における注は＊1のように本文中に番号を付し、セクションの末尾に掲載した。

一、訳者による注は本文中に〔　〕で挿入するか、〔1〕のように番号を付し、巻末にまとめて掲載した。

一、文中に登場する書籍等について、邦訳が確認できたものはその書名を示し、それ以外は訳者による仮訳とした。

序章——「私たちは山火事だ」

二〇一九年三月中旬の金曜日、子どもたちは次々と学校を抜け出し、小川の流れのように列をつくった。無断欠席という違反行為をすることの興奮と挑戦意識で、にぎやかに喋りちらしていた。小さな流れは大通りに注ぎ込み、他の子どもたちの流れと合流した。ヒョウ柄のレギンスから、ぱりっとした制服姿まで、いろんな格好をした子どもたちが、歌ったり、お喋りしたりしながら進んでいく。

小さな川は、じきに大河となった。ミラノで一〇万人、パリで四万人、モントリオールで一五万人。人の波の上に、ボール紙のプラカードが浮かびあがる——「地球にスペアはない！」「私たちの未来を燃やさないで」「この家が燃えている！」

もっと手の込んだプラカードもあった。ニューヨーク市では、繊細なマルハナバチ、花、ジャングルの動物たちを描いた鮮やかな絵を掲げる女の子がいた。遠目には、生物多様性についての学校プロジェクトのように見えた。近づいてよく見ると、それは六度目の大量絶滅を嘆くものだった——「昆虫の四五％が気候変動で失われました。動物の六〇％が過去五〇年間で消えました」。その真ん中に彼女が描いたのは、残り少ない砂粒が急速になくなっていく砂時計だった。

気候対策を求める史上初の世界的な学校ストライキに参加した若者たちにとって、学習することが急進化の理由となった。初級読本や教科書、大型予算のドキュメンタリー映画などを通じて彼らは、古代の氷河、美しいサンゴ礁、エキゾチックな哺乳類など、この惑星には不思議で目を見張るような素晴らしいことがたくさんあるのを知った。しかし、それとほぼ同時に、教師や年長のきょうだい、同じ映画の続編などから、こうした自然の驚異の多くがすでに消滅していること、残っているものも、その多くは自分たちが三〇代を迎えるまでには絶滅するおそれがあることを教えられた。

だが、子どもたちが一斉に授業を放棄して行進することにした理由は、気候変動について学んだからだけではない。彼らの多くにとって気候変動は現実の生活体験だったのだ。南アフリカ共和国のケープタウンにある国会議事堂の外では、何百人もの幼い学校ストライキ参加者たちが、選挙で選ばれた指導者たちに向かって、新たな化石燃料プロジェクトの承認をやめてほしいと声を合わせて訴えた。ちょうど一年前、人口四〇〇万人のこの都市はひどい干ばつに見舞われ、住民の四分の三が、水道の蛇口をひねっても何も出てこない可能性に直面した。ニュースでは「ケープタウンに干ばつの〝デイ・ゼロ〟が迫る」というような見出しが踊った。この子どもたちにとって気候変動は、本で読んだだけの、はるか彼方にある怖いできごとではなかった。それは喉の渇きそのものと同じ、実在する緊急事態だった。

同じことは、太平洋の島嶼国バヌアツでおこなわれた気候ストライキにも当てはまる。島民は、海岸浸食がさらに進むのを恐れながら暮らしている。同じ太平洋の隣国ソロモン諸島は、海面上昇の結果すでに五つの小島を失い、他の六島も永遠に消滅しかねない深刻なリスクにさらされている。

「海面じゃなく、声を上げよう！」と、生徒たちは訴えをくりかえした。

ニューヨーク市では、数十の学校から抜け出した一万人の生徒たちがコロンバス・サークルに結集し、「死んでしまったら、お金なんて役に立たない！」と合唱しながらトランプ・タワーに向かって行進した。年長の子たちは、二〇一二年に熱帯低気圧に変わったハリケーン・サンディがこの沿岸都市を襲ったときのことを鮮明に記憶していた。「自分の家が水に浸かってしまい、何がなんだかわかりませんでした」と、サンドラ・ロジャースはそのときのことを回想する。「それがきっかけで、いろいろ調べるようになりました。学校では、こういうことを教えてくれないのです」

ニューヨーク市の巨大なプエルトリコ系コミュニティの人々も、この季節外れの陽気の中で大挙して街にくり出した。プエルトリコ島の旗を身にまとって到着した子どももいた。これは、いまもハリケーン・マリアの後遺症に苦しむ現地の親戚や友人たちのことを思い出すためだ。二〇一七年のこのハリケーンによって島の大半が停電と断水にみまわれ、復旧までに一年近くもかかったのだ。この完全なインフラ崩壊のおかげで、およそ三〇〇〇人が命を落とした。

サンフランシスコでも熱気はすごかった。ストに参加した一〇〇〇人以上の生徒たちが、近隣で操業する汚染産業のおかげで、慢性的な喘息を患っている苦しみを訴えたのだ。おまけに、ほんの数カ月前には大規模な山火事の煙がベイエリアを窒息させ、一段と症状が悪化したという。太平洋岸北西部の各地で決行された学校ストにおいては、証言はどれも似通っていた。記録的な山火事の煙が、二年連続で夏の太陽を覆い隠してしまった。国境の向こう「カナダ」のバンクーバーでは、若者たちが最近、市議会に迫って「気候緊急事態」を宣言させることに成功した。

七〇〇〇マイル離れたデリーでは、学生スト参加者たちは、絶え間ない大気汚染〔世界最悪のことが多い〕にもひるまず、白い医療用マスクをつけて叫んだ。「あなた方は、私たちの未来を売り飛ばした。利益しか頭にないんだ！」

取材に応じた学生の中には、二〇一八年に四〇〇人以上の犠牲者を出したケララ州の壊滅的な洪水について話す者もいた。

オーストラリアの石炭ボケした資源大臣は、「抗議行動に参加して学べるのは、配給待ちの列に並ぶ作法ぐらいだ」と言い放った。そんな言葉はものともせず、一五万人の若者たちがシドニー、メルボルン、ブリスベン、アデレードをはじめオーストラリア各地の都市の広場に流れ込んでいった。

この世代のオーストラリア人は、すべてが正常だと偽るのはもう無理と判断したのだ。なにしろ、二〇一九年の年初には南オーストラリア州の都市ポートオーガスタで四九・五℃という、かまどのような気温に達したのだ。そして、生物でできた世界最大の自然構造物であるグレート・バリア・リーフ〔オーストラリア北東岸に広がる世界最大のサンゴ礁地帯〕の半分が死滅して、水中の集団墓地と化した。ストライキに至るまでの数週間には、ビクトリア州では個別の森林火災が合体して大規模な火災となり、数千人が家を捨てて避難しなければならなかったし、タスマニアでは、世界の他の生態系には類を見ない貴重な古代の原生林が山火事によって破壊された。二〇一九年一月には、極端な気温の変動と水質管理の不手際が相まって、ダーリング川に一〇〇万匹の魚の死体が浮かんで流れをせき止める事態が発生した。その黙示録的な光景に、すべての国民が目を覚ますことになった。

「あなた方は、私たちをひどく失望させました」と、ストライキを主催した一五歳のノスラット・ファレハは政治階級全体に向けて語りかけた。「もっとしっかりやってください。子どもは投票すら許されないのに、あなた方の怠慢が引き起こす結果を将来も耐え忍んでいかなければならないのです」

モザンビークでは学校ストはなかった。全世界で学校ストが決行された三月一五日に、この国ではサイクロン・イダイというアフリカ大陸の歴史上でも最大級の大嵐が襲来するため、それに備えるのに大わらわだったからだ。水位が上昇すると人々は木のてっぺんによじ登って避難したが、最終的に一〇〇〇人以上の犠牲者が出た。そしてわずか六週間後、まだ瓦礫《がれき》の片付けも終わっていないというのに、次の記録的暴風雨、サイクロン・ケネスがモザンビークを襲った。

世界のどこに住んでいようとも、この世代には共通項がある。彼らは、地球規模での気候変動がもはや将来の脅威ではなく、生活の現実となった最初の世代なのだ。そして、少数の不運なホットスポットではなく、どの大陸でも例外なくほぼすべての事象が、大方の科学モデルの予想をはるかに超えるスピードで展開している。

海洋の温暖化は、わずか五年前の国連予測より四〇%も速く進んでいる。そして、環境科学研究の学術誌『エンバイロンメンタル・リサーチ・レターズ』の二〇一九年四月号に掲載された、著名な氷河学者ジェイソン・ボックスの率いる北極圏の状態についての決定的な研究によれば、さまざまな形状の氷があまりに急速に融けているため、「北極圏の生物理学的なシステムは、いまや二〇世紀の状態から明白な離脱傾向を示し、前例のない状態へと突き進んでいる。その影響は北極圏の中にとどまらず圏外にも及ぶ」ということがわかった。二〇一九年五月、国連の「生物多様性及び生態系サービスに関する政府間科学－政策プラットフォーム」（IPBES）は、世界中の野生生物が驚くべき速度で失われているという報告を発表し、一〇〇万種の動植物が絶滅の危機に瀕していると警告している。IPBESの議長ロバート・ワトソンはこう述べた。「人間をはじめ、すべての種が依存している生態系の健全性が、かつてない速度で失われています。この世界全体の経済や生活、食糧安全保障、健康、生活の質を支えている、まさに根幹の部分を私たちが蝕んでいるのです。すでに時間を無駄にしました。いますぐ行動しなければなりません」

そういうわけで、米国の学童たちが幼稚園から「アクティブ・シューター・ドリル」〔銃乱射事件に備える訓練〕を積み重ねて育ったように、他国の多くの生徒たちは、山火事の煤煙で授業が何日も取りやめになったり、ハリケーンに備えた避難用の持ち出し袋の詰め方を習ったりして育ってきた。また、膨大な数の子どもたちが永遠に故郷を捨てることを余儀なくされている。たとえば、グアテマラでは長期的な干ばつが親たちの生業を奪ってしまい、シリアでは内戦が勃発する一因となった。

気候変動の危険を回避するため、各国政府と科学者たちが温室効果ガス排出量を削減する必要性を話しあう公式会合が開始されてから、三〇年以上が経つ。この年月のあいだに出されてきた数知れぬ訴えは、「子どもたち」「孫たち」「その先の世代」のために行動を起こすよう求めるものだった。迅速に行動し、変化を受け入れることが、彼らに対する義務であると聞かされてきた。「子孫を守る」というもっとも神聖な義務を怠っていると警告されてもきた。もし私たちが彼らのために行動しなかった場合は、彼らから厳しく断罪されるだろうと予告されていた。

しかし、こうした感情的な嘆願も、少なくとも政治家と彼らに資金を出す企業に対しては、何の説得力も持たなかった。この人々がもしも大胆な行動を取っていたならば、今日見られるような異常気象を食いとめられていたかもしれないのに。でもそれは起こらず、一九八八年に気候変動をめぐる政府間会議が発足して以降、世界のCO_2排出量は四〇％を大きく超えて増加してしまい、いまも増加し続けている。人間が工業的規模で石炭を燃やすようになって以降、地球の気温は約一℃上昇しており、このまま行けば今世紀中に上昇幅はその四倍に達する見込みである。以前に大気中の二酸化炭素の量がこれほどの水準だった時代には、まだ人類は誕生していなかった。

では、さまざまなところで一斉に立ち上がった「子どもたち」「孫たち」「その先の世代」にとってはどうなのか？　彼らはもはや、ただの美辞麗句のための存在ではない。いまや自分の声で発言し、叫び、ストライキをしている。そして、お互いのために声を上げて、新たな子どもたちの国際運動をつくりだしている。それはまた、すべての生き物のグローバルウェブのためでもある。そこには、彼らが心を奪われたそばから、すべて失われたと知ることになった、素晴らしい動物や自然の驚異も含まれている。

そして、予告されていた通りこの子どもたちは、自分たちが継承することになる危険で枯渇した世界について十分に承知しながら、何もしないことを選択した大人たちや公的機関のモラルを厳しく断罪するだろう。

米国のドナルド・トランプ大統領、ブラジルのジャイル・ボルソナロ大統領、オーストラリアのスコット・モリソン首相を筆頭に、喜び勇んで地球に火を放ち、八歳の子どもでもすぐわかるような基本的な科学知識を否定する各国の指導者全員に対して、彼らの評価は定まっている。それに負けず劣らず厳しく断罪されるのは、パリ気候協定を尊重する義務を説き、「地球を再興する」と情熱的で感動的なスピーチをおこないながら（フランスのエマニュエル・マクロン大統領やカナダのジャスティン・トルドー首相はじめ多数）、その一方で化石燃料企業や巨大アグリ企業に対し大量の助成金や支援金、事業認可などを湯水のようにばらまき、生態系の破壊を推進している指導者たちだ。

世界中の若者たちが、気候危機の核心にあるものを衝く主張をしている。自分たちには未来があると信じてそれを夢見てきたが、地球が緊急事態にあるという現実に、大人たちが対処を渋る日々が積み重なるごとに、その未来が消えていくと彼らは訴える。

これが若者の気候アクションのパワーだ。権限ある立場にある多くの大人たちとは違って、彼らはまだ、いまこのときに行動することの計り知れない重要性を、官僚的で過度に複雑な言葉によって覆い隠す訓練を受けていない。だから、自分たちは人生を目一杯生きるという基本的な権利のために闘っているのだと彼らは理解している。気候ストに参加した一三歳のアレクサンドリア・ヴィヤセニョールの言葉を借りれば、それは「災害から逃げ回る」必要のない人生だ。

二〇一九年三月のその日、主催者側の推計では一二五カ国で二一〇〇件近い若者の気候ストライキが実行され、一六〇〇万人の若者が参加した。これはあっぱれな成果である。なにしろこの運動は、わずか八カ月前にスウェーデンのストックホルムで、一五歳の少女がひとりで始めたものなのだから。

グレタの「超人的な力」

少女の名前はグレタ・トゥーンベリ。彼女の経験は、生きるに値する未来の可能性を消さないために何が必要かについて重要なことを教えてくれる。それは「将来の世代」というような抽象観念ではなく、いまここに生きている何十億もの人間のためのものだ。

同世代の多くの子どもと同じように、グレタが気候変動について学びはじめたのは八歳ぐらいのときだった。生物種の激減や氷河の融解について書物を読み、ドキュメンタリーを見た。そのことで頭が一杯になった。彼女は化石燃料を燃やすことと、肉食中心の食生活が地球全体の不安定化の主な原因であることを学んだ。そして、人間の行動と、それに対する地球の反応のあいだには時間の開きがあることを知った。それが意味するところは、温暖化がもっと進展することはすでに既定の事実であり、それに対してなす術はないということだ。

成長して知識を深めるにつれ、彼女は科学者たちの予想に注目するようになった。現在の軌道を修正しない場合、この地球が二〇四〇年、二〇六〇年、二〇八〇年までに、どのように劇的な変化を遂げるのか？　それが自分の人生にどんな影響をもたらすのか、彼女は暗算してみた。耐えねばならないショック、身のまわりに起こりうる死、永遠に消えてしまうであろう他の種類の生命体、もし親になると決めた場合、わが子を待ち受ける恐怖と窮乏について。

また気候科学者によれば、かならずしも最悪の事態になると決まったわけではないことも学んだ。もし、いますぐ私たちが徹底した行動をとり、スウェーデンのように裕福な国が温暖化ガス排出量を年間一五％削減すれば、グレタの世代やその後に続く世代にとって、安全な未来の可能性は飛躍的に増大するだろう。氷河の一部もまだ救うことができる。島嶼国の多くもまだ守ることができる。農産物の大規模な不作を回避し、数億人、ことによれば数十億人が難民になることを回避できるかもしれない。

もし、これがみな真実だとしたら、論理的に考えれば「他のことなど話している余裕はないはず……化石燃料の燃焼がそれほど危険で、私たちの存在そのものを脅かすとしたら、どうしてこれまで通りを続けられるのですか。なぜ制限がかけられなかったの？　なぜ違法にされなかったの？」

まったくのナンセンスだ。各国政府、なかでも余裕のある国々の政府が指導力を発揮して、一〇年以内に急速な転換を達成し、彼女が二〇代の半ばを迎えるころには、消費パターンや物理的なインフラが根本的に変化しているべきなのだ。

それなのに、彼女の国の政府は「気候リーダー」を自称していながら、それよりはるかに動きが鈍く、世界の排出量は増加し続けた。狂っている――世界が燃えているというのに、グレタが見渡す限り、みんなが夢中なのは有名人のゴシップ、セレブ風の自撮り写真、必要もないのに新しい車や新しい服を買うことばかりだった。まるで、消火の時間はまだたっぷりあるとでもいうように。

一一歳になるころには、彼女は重いうつ状態におちいっていた。それには多数の要因があり、すべての子どもに画一性を期待する学校制度の中で、彼女が異質だったこともそのひとつだ（「私は奥のほうに隠れて、目につかない子でした」）。しかしそれと並んで、地球の状態が急速に悪化していることについての深い悲しみと無力感、そして権限のある者たちが何の対処もしない、理解しがたい状況も一因だった。

トゥーンベリは話すことも食べることもやめてしまい、重い病気になった。やがて下された診断は、選択性緘黙症《かんもくしょう》、強迫性障害、そして、アスペルガー症候群とかつて呼ばれた自閉症の一種だった。この最後の診断項目によって、グレタが気候変動について学んだことを、他の子どもよりはるかに厳格かつ個人的に受けとめた理由がわかりやすくなる。

自閉症スペクトラムの人は、ものごとを極端に文字通り受けとめる傾向があり、結果として認知的不協和に苦しむことが多い。現代生活に蔓延している、頭でわかっていることと実際の行動とのギャップに、対処するのが苦手なのだ。また自閉症スペクトラムの人の多くは、周囲の人々の社会的行動を見習う傾向が乏しく、気づきさえしないことも多い。その代わりに彼らは、自分独自の道を切り開く傾向がある。しばしばそれは特定の関心領域への極端な意識の集中となり、それをいったん脇に置くこと（コンパートメント化とも呼ばれる）が難しいことが多い。トゥーンベリによれば、「私たち自閉症スペクトラムの者にとっては、ほとんどすべてが黒か白かです。嘘をつくのは上手ではないし、他のみんなが大好きらしい社交ゲームに参加しても、たいていは楽しめません」

このような特性が、グレタのような診断を下された者の中に、卓越した科学者やクラシック音楽家になる人がいる理由を説明する。彼らは持ち前の尋常でない集中力を効果的に発揮したのだ。また、トゥーンベリが彼女のレーザーのような集中力を気候システムの崩壊に向けたとき、完全に打ちのめされたことも、こうした特性から理解できる。恐怖と悲嘆から身を守る術がなかったのだ。彼女は、この危機から予想されるすべての影響を理解し、感じとり、そこから目を逸らすことができなくなった。おまけに、彼女の生活に登場する他の人々（クラスメイトや両親、教師たち）が見せる、比較的無関心なようすも、彼女にとっては安心させる社会シグナル（状況はそれほど悪くないというメッセージ）とはならなかった。もっと社会性の強い子どもにならそう伝わったかもしれないが、トゥーンベリにとっては、周囲の人々の無関心なようすは恐怖を増大させるものでしかなかった。

グレタとその両親の話によれば、彼女を危険なうつ状態から立ち直らせた大きな力は、地球の危機について学んだことと、自分や家族の暮らし方とのあいだの堪えがたい認知的不協和を減らす方法を見つけることだった。彼女は両親を説得し、自分と同じようにヴィーガン[1]になる、あるいは少なくともベジタリアンになることを納得させ、そして何より、飛行機を使うのをやめさせた（母親は有名なオペラ歌手なので、これは決して小さな犠牲ではなかった）。

こうしたライフスタイルの変化によって排出を防げた炭素の量は微々たるものだ。それはグレタにもよくわかっていたが、地球の危機に対応した生活を始めるよう家族を説得することで、精神的な緊張を少しは緩和できた。少なくとも彼らはいま、自分にできるささやかな方法で、万事順調のふりをするのだけはやめたのだ。

しかし、トゥーンベリが起こしたもっとも重要な変化は、食生活や移動手段とは関係がない。むしろ「万事が順調だというふりはもうやめにしよう。さもないと従来通りを続けてしまい、大惨事に突入する」ということを、世界に知らせる方法を見つけることに関係していた。もしも彼女が、有力政治家たちを気候変動と闘う緊急事態モードに突入させたいと切望するのなら、まず自分の人生に緊急事態を反映させる必要があった。そのため彼女は、一五歳のときに、万事が順調ならすべての子どもがするはずの、あることをやめにした——大人になったときに備えて学校に行くことだ。

グレタは問う。「なぜ将来のために勉強しなければならないのですか？　将来なんて、じきになくなるのですよ。だって、その将来を救うために、誰も何もしないのだから。学校に行って事実を学ぶことに何の意味がありますか？　学校教育が生み出した最高の科学が示すもっとも重要な事実が、政治や社会には何の意味も持たないのが明らかなのに」

二〇一八年八月、新学年の始まる日、トゥーンベリは授業に出なかった。彼女はスウェーデンの国会議事堂に行き、建物の外にキャンプを張った。手づくりの看板にはSCHOOL STRIKE FOR THE CLIMATE（気候のための学校ストライキ）の文字だけが書いてあった。以来ずっと、毎週金曜日に彼女は国会前に戻り、一日中そこで過ごした。はじめのうちは、リサイクルショップで買った青色のパーカーを着て、乱れた茶色の三つ編みをしたグレタは完全に無視されていた。ストレスを抱えてあくせくする人々の良心に引っかかる、やっかいな物乞いの存在のように。

そのうち徐々に、彼女のドン・キホーテ的な抗議が少しはマスコミの関心を引くようになり、他の生徒たちや少数の大人が、それぞれ自前の看板を持って訪れるようになった。次にやってきたのはスピーチの招待だった。最初は気候問題の集会、次に国連気候変動会議、そして欧州連合、TEDxストックホルム、ヴァティカン、英国議会。ついにはスイスの有名な山を登って、毎年ダボスで開催される世界経済フォーラムに出席し、世界中の裕福で有力な人々を前に演説することになった。

彼女のスピーチはいつも簡潔で飾り気なく、徹底して痛烈だった。ポーランドのカトヴィツェで開かれた国連気候変動会議で、彼女は交渉代表者たちに告げた。「あなた方は未熟すぎて、ありのままを語れません。そうすることの重荷さえ私たち子どもに背負わせています」。英国議会では議員たちに聞いた。「私の英語は大丈夫ですか？　マイクはオンになっていますか？　だんだん心配になってきました」

ダボス会議では、裕福な有力者たちが、彼女から希望をもらったと賞賛するのに対して彼女はこう返した。「あなた方の希望などいりません。……あなた方にはパニックになってほしい。私が毎日感じている恐怖を、あなた方にも感じてほしい。あなた方に行動してほしい。危機におちいったときにする行動をとってほしい。家が燃えているかのように行動してほしいのです。だって燃えているのだから」

浮世ばなれしたCEOやセレブや政治家たちの群れが、気候システムの崩壊を、あたかも目先のことしか考えない人間の本性の普遍的な問題であるかのように語るのに対して、彼女はこう切り返した。「みんなに罪があるのなら、誰も責められません。でも責任は誰かにある。……一部の人々、一部の会社、また、とくに一部の政策決定者は正確に知っています。自分たちが想像を絶するような大金を稼ぎ続けるために、計り知れない価値のあるものをいかに犠牲にしてきたかを」。ここで間をおいて、ひと呼吸してから彼女は言った。「今日ここにいる皆さんの多くは、そのグループに属していると思います」

ダボス会議に対する彼女のもっとも辛辣な批判は、無言でなされた。提供された五つ星ホテルの部屋に滞在する代わりに、マイナス一八℃の気温にもひるまず彼女は野外テントに泊まることを選び、鮮やかな黄色の寝袋で眠った（「あついのはあんまり好きじゃないので」とグレタは私に語った）。

彼女がスピーチをすると、会場を埋めつくすスーツ姿の大人たちは拍手をし、目新しい出し物を歓迎するようにスマホで彼女の写真を撮った。トゥーンベリの声が震えることはめったにないが、彼女の抱く思いの深さ――自然の世界に対する喪失感、危惧、愛情――は、いつも疑う余地がなかった。二〇一九年四月、欧州議会での感情的な演説で、トゥーンベリは議員たちに嘆願した。「どうかお願いです。この問題では失望させないでください」

グレタのスピーチは、こうした威厳のある部屋に居並ぶ政策立案者たちの行動を劇的に変えることはなかったかもしれない。しかし、たとえそうであっても、彼女の数々のスピーチは、その会場にいなかった非常に多くの人々の行動を変えた。この燃えるような瞳の少女の動画は、ほとんどすべてがネットで急速に拡散した。この混みあった惑星で「火事だ！」と叫ぶことによって、彼女は数えきれないほど多くの他の人々に、自分自身の直感を信じ、密閉された扉の下から漂ってくる煙の臭いをかぎとるために必要だった、自信を与えた。

それだけではない。気候変動に対する私たちの集合的な無作為が、いかに自分の生きる意志を奪いかけたかについてトゥーンベリが話すのを聞くことで、他の者たちは、生き延びたいという願望を腹の底から感じるようになったようだ。グレタの声の明瞭さは、私たちの多くが押し殺し、他のことに影響しないように隔離してきた恐怖感に、お墨付きを与えてくれた。それは、六度目の大絶滅のさなかで、「もはや時間がない」という科学者の警告に囲まれて生きることへの生の恐怖だ。

突如として、世界中の子どもたちが、グレタという誰からも社会的信号を受け取らない少女から信号を受け取り、自分たち自身の学校ストライキを組織するようになった。彼らの行進では、グレタのもっとも鋭い言葉のいくつかを引用したプラカードを掲げる者が多かった——「あなた方にはパニックになってほしい。私たちの家が燃えています」。ドイツのデュッセルドルフでおこなわれた大規模な学校ストライキで、デモ参加者はグレタの巨大な張り子の人形を高く掲げた。眉をひそめ、三つ編みをぶら下げたその人形はまるで、そこらじゅうで腹を立てている子どもたちの守護聖人のようだった。

めだたない女子生徒から、世界的な良心の声になったグレタの旅路は並外れたものであるが、より詳しく見てみると、そこには私たち全員が安全な場所にたどり着くためには何が必要かについて、教えてくれるものがたくさんある。トゥーンベリの全体としての要求は、彼女自身が家族や生活の中でおこなったことを、人類全体が実行することだ。それは、気候危機の緊急性についての知識と、実際の行動のあいだのギャップを縮めることだ。最初の一歩は緊急事態に名前をつけることだ。なぜなら、緊急態勢に入ってはじめて、必要なことを実行する能力が見つかるからだ。

ある意味で彼女は、私たちのように脳の神経経路がもっと典型的で、異常な集中におちいりにくく、道徳的な矛盾と共生することが比較的容易な者たちに対し、もっと彼女に近づくことを求めているのだ。それには一理ある。

通常の、緊急時でないときには、人間の心の働きのうち、ものごとを合理化すること、仕切りを立てること、簡単に気を逸らされてしまうことは、重要な対処メカニズムである。この三つの精神のトリックは、いずれもその場をなんとか乗り切るのに役に立つ。仲間やロールモデルを無意識に観察し、どのように感じ行動するべきかを理解することも、たいへん有用である。こうした社会的信号によって私たちは友情を育み、一体感のあるコミュニティを構築するのだ。

しかし、気候システムの崩壊という現実に直面したとき、これらの特性は集団的な破滅をもたらしてしまう。安心すべきではないときに、私たちを安心させてしまうからだ。注意を逸らしてはいけないときに逸らせてしまう。良心の呵責《かしゃく》を感じるべきときになごませてしまう。

その要因のひとつは、もし気候システムの崩壊に真剣に対処するのであれば経済をほぼ全面的に変える必要があるのに、有力な利権集団の多くは従来通りを望むことにある。とくに化石燃料企業は、何十年にもわたって地球温暖化の現実について偽情報を流布し、みんなを煙に巻き、真っ赤な嘘を広めるキャンペーンに資金を提供してきた。

その結果、大多数の者は、気候システムの崩壊について、自分の心や頭が告げることが社会的に受け入れられているだろうかと周囲を見渡すと、あらゆる種類の相互に矛盾した信号に出くわすのだ。心配ないさ、あれは誇張だ、もっと大事な問題は他にも山ほどある、専念するならもっとパッとした対象があるよ、どのみち何も変わらないさ、等々。そして、さらに分が悪いのは、この文明の危機をなんとか切り抜けようとするときに、当代きっての才知を持つ人々の一部が膨大なエネルギーを注ぎ込んで、さらにスマートなツールを開発して、人々が次のドーパミン活性化を求めてデジタル世界をぐるぐる回り続けるように仕向けていることなのだ。

このことが、一般の人々の想像力に気候危機が占める奇妙な位置を、説明するかもしれない。気候システムの崩壊を積極的に恐れる人々のあいだでさえそうなのだ。私たちは一分間ほどのあいだに、昆虫の大絶滅に関する記事をシェアしたり、海氷の消失により生息地を奪われたセイウチが崖から落ちるシーンのバイラル動画〔SNSでの拡散を狙った短い動画〕をシェアしたかと思うと、次の瞬間にはオンラインショッピングでスイス産チーズに関心を切り替え、ツイッターやインスタグラムをスクロールしはじめる。あるいは、ネットフリックスでゾンビ映画を見ることで恐怖心を娯楽へと転換させ、そうしながら暗黙のうちに確信を強めるのだ――未来はどのみち崩壊する、避けられないことを止めようと、じたばたすることなんかない、と。真面目に考える人々が、気候変動のティッピングポイント〔後戻りできない転換点〕が目前に迫っていることを理解していながら、その一方で、これを緊急事態として扱うよう求める唯一の声を、いまだに不真面目で非現実的とみなすことができる理由も、これによって説明できるかもしれない。

「いろんな点で、私たち自閉症者は正常であり、他の人々はかなり変だと思います」とトゥーンベリは言い、簡単に気を逸らされたり、合理化によって安心させられたりしないことは有用なのだと付け加えた。「なぜなら、温室効果ガス排出を止める必要があるのなら、排出は止めなければならないからです。私にとってそれは黒か白かのどちらかです。生存が懸かっているのだから、グレーゾーンなどありません。人間の文明が存続するか、しないかのどちらかです。私たちは変わらなければなりません」。自閉症を抱えて生きることは容易ではない。ほとんどの人にとって、それは「学校、職場、弱い者いじめとの際限のない闘いです。でも、ふさわしい状況のもとで適切な調整を施されれば、自閉症は超人的な力ともなりえます」

二〇一九年三月に忽然と姿をあらわした若者の結集の波は、ひとりの少女のユニークな世界観によって生じたものではない。グレタはことあるごとに指摘しているが、彼女自身も他のティーンによって触発されたのだ。それは、未来を守ることへの別種の怠慢に抗議して立ち上がったグループだった。米国フロリダ州パークランドの高校生たちが、二〇一八年二月に自分たちの学校で一七人が殺害された銃乱射事件の後、銃所有規制の厳格化を要求する授業ボイコットの全国的な運動を主導したのだ。

またトゥーンベリは、気候危機に際して、すさまじい道徳的明瞭さをもって「火事だ！」と叫んだ最初の人物でもない。過去数十年のあいだに、そういうことは何度も起きていたのだ。それは、実は毎年の国連気候変動会議における恒例の儀式のようなものになっている。だが、おそらくは、これまでに声を上げてきたのがフィリピンやマーシャル諸島、南スーダンなどの出身の、黒や褐色の肌の人々だったために、彼らの明瞭な呼びかけも、せいぜいが一日きりの話題で終わってしまったのだ。もうひとつ、トゥーンベリがことあるごとに指摘するのは、気候ストライキそれ自体が、何千人もの多様な学生リーダーやその教師、支援組織によってつくりあげられてきたものであり、関係者の多くは長年にわたり気候危機について警告を発し続けてきた人々だということだ。

英国の気候スト参加者が掲げたマニフェストには、こう書かれていた。「グレタ・トゥーンベリは火花だったかもしれないが、私たちは山火事です」

私は、ハリケーン・カトリーナに見舞われたニューオーリンズに赴き、腰まで水に浸かりながら現地取材をして以来ずっと、一五年以上にわたって、人類の基本的な生存本能を妨げているのは何かを解明しようとしてきた。なぜ私たちの多くは、明らかに自分の家が燃えているというのに、それにふさわしい行動をとらないのか？　私は本を書き、映画を制作し、数限りない講演をおこなった。また団体（ザ・リープ）を共同設立して、この問いの答えをさまざまなかたちで追究し、私たちの集団的な対応を連携させ、気候危機のスケールに釣りあうレベルまで引き上げようと尽力してきた。

　最初から明らかだったのは、このっぴきならぬ状況に私たちがどうして行き着いたのかを解明する主要な諸論は、どれもこれも不十分だということだ。私たちが行動を怠った理由として挙げられているのは、政治家が短期的な選挙サイクルにとらわれていたこと、気候変動があまりに遠い世界のことに映ったこと、阻止するにはコストが高すぎたこと、クリーン・テクノロジーがまだ利用段階になかったこと、などだ。いずれの説明にもそれなりの真実はあるのだが、時間の経過とともに真実味が薄らいでいった。危機はもはや遠い先の話ではなく、ドアを蹴破って押し入ろうとしていた。ソーラーパネルの価格は急落し、いまでは化石燃料の価格と拮抗している。クリーン・テクノロジーと再生可能エネルギーが生み出す雇用は、石炭、石油、天然ガスよりもはるかに多くなっている。捻出不能とされる巨額の費用についていえば、これまでに何兆ドルもの税金が終わりなき戦争、銀行の救済措置、化石燃料業界への補助金のために拠出されてきたのに、同じ時期に、気候変動対策のために支出する予算はほぼゼロだった。したがって、それだけでは理由にならない。

　本書を構成するのは、一〇年の期間にわたって書き紡がれたさまざまな長編レポート、思索的論考、一般向け講演の原稿であり、上述の諸説明とは異なる組み合わせの、気候対策を妨げるさまざまな障壁を独自に探る試みの軌跡である。その障壁の一部は経済的なものやイデオロギー的なものであるが、他の一部はもっと深遠なところに関連している。それは、特定の人々が、土地と土地に結びついた人々を支配する権利についての物語、すなわち、西洋文明を下から支える物語である。ここに収録された論考がしばしば立ち戻るのは、そのような物語やイデオロギー、経済利権をひっくり返せるかもしれない、さまざまな応答《レスポンス》である。そうした応答とは、一見、異質な危機（経済的、社会的、生態学的、民主主義的な）と映るものを、文明の変容という共通の物語に組み込むものだ。今日、この種の大胆なビジョンは、しだいに「グリーン・ニューディール」の旗のもとに結集するようになっている。

これらのエッセイを編集するにあたり、私は書かれた順に並べることを選択した。それぞれのエッセイのはじめに、初出の年と月が示してある。このような構成にすることにより、時に応じて同じテーマに戻りながら、自分自身の分析の進化を反映させることができる。その進化をもたらしたのは、自分の考えを発表して世に問うたり、世界的な気候正義運動の中で無数の友人や同僚たちと協力して働いたりした経験である。グリーン・ニューディールに関する最後の論考のみ大幅に加筆したが、それを除いては、修正したい欲望を押し殺して、元のテキストをほぼそのまま残した。それぞれが書かれた時間枠を明確にするためだ。アップデートが必要なときは、補注または追記のかたちで適宜書き加えた。

それぞれのエッセイを時系列で並べることには、ひとつの大きな利点がある。そうすることによって、私たちが急速に展開する危機のただ中にある（いつもそう見えるわけではないかもしれないが）ことを、しつこく思い出させてくれるのだ。本書が扱うわずか一〇年の期間のうちに、この惑星はとてつもない修復不可能な損傷を受けた。北極海の氷は急速に消失し、サンゴ礁は大量に死滅した。私の家族の出身地であるカナダのブリティッシュ・コロンビア州の西海岸では、壮大な生態系全体を背負っている太平洋サケの特定種が壊滅した模様だ。

政治的な勢力分布もこの一〇年間で劇的に変化した。しだいに暴力性を増す極右の復活が見られる。この勢力は、民族的、宗教的、人種的マイノリティに対するヘイトを煽ることによって世界中で力を増大させており、しばしばそのヘイトが向けられるのは、ますます数を増す、故郷を捨てることを余儀なくされた人々である。

私は確信しているが、こうした地球のトレンドと政治のトレンドは、お互いのあいだで一種の死に至る対話を交わしている。

本書の全体に散らばる時間的な言及は、私にとって学校ストライキ参加者のプラカードに描かれていた砂時計のようなものだ。この社会が、自分の家に火がついたときのような行動をとれずにいることを示す、容赦ない証拠である。この家は、ただGIF画像のループ再生のように無限に燃え続けるわけではない。大火がどんどん熱を呼び込み、家のかけがえのない部分がほんとうに燃え落ちる。永遠に消えてしまうのだ。

本書で私が主に注目しているのは、ときにアングロスフィア（英語圏）と呼ばれる国々（米国、カナダ、オーストラリア、英国）と、英語圏ではないヨーロッパの一部である。いくぶんは成り行きによるものだ。私は、現在は合衆国に住み活動しているが、人生の大半はカナダですごしてきた。また、オーストラリアや英国、西ヨーロッパの各地で、気候変動をめぐる討論やイニシアチブにも幅広く参加してきた。

しかし、ここに焦点を当てる主な理由は、これらの国々の政府が、こと気候変動への有効な対策となると特別に敵対的な態度を示しているからで、その理由を解明することが現在の私の課題であるからだ。これらの国々ではいまだに、国民のかなり大きな部分が（ありがたいことに縮小してはいるが）、人間の活動が地球を危険なほどに温暖化させているという基本的な事実の否定を選択している。世界のほとんどの地域では、議論や異論の余地のない明白な真実と受けとめられているというのに。

たとえ真っ向からの否定は影を潜め、もっと進歩的な、環境に配慮する時代が始まったように見えたとしても（米国ではバラク・オバマ、カナダではジャスティン・トルドーの政権の登場で）、これらの政府にとっては、これ以上の化石燃料のフロンティア拡大は停止しなければならず、それどころか実は、既存の生産量さえ削減する必要があるという圧倒的な科学的証拠を受け入れることは、いまだに非常に難しい。オーストラリアは、その豊かさにもかかわらず、気候危機のただ中で石炭生産を大幅に拡大すると強く主張している。カナダもアルバータ州のタールサンド〔とくに粘性が高く比重の大きい原油〕に関して同じ態度を示している。米国も同じ姿勢であり、バッケン油田〔ノースダコタ州のシェールオイル〕、天然ガスのフラッキング〔水圧破砕法〕、深海石油掘削によって、世界最大の石油輸出国となった。英国も、激しい反対運動や、地震との関連を裏づける証拠にもかかわらず、フラッキングによる採掘をごり押ししようとしている。

これに筋の通った解釈をするために、私はこれらの国が、グローバル・サプライチェーンの構築を先導してきた特定の方法のいくつかを掘り下げてみた。それが生み出したものが、近代資本主義、無制限の消費で成り立つ経済システム、そして気候危機の中心にある生態系の枯渇なのだ。物語のはじまりは、アフリカから盗み出された人々〔奴隷〕と、先住民から盗み取った土地〔植民地〕である。この二つの残忍な収奪の慣行は、目がくらむほどの巨大な儲けを生み出し、その結果生じた余剰資本と動力によって化石燃料主導の産業革命の時代の幕が開き、それに付随して、人間の活動が招いた気候変動も始まった。このプロセスは当初から、白人とキリスト教の優位性という、疑似科学的かつ神学的な理論を必要とした。それゆえ、政治理論家の故セドリック・ロビンソンは、これらの収奪の収束点に誕生した経済システムは「人種資本主義」と呼ぶほうがふさわしいと論じたのだ。

無制限に消耗させ、酷使できる原料資本財として人間を扱うことを合理化する理論と並行して、自然界〔森林、河川、陸地、水生動物〕をまったく同じように扱うことを正当化する理論もあった。森林から遡河回遊魚までのすべてを保護し再生させる方法について、人間が何千年にもわたって蓄積してきた知恵は一掃され、それに取って代わったのが、自然界を制御する人類の能力には限界がなく、自然界からどれだけの富を採取しても、結果を恐れる必要はないという新しい思想だった。

こうした自然の無限性に関する思想は、アングロスフィアの国々にとって、偶発的に出てきたものではない。それらは国民形成の物語に深く織り込まれた基礎的な神話なのだ。のちにアメリカ、カナダ、オーストラリアになった土地の広大な自然の豊かさは、ヨーロッパの船舶が最初に接触したときから、植民地帝国にとって自身の替え玉のようなものとして想像された。本国の自然は使い果たしつつあったのだ。でも、もう大丈夫。見たところ限界のなさそうな「新世界」の「発見」により、神は救済を与えたもうた。ニューイングランド、ニューフランス、ニューアムステルダム、ニューサウスウェールズ――ヨーロッパ人が自然を使い果たすことは決してないことが、肯定的に証明されたのだ。この新たな領土の大きな一帯が使い果たされてしまったり、混みあって窮屈になったりしたら、そのときはフロンティアを前進させ、新たな「新世界」に名前を付けて、自分のものだと主張すればよいだけなのだ。

本書ではこの想像上の原罪を、気候危機との関連の中でさまざまな視点から分析した。メキシコ湾岸に広がるBP社の石油による黒死病、教皇フランシスコが率いるローマ教皇庁の「環境保護への回心」、トランプ大統領の「つかみ取って去る文化」、かつてジェイムズ・クック船長の船（石炭船を改造したもの）が走りまわったグレート・バリア・リーフの死滅、等々。私はまた、二つの現象の交差を理解しようとした。自然は無限に枯渇させたり、酷使したりできるものではないことが明らかになるにつれ、これらの神話は崩壊しつつあるが、その一方で恐ろしいことに、植民地時代の物語《ナラティブ》の醜悪でもっとも暴力的な部分、すなわち上位に立つとされる白人キリスト教徒が、人間の残忍なヒエラルキーにおいて自分たちより格下と勝手に判断した人々に対して、途方もない暴力をふるう権利を持つという物語が、アングロスフィア全体に復活しつつあるのだ。

アングロスフィアの国々だけが、私たちの生態系の破壊を引き起こす原動力であるなどと主張するつもりは毛頭ない。私たちの危機はグローバルなものであり、他の多くの国々も同じ時期に無謀な汚染をおこなってきた（産油国はどこでもそうだし、中国やインドでの排出量の急増を見よ）。しかし、気候システム崩壊の急激な加速は、本書で扱った国々で発祥した高度消費のライフスタイルがグローバル化に成功したのと同時に、その直接の結果として起こったのだ。さらに言えば、これらの国々は、何世紀にもわたって非常に高レベルで汚染を撒き散らしてきたのであり、それゆえ彼らの政府がみな署名した国連気候変動枠組条約のもとで、途上国より先に排出削減への道を進む義務がある。二〇〇三年のイラク侵攻に際して米国の当局者が語ったように、「われわれが破壊したのだから、責任を取らないといけない」のだ。

民衆の緊急事態

しかし、私たちの危機が深いところに根差しているように、同じくらい深いところで何かが変化している。そして驚くような速度で。いまこの文章を書いているとき、燃え上がっているのは地球だけではない。民衆の緊急事態を下から宣言するために立ち上がった社会運動も、同じように燃え広がっている。山火事のように広がる学校ストライキに加えて、「絶滅への反抗（Extinction Rebellion）[2]」が立ち上がり、急激に姿をあらわして、ロンドン中心部の広い地域を大衆が封鎖したように、非暴力直接行動と市民的不服従の波となって押し寄せた。この運動は政府に対し、気候変動を緊急事態として扱い、気候科学の要請に従い一〇〇％再生可能エネルギーへの急速な転換を実行すること、そして、その転換を実現するための方法については市民の集会を通じて民主的に計画を練ることを要求している。二〇一九年四月におこなわれた、もっとも劇的な行動から数日のうちに、ウェールズとスコットランドはともに「気候緊急事態」を宣言し、英国議会も野党からの突き上げを受けてすぐに追随した。

これと同じ時期に、米国ではサンライズ運動[3]の急速な盛り上がりが見られた。この運動が政治行動のステージに突入したのは、ワシントンDCでもっとも有力な民主党員であるナンシー・ペロシ議員のオフィスを占拠したときだった。それは、二〇一八年の中間選挙で民主党が下院の多数派の地位を奪還してから一週間後のことだった。少しの時間もお祝いに浪費することなく、サンライズの運動家たちは、民主党には気候緊急事態に対処する計画がないと糾弾した。運動家たちは議会に対し、迅速な脱炭素化の枠組みをただちに採択するよう求めた。それは、フランクリン・D・ルーズベルトのニューディールに匹敵するスピード感と広がりを持つ、野心的なものでなければならない。ニューディールは、大恐慌による貧困とダストボウル（一九三一年から三九年にかけ、米国中西部の大平原地帯で断続的に発生した砂嵐）による生態系崩壊に対処するため設計された、広範な政策パッケージだった。

私は物書きとして、またオーガナイザーとして、長年にわたり世界的な気候変動運動に参加してきた。この運動で数多くの大規模な行進や大衆行動にかかわった。たとえば二〇一四年にニューヨーク市で開催された民衆の気候マーチには四万人もの人々が参加した。人類の存亡の危機に立ち向かうという高邁な約束を掲げた国連の気候サミットにも、重要なものに参加して報道してきた（二〇〇九年のコペンハーゲン会議、二〇一四年のパリ会議）。気候変動キャンペーン団体350.orgの理事として、化石燃料事業からの投資撤退を呼びかける運動の創設にもかかわった。この運動は二〇一八年一二月現在で、化石燃料企業に投資された資産のうち総額八兆ドルを売却するとの約束を取りつけている。そしてまた、石油パイプラインの新設計画を阻止する運動のいくつかにも参加しており、その一部は成功を収めている。

いま私たちが見ている積極行動は、こうした過去の積み重ねの上に築かれたものであるが、それと同時に、これまでの方程式を一変させるものでもある。いま説明したような取り組みの多くは大規模なものであったが、それでもまだ環境保護活動家や気候変動活動家を自認する人々を中心とする運動にとどまっていた。こうした仲間のつながりを超えて一般の人々を巻き込むことに成功したとしても、そうした一般の参加は、一回きりのマーチやパイプライン闘争のようなものを超えて継続することはめったになかった。気候運動の外の人たちのあいだでは、地球の危機が何カ月もずっと忘れられていたり、重要な選挙運動中には棚上げされるようなことも起こりえたのだ。

いま迎えている瞬間は、それとは著しく異なる。その理由は二つある。ひとつは危険の意識が高まっていることに関係し、もうひとつは成功の見込みという、なじみの薄い、目新しい感覚に関係している。

気候科学の急進化させる力

サンライズ運動の参加者たちが、下院議長就任を控えるナンシー・ペロシ議員の事務所を占拠する一カ月前、国連の気候変動に関する政府間パネル（ＩＰＣＣ）が報告書を発表した。それは、ノーベル賞も受賞したこの団体が、三一年間の歴史の中で出してきた他のどの刊行物よりも大きな影響を与えた。

その報告書は、地球全体の温暖化を摂氏一・五度（華氏二・七度）未満に抑えることの影響を調査したものだった。すでに約一℃の温暖化が起きており、それによって自然災害が深刻化している現状から勘案すると、一・五℃の閾値《いきち》を下回る幅に温暖化を食いとめることは、人類がほんとうに破滅的な展開を回避する最良のチャンスであることがわかった、と報告書は述べている。

しかし、それを実行するのは非常に困難だろう。国連世界気象機関によると、このまま行けば今世紀が終わるまでに世界全体で三〜五℃の温暖化が進んでしまう。ＩＰＣＣの報告書の執筆者たちの見立てでは、温暖化を一・五℃未満に食いとめるのに間に合うよう、経済活動を方向転換させるためには、わずか一二年のうちに（この本が出版されたときには一一年になっている）世界全体の排出量を半分に削減せねばならず、また二〇五〇年までには炭素排出量ネット・ゼロ[4]を達成する必要がある。これは、ひとつの国だけの話でなく、すべての主要経済国において達成する必要がある。そして、大気中の二酸化炭素の量はすでに安全なレベルを大きく超えているため、これを大幅に引き下げることも必要になるだろう。その手段は、効果は実証されていないのに高コストの炭素回収技術でもよいだろうし、昔ながらの方法、すなわち何十億本もの植樹や、他の炭素隔離植物を育てることでもよい。

このようなハイスピードで汚染を段階的に終了させることは、炭素税のようなテクノクラート的アプローチを単独に実施するだけでは達成できない（ひとつのツールとしてはもちろん有効だが）と報告書は論証している。むしろ、そのために必要なのは、私たちの社会がエネルギーを生み出す方法や、食物を育てる方法、あちこち移動する方法、建築の方法などを、意図的かつ迅速に変えることだ。いま必要なのは「社会のあらゆる側面における、迅速で広範囲に及ぶ、前例のない変化である」と、報告書は要約部分の最初の一行で述べている。

もちろん、気候問題に関するぞっとするような報告書はこれが最初ではないし、尊敬される科学者たちが抜本的な排出量削減を求めた明瞭な呼びかけも、これが最初ではなかった。私の本棚にはそうした調査結果がいっぱい詰まっている。しかし、グレタ・トゥーンベリのスピーチと同じように、このIPCC報告が要求する徹底的な社会変化の容赦ない厳しさや、それを遂行するために示されたタイムラインの短さは、これまでのものとは比べものにならないほど公衆の関心を奪った。

そうなった大きな理由は、情報ソースにある。一九八八年に各国政府が一致して地球温暖化の脅威を認識した後、国連はIPCCを創設し、可能な限りもっとも信頼できる情報を各国の政策決定者に提供して、彼らの政策決定に役立てようとした。このためIPCCは、最高水準の科学的知見をすべて統合して予想をつくりあげ、一般に公開する前にまず膨大な数の科学者たちの同意を取りつけることにした。しかも、その科学者たちの同意を得た段階でも、各国政府が承認しない限りいっさい表には出されないのだ。

この面倒な手続きのため、IPCCの予測は保守的なことで悪名高く、しばしば危険なほどにリスクを過小評価していた。そんななかで、報告書のひとつが、約六〇〇〇人から情報提供を受け、一〇〇人近い執筆者と査読編集者によって作成され、そこには明瞭な論調でこう書かれていたのだ――各国政府が現時点で公約している程度の排出量削減しか実行されなかった場合、それがもたらす結果は、海面上昇による沿岸都市の水没、すべてのサンゴ礁の死滅、世界の広大な地域に起こる干ばつと作物の全滅であろう。

そのような結果を回避するためには、いま高校生の子たちがまだ二〇代のうちに、世界全体の排出量が半分以下に削減されていなければならない。それなのに、そうした削減が実施されるかどうかの運命的な決定、つまりその後の彼らの全人生を方向づける決定は、彼らの大半が選挙権を獲得するずっと前に下されてしまうのだ。

二〇一九年に、大規模で戦闘的な気候変動アクションが世界中で連続的に展開されたのには、このような背景があった。ストライキや抗議行動において何度もくりかえされたのは、「時間はもう一二年しかない」という言葉だった。IPCC報告の誤解の余地のない明確さに加えて、前例のない異常気象を直接かつくりかえし経験したおかげで、この危機に関する人々の意識は変化しているのだ。より多くの人々が、この闘いは「地球」と呼ばれるなにか抽象的なもののためではないことを理解しはじめている。私たちは自分の生存のために闘っているのだ。そして、もはや一二年は残っていない。いまではもう一一年だ。じきに一〇年ぽっきりになる〔邦訳出版時点ではすでに一〇年〕。

グリーン・ニューディールの到来

IPCC報告と同じくらい強力な誘因となることが証明され、おそらくより重要な要素は、本書の副題に示されている。米国内の、また世界のさまざまな場所から湧き上がってくる声が、政府に対し気候変動危機に対処するための広範なグリーン・ニューディールを採用するよう要求している。その着想は単純だ。現行の社会インフラを、科学者が求めている速度と規模で転換する過程において、人類は経済モデルを修正する一〇〇年に一度のチャンスを手にするのだ。現在の経済モデルは大多数の人々を複数の方面で裏切っている。なぜなら、この地球を破壊している諸要因と同じものが、人々の生活の質に対しても、さまざまなかたちで攻撃を加えているからだ。たとえば賃金の停滞、格差の拡大、公共サービスの劣化、そして社会の結束を示唆するすべてのものの破綻など。こうした隠れた力に立ち向かうことは、相互に絡みあった複数の危機を一度に解決する千載一週のチャンスなのだ。

気候危機と闘う過程で、何億もの良質な雇用を世界中で創出することができる。これまで意図的に排除されてきたコミュニティや国民に対して積極的な投資をおこない、医療保険や保育などを保障し、その他にもさまざまな施策を実行する。そうした変革の結果として生み出される経済は、地球の生命維持システムを保護し再生するだけでなく、同時にまた、そうしたシステムに依存する人々を尊重し支援するものとして構築される。また、もうひとつめざされているものは、形はぼんやりしているが、同程度に重要なことだ。いま人々は、しだいに個別の密閉された情報バブルの中に閉じ込められて分断されていき、何が信頼できるのか、さらには何が（フェイクでなく）事実なのかについて、共有される前提がほとんどない状態におちいっている。そんなときに、グリーン・ニューディールが共同的なより高い目的意識を与えてくれるのだ。それは全員が一緒に取り組んでいく、具体的な一連の目標だ。グリーン・ニューディールの提案は、詳細はともかくそのスケールにおいては、フランクリン・ルーズベルト大統領のニューディールから直接インスピレーションを得ている。元祖ニューディールは〔一九二九年以降の〕大恐慌がもたらした惨状と崩壊に対処するための一連の政策と公共投資であり、社会保障制度の導入や最低賃金の法制化から始まり、銀行の解体、農村地域の電化、都市部における低価格住宅の大量供給、二〇億本以上の大規模な植樹事業、ダストボウルで荒廃した地域での土壌保護計画などが実行された。

グリーン・ニューディールによる変革のために浮上したさまざまな計画が描き出す未来像には、行き過ぎた消費習慣を断念するなど、困難な移行作業も含まれている。しかし、それと引き換えに、働く人々の日々の生活は無数の点で改善される。たとえば、より多くの時間を余暇と芸術に費やすことができ、利用しやすい手ごろな価格の公共交通機関や公共住宅があり、人種やジェンダーによる大きな富の格差がついに解消し、都市生活につきものだった交通渋滞、騒音、汚染との絶え間ない闘いが終わる。

ＩＰＣＣが「一・五℃報告書」を発表するずっと前から、気候運動は、政治家が行動しなかった場合に訪れる危険な未来に注目してきた。私たちは、最新の科学的知見が示す恐ろしい内容を多くの人に広め共有した。新たな石油パイプライン施設、ガス田開発、石炭採掘のプロジェクトには「ノー」を突きつけた。大学や地方自治体、労働組合などが、大学基金や年金基金の運用先として、それらの化石燃料プロジェクトの背後にいる企業に投資していることに対しても「ノー」を唱えてきた。気候変動を否定する政治家や、言うことはすべて正しいが行動がともなわない政治家に対しても、「ノー」と言ってきた。こうした行動はみな非常に重要であったし、現在もそれは変わらない。しかし、私たちが警告の声を上げていたときに、では現在のものに取って代わるべき経済や社会はどんなものかに注意を向けていたのは、運動の中でも比較的小さな「気候正義」グループだけだった。

流れを一変させたのは、二〇一八年一一月に、グリーン・ニューディールが政治議論の場に乱入したことだった。「私たちには良い仕事と、生きていける未来を持つ権利がある」と書かれたシャツを着た何百人ものサンライズ運動の若者たちが、二〇一八年の中間選挙が終了してまもなく、連邦議会のホールに一列に並び、グリーン・ニューディールを要求してくりかえし声をあげた。とうとう、大胆かつ大規模な「イエス」の声が、これまで気候運動が発してきた数多くの「ノー」と対になるものとして登場したのだ。それは、私たちが根本的な変革を受け入れた後にどんな世界を築きうるのかについての物語であり、また、どうやってそこにたどり着くかの計画だった。

グリーン・ニューディールの気候危機に対する草の根主導のアプローチは、それ自体は新しいものではない。より包括的な「気候変動アクション」に対置されるこの種の「気候正義」の枠組みは、局所的には長年にわたり試みられてきた。その起源は中南米と米国の環境正義運動にある。そしてグリーン・ニューディールのコンセプトは、世界中のいくつかの小規模な「緑の党」の綱領に採り入れられた。

二〇一四年の拙著『これがすべてを変える』は、この種の全体論的アプローチを詳細に検討している。その当時、私がとりあげた歴史的な前例は、二〇〇九年の国連気候サミットで痛烈な演説を炸裂させたボリビアの交渉担当者アンヘリカ・ナバロ・リャノスだった。「歴史上に前例のないような大規模な大衆動員が必要です。地球のためのマーシャルプランが必要なのです」と彼女は宣言し、第二次世界大戦後にソビエト連邦の影響拡大を恐れた米国が、ヨーロッパの大部分の国々の復興を支援したときのやり方を想い起こさせた。「この計画には、これまでにない規模の資金供与と技術移転を用意する必要があります。人々の生活の質を向上させながら、排出量を確実に削減するために、すべての国に技術を導入する必要があります。残された時間は一〇年しかないのです」

この呼びかけに続く一〇年間を、私たちは愚にもつかぬ方策や、危機の否定などにすっかり浪費してしまった。その結果として失われてしまった自然の驚異も、破壊されてしまった人々の命や生活手段も、もう二度と取り戻せないだろう。ナバロ・リャノスとボリビアの人々は、ラパス首都圏（二三〇万人が暮らす地域）に淡水を提供する雄大な氷河が、驚くべき速度で後退するのを見てきた。二〇一七年には貯水池の水位があまりに低下したため、首都にはじめて水の配給制度が導入され、国全体に緊急事態を宣言しなければならなかった。

しかし、その失われた一〇年によっても、ナバロ・リャノスの先見的な呼びかけはみじんも時代遅れになってはいない。むしろ緊急性はさらに増している。IPCC報告書がはっきり示したように、温暖化をどこまで回避できるかによって、〇・五℃の刻みで数億人の生命が天秤にかけられるのだ。

＊＊＊

この呼びかけが一〇年前に発せられてから現在までに、なにか別のものが変化した。以前は、社会運動と弱小国の政府がこのような要求をおこなっても、まるで政治的な真空に向かって叫んでいるようなものだった。地球上でもっとも裕福な国々の政府の中に、気候危機へのこの種の緊急対応を進んで受け入れようというグループは皆無だった。提供されていたのは、トリクルダウン理論の市場メカニズムだけだった。そして、いったん景気後退が起きれば、そんな不十分なものは吹き飛んでしまった。

しかし、いまはもうそんなことはない。現在では合衆国やヨーロッパをはじめ、さまざまな地域に政治家のブロックが存在する。そうした議員たちの一部は、路上で行動する若い気候活動家よりもほんの一〇年ほど年長なだけであり、気候危機の緊急性を政策に反映する用意があり、この時代に起きている複数の危機を相互に関連づけるのにもやぶさかではない。この新種族の政治家の中でもっとも有名なのはアレクサンドリア・オカシオ＝コルテスだ。二九歳のときアメリカ連邦議会下院に選出され、史上最年少の女性議員となった。

グリーン・ニューディールの導入は、彼女が選挙で公約した政策綱領の一部だった。選挙に勝利した直後、「スクアッド」とも呼ばれる若手の女性国会議員の小グループのメンバー数人が、この大胆なイニシアチブに支持を表明した。とくに、デトロイト選出のラシーダ・タリーブ議員と、ボストン選出のアヤナ・プレスリー議員である。

そのため、サンライズ運動のメンバー数百人が中間選挙終了後のワシントンにやってきてデモと座り込みをおこなったとき、これらの新たに選出された議員たちは、民衆の煽動者たちから安全な距離を保とうとはしなかった。それどころか、この議員たちは運動に参加し、タリーブ議員は彼らの集会のひとつでスピーチをおこない（そして参加者のエネルギー補給のためにキャンディを配った）、オカシオ＝コルテス議員は先述のナンシー・ペロシ議員のオフィスでの座り込みに顔を出した。

「あなた方一人ひとりをどんなに誇りに思っているか、みんなに知ってもらいたくて来ました。私たちがかならず、この地球を、私たちの世代を、私たちの未来を救うように、みんな体を張って捨て身で訴えているのですから」と、オカシオ＝コルテスは抗議者たちをねぎらい、そして付け加えた。「私をここに連れてきた旅は、スタンディングロックから始まりました」。これは彼女が、スタンディングロック・インディアン居留区のスー族が率いるパイプライン建設反対抗議運動に参加した後、下院議員への立候補を決意したことへの言及である。

それから三カ月後、オカシオ＝コルテス議員は、マサチューセッツ州選出のエド・マーキー上院議員とともに国会議事堂の前に立ち、グリーン・ニューディールのための正式な議会決議を提案した。グリーン・ニューディール決議案は、変革の主要項目についての大まかな見取り図であり、IPCC報告書が示す恐ろしい科学的分析と短いタイムラインへの言及で始まり、米国は脱炭素化にむけて月ロケット打ち上げのような壮大なアプローチを開始し、わずか一〇年で排出量ネット・ゼロを達成することを試み、それと並行して、世紀半ばまでに世界全体でそこに到達することをめざすように要求している。

この抜本的な転換の一環として、決議案は再生可能エネルギー、エネルギー効率向上、クリーンな輸送手段への莫大な投資を求めている。高炭素産業からグリーン産業へと移動する労働者たちは、従来の賃金水準と福利厚生を保護されるべきであると述べ、働く意志のあるすべての人に仕事を保障する。また、汚染産業による健康被害の矢面に立たされてきたコミュニティが（その多くは先住民、黒人、褐色の肌の人々だ）、移行の恩恵を受けるだけでなく、地域レベルでその設計に関与することを要求している。そして、これだけではまだ不十分だと言わんばかりに、民主党の中で勢力を増している民主社会主義の一派から、彼らの主要な要求を取り込んでいる。そこには、すべての人をカバーする医療保険制度、保育、高等教育を無料で提供することが含まれる。

以前の基準で見れば、この枠組みは衝撃的なほど大胆で進歩的だったが、これを推進する動きは非常に強く、とくに若い有権者のあいだに勢いが高まっており、そのためほんの短い期間のうちに、この決議を支持するかどうかが民主党の大部分に対するリトマス試験になっていた。二〇一九年五月には民主党内部の指導者の地位をめぐる競争が本格化したため、有力な大統領候補の大多数がグリーン・ニューディールへの支持を表明した。バーニー・サンダース、エリザベス・ウォーレン、カマラ・ハリス、コーリー・ブッカー、カースティン・ギリブランドなどがそうだ。一方、決議案に推薦を表明した議員は、下院と上院をあわせて一〇五人に達した。

グリーン・ニューディールの出現が意味するものは、いまや米国にはＩＰＣＣの目標を達成するための政治的枠組みがあるだけでなく、その枠組みを法律に変えるための明確な道筋（大胆な大博打かもしれないが）もできたということだ。計画はきわめて単刀直入だ。民主党の予備選でグリーン・ニューディールを強力に支持する人物を大統領候補として選出する。二〇二〇年の選挙でホワイトハウスを奪還し、連邦議会の下院、上院の両方で多数を取る。そして、新政権発足の初日から政策を実行に移すことだ（フランクリン・ルーズベルト大統領が元祖ニューディールで採用した有名な「最初の一〇〇日間」の手法である。この期間に、新しく選出された大統領が一五の主要な法案を議会で可決させた）。

ＩＰＣＣの報告書が、けたたましい音で世界の注目をさらった火災警報だったとすれば、グリーン・ニューディールは防火安全対策の計画のはじまりだ。そしてそれは、これまで何度も目にしてきたような、燃えさかる火に水鉄砲をかける訓練をするような小出しのアプローチではなく、実際に火を消すための、包括的で全体的な計画である。とくに、その考えが世界中に広がれば可能性は高く、それはすでに起こりはじめている。

実際、二〇一九年一月に「ヨーロッパの春[5]」という政治連合（私が諮問委員を務めるDiEM25と呼ばれるプロジェクトから発展したもの）が欧州版のグリーン・ニューディールを立ち上げた。これは早急な脱炭素化の政策課題を、より広範な社会および経済的正義の政策課題の中に埋め込んだ、抜本的かつ詳細な計画である。「世界全体のエコロジー転換を達成するためのグリーン投資プログラム、タックス・ヘイブン（租税回避地）の濫用に終止符を打つ明確な措置、人道的で効果的な移民政策、ヨーロッパ大陸の貧困問題に取り組む明確な計画、労働者の協定から女性の権利に関する欧州条約、その他もろもろの課題について、グリーン・ニューディールは強い味方となる。『この道しかない（TINA：There Is No Alternative）』（英国のサッチャー首相が新自由主義政策の推進に頻用したスローガン）の教義を打ち破り、欧州に希望を取り戻したいと望むすべての人にとって」と、この政治連合は発表した。

カナダでは、幅広い諸組織が連合を組んでグリーン・ニューディールを要求している。新民主党（ＮＤＰ）の党首は、この枠組みを（丸ごとではないにせよ）政策綱領のひとつとして採用している。英国においても同じことが当てはまり、野党の労働党は、本章を書いている時点で、米国で提案されているものと同じようなグリーン・ニューディール様式の政策綱領を採用するか否かをめぐり、激しい交渉のさなかにある。

ここ一年間に登場したグリーン・ニューディールのさまざまなバージョンには共通点がある。それ以前の諸政策が、インセンティブをめぐるマイナーな調整に過ぎず、既存システムへの影響を最小限に抑えるよう設計されていたのに対し、グリーン・ニューディールのアプローチは、オペレーティングシステム（ＯＳ）のメジャーアップグレードであり、実際に仕事を成し遂げるための、気合いを入れて取り組むべき計画なのだ。このビジョンでも市場は一定の役割を果たすが、物語の主人公ではない。主人公は民衆だ。新しいインフラを築き上げる労働者、汚染のない空気を呼吸する住民。彼らは新しい手頃な価格のエコ住宅に住み、低料金（または無料）の公共交通機関の恩恵を受けることになる。

この種の変革につながるプラットフォームを擁護する私のような者は、気候危機に乗じて、この危機に着目する前から抱いていた社会主義的、または反資本主義的なアジェンダを推進しようとしていると非難されることもある。これに対する私の答えは簡単だ。私は成人してからの人生全体を通してさまざまな運動にかかわり、現在の経済システムが、非情な利潤追求によって人々の生活と自然の景観を粉々に潰す無数の方法に立ち向かってきた。ちょうど二〇年ほど前に刊行された最初の著作『ブランドなんか、いらない（*No Logo*）』は、企業が推進するグローバル化が人間や生態系にどんな代償を押しつけているかを、インドネシアの労働搾取工場からニジェール・デルタの油田開発に至るまでの事例を示して論証したものだ。一〇代の少女たちが、私たちが使う機械を造るために機械のように扱われるのを見たし、山や森が、地下に埋まっている石油や石炭や金属を採掘するために廃物の山にされるのを見た。

このような経済活動が、悲惨で、時には生命を奪うような影響を引き起こすことは否定しようがない。そこで、あっさりこう論じられた——こうしたものは、膨大な富を生み出すシステムの必要コストであり、その恩恵が徐々に下々に滴《したた》り落ち（トリクルダウン）、やがては地球上のほぼすべての人の生活を改善することになるであろう、と。しかし実際に起きたことはそれとは逆だった。工場で働く個々の労働者の搾取や、個々の山や川の大幅な縮小によって表現された〔この経済システム特有の〕生命に対する無関心は、トリクルダウンどころかトリクルアップで、この星の全体を吸い上げていき、肥沃な土地を塩原に変え、美しい島を瓦礫に変え、かつて鮮やかだったサンゴ礁の生命と色彩を奪ってしまった。

率直に認めるが、私はこの気候変動危機を、自分が長年記録してきた、市場経済の生み出す局所的な危機と切り離せるものだとは思っていない。両者の違いは悲劇の規模と範囲だ。いまや人類のたったひとつの家が存亡の危機に瀕しているのだ。私は常にすさまじい焦燥感をもって、もっと劇的に人道的な経済モデルへと転換する必要性を感じてきた。しかしいままでは、その緊急性の質が変わってきている。なぜなら、期せずしていま私たち全員が、進路を変更することによって想像を絶する規模の生命を救う可能性のある最後の瞬間を生きているのだから。

以上のことはいずれも、すべての気候政策は資本主義を解体するものでなければならない、さもなければ却下されるべきだという、一部の批評家の愚劣な主張にはつながらない。排出量削減のためには可能な限りのすべての対策が必要であり、それもいますぐ必要だからだ。むしろ、ＩＰＣＣがきわめて強い調子で確認したように、体系的な経済と社会の変化を進んで受け入れようとしない限り、決してこの使命を達成することはできないことを意味しているのだ。

歴史の教訓――そして警告

排出量削減の専門家のあいだでは、気候危機が要求する経済全体の大きな変革を促すために、歴史上のどの先例を参照すべきかをめぐり長期にわたる論争がある。大多数の専門家は明らかにフランクリン・ルーズベルトのニューディールを支持している。なぜならそれは、社会インフラとそれを管理する価値観の両方を、一〇年の期間でどれほど根本的に変更できるかを示したからだ。そして、その結果はたしかに驚くべきものだった。ニューディールが実施された一〇年間で、一〇〇〇万人以上が政府に直接雇用された。農村部のほとんどに、はじめて電気が通った。何十万もの新しいビルや建造物が建設され、二三億本の樹木が植えられた。八〇〇カ所の新たな州立公園が開発され、何十万もの芸術作品が公共事業として創作された。

大恐慌に押し潰された何百万もの世帯を貧困から救い上げるという直接の恩恵に加えて、この期間に熱狂的におこなわれた公共投資は、その後に永続的な遺産を残し、何十年にわたる解体の試みにもかかわらず、それらは今日まで生き残っている。歴史家のニール・マハーが著書『自然のニューディール（*Nature's New Deal*）』の中で、参考になるスナップショットを提供している。

今日、私たちが車を走らせる道路は雇用促進局（WPA）が敷設したものであり、子どもたちを降ろす学校も、本を借りる図書館も、公共事業局が建設したものである。飲んでいる水さえ、テネシー川開発公社（TVS）によって建設された貯水池から流れてくる。これらをはじめとするニューディール政策は……劇的に自然環境を変えた。それらはまた、ニューディールをアメリカ国民に紹介することによって、合衆国の政治も変えた。ルーズベルトのリベラルな福祉国家に対する国民の支持が増大したからだ。

もう一方の主張は、気候危機に直面して必要となる変化の規模と速度を示す唯一の前例は、第二次世界大戦時の動員であるというものだ。このとき欧米の大国は、自国の製造業セクターと消費パターンを、ヒトラーのドイツと戦うためのものにつくり変えた。たしかにそれは、眩暈《めまい》がするほど急激な変化だった。工場は船舶や飛行機、武器を生産するために改造された。軍隊向けの食料と燃料を確保するために、市民のライフスタイルは劇的に変化した。英国では、不要不急の自動車の運転はほぼ止まった。一九三八年から一九四四年のあいだに、公共交通機関の利用は米国で八七％、カナダで九五％増加した。一九四三年のアメリカでは、二〇〇〇万世帯（人口の五分の三）が自分の庭に「ビクトリー・ガーデン」〔家庭菜園〕を持ち、その年に消費されたすべての生鮮野菜の四二％を栽培していた。

戦時体制よりもふさわしい比喩は、その後の復興であったと主張する者もいる。具体的には、戦後のマーシャルプラン、すなわち西欧と南欧に移転されたニューディールの一種だ。西ドイツでは、米国政府は数十億ドルを費やして混合経済（資本主義市場経済に政府が直接関与するもの）を再建し、ドイツ国民の広範な支持を獲得して、社会主義への支持の高まりを抑えようとした（同時に米国の輸出市場の拡大にもつながった）。そのために、国家による直接の雇用創出、公共部門への巨額の投資、ドイツ企業への補助金支給がおこなわれ、強力な労働組合が支持された。この取り組みは、米国政府のもっとも成功した外交イニシアチブとして広く認められてきた。

どの先例にも、それぞれの明白な弱点と矛盾がある。「憂慮する科学者同盟（UCS）」〔米国の科学者による非営利団体〕によれば、米軍ひとつだけで「世界最大の石油消費組織」である。戦争は、人類、自然、民主主義への破壊的なコストをともなうため、社会変化のモデルにはなりえない。さらに言えば、気候変動の脅威は決してナチスの進軍ほどの脅威には感じられないだろう――少なくとも、私たちの行動で事態を変えるには、とっくに手遅れとなるときまでは。

戦時の動員と戦後の大規模な再建の取り組みはたしかに野心的だったが、それらはまた、高度に集権化されたトップダウンの変革であった。もしも私たちが、気候危機に際してそのようなかたちで中央政府に決定を委ねた場合には、少数の大手企業の手に、さらに権力と富を集中させる非常に腐敗した措置を予想するべきだろう。むろん、人権への組織的な攻撃が起きることは言うまでもない。それは、戦争や経済的ショック、異常気象などの後に続く惨事便乗型資本主義に関する研究の中で、私がくりかえし事例を追跡してきた現象である。気候変動に便乗する「ショック・ドクトリン」は現実に存在する危険であり、その最初の兆候を本書で論じている。

ニューディールも、理想的な類比とはとうてい言えない。ニューディールの政策と保護のほとんどは、社会運動との綱引きのなかで設計されたものであり、戦時体制のように単純に上からの指示でできたものではなかった。しかしニューディールは、米国経済を景気低迷から脱出させるという主要目的の達成には至らず、その政策は圧倒的に白人の男性労働者を優遇していた。農業労働者や家内労働者（その多くは黒人だった）は取り残され、多くのメキシコ人移民も同様だった（彼らのうち一〇〇万人ほどが一九二〇年代後半から三〇年代にかけて国外追放の憂き目にあった）。資源保存市民部隊〔Civil Conservation Corps　若年労働者の職業訓練から始まった失業対策プログラム、天然資源の保全などに従事）はアフリカ系アメリカ人の参加者を隔離し、女性を除外した（例外的に女性を受け入れたキャンプでも、彼女たちは食料保存法やその他の家事労働を学ばされた）。そして先住民は、ニューディール政策のもとで若干の利益を獲得したものの、彼らの土地への権利は大規模なインフラプロジェクトと自然保護活動の両方によって侵害された。ニューディールの救済を執行する機関は、とくに南部の州において、アフリカ系アメリカ人とメキシコ系アメリカ人の世帯に対する偏見で悪名高かった。

オカシオ＝コルテス下院議員とマーキー上院議員が提出したグリーン・ニューディール決議案は、かなりの長さにわたって、こうした不正をくりかえさないようにする方策を概説しており、その中心的な目標のひとつに「先住民、非白人コミュニティ、移住労働者コミュニティ、産業力を奪われたコミュニティ、過疎の農村コミュニティ、貧しい低所得労働者、女性、高齢者、住居のない人、障害を持つ人々、そして若者に対する現在の抑圧をやめ、将来の抑圧を防ぎ、歴史的な抑圧を修復すること」を挙げている。アヤナ・プレスリー議員がボストンの市庁舎で述べたように、「これは最初のニューディールを修正する機会であるばかりでなく、経済を変革する機会でもあるのです」。

ニューディールからマーシャルプランに至るまでのこうした歴史的な類比の最大の限界は、こうした先例が一体になって成し遂げたものが、郊外スプロール化と使い捨て消費という、現在の気候危機の根幹にある高炭素消費型ライフスタイルの火蓋を切り、大幅に拡大させることだったという事実だ。ＩＰＣＣの爆弾報告が明確に述べているように、「必要とされる規模の移行について歴史的な先例は存在しない。とりわけ、社会的および経済的に持続可能なやり方については」というのが、厳しい真実だ。すなわち、かつて世界的な温室効果ガス排出量が大幅に減少したことがあったのは、世界恐慌やソビエト連邦の崩壊の後のような、深刻な経済危機の時期だけなのである。そして、急速な社会の変革に拍車をかけた戦争は、人道的および生態系的な大惨事だったのだ。

私の見解では、こうした歴史的な類比にはいずれも必然的に瑕疵《かし》があるものの、それと同等に、研究したり、引き合いに出す価値もある。いずれの前例もそれぞれのかたちで、これまで各国政府が気候システムの崩壊にみせてきた対応とは鮮やかな対照を示している。この二五年間に起きたことは、複雑な炭素取引市場の創出、時おり採用される少額の炭素税、ひとつの化石燃料（石炭）を他の化石燃料（天然ガス）に置き換えること、消費者に新タイプの電球やエネルギー効率のよい家電製品への買い替えを促すさまざまなインセンティブ、より高い価格で企業が提供する「環境に優しい」代替製品などだ。だが、再生可能セクターに本気で投資して、要求される速度での経済転換をめざしているのは、ほんの数カ国だけだ（もっとも重要なのはドイツと中国）。

ひと握りの国では、より積極的な規制的アプローチへのシフトが徐々に始まっている。いずれの場合も強力な社会運動の圧力の結果である。いくつかの国や州、地方では、ガス採掘のためのフラッキングを禁止または一時停止している。ニュージーランド政府が、今後は海底油田採掘のためのリース契約を結ばないと発表したのは重要だ。ノルウェー政府は、内燃機関を搭載した自動車の販売を二〇二五年までに禁止する計画を発表した。この積極的な目標が他の国にも広がれば、電気自動車へのシフトが確実に加速するだろう。しかし、裕福な国の政府はいずれも、大量消費者の消費を抑制させる必要や、化石燃料企業に彼らが生み出した汚染の後始末にかかる費用を負担させる必要について、率直に議論したがらない。

それ以外の結末がありえただろうか？　過去四〇年間の経済の歴史は、公共圏の力を体系的に弱体化させ、規制機関を破壊し、富裕層への課税を引き下げ、生活に不可欠なサービスを民間部門に売り飛ばすことの連続だった。その間ずっと労働組合の力は劇的に弱体化し、国民は無力感に慣らされてきた。どれほど問題が大きくても、その解決は市場や大金持ちの慈善資本に委ねるのが最善だ、と私たちは教えられてきた。ゆめゆめ、根本から問題をただそうなどとするんじゃない、と。[6]

これが、もっとも根本的なところで、一九三〇年代から五〇年代までの歴史的な先例が依然として有用である理由だ。これらの先例は、深刻な危機に際して異なるアプローチは常に可能であったし、それはいまも可能だということを思い出させてくれるのだ。あの数十年間の時代には、何度か集団的な緊急事態が発生したが、それに際して取られた対応は、社会全体を、個々の消費者から労働者、大規模な製造業者、あらゆるレベルの統治機関まで全部ひっくるめて、明確な共通の目標を掲げた抜本的な変革の遂行に巻き込むことだった。

過去に問題を解決した人々は、単一の「銀の弾丸」〔特効薬〕や「キラーアプリ」を探したりしなかったし、無駄なことに時間を浪費して、そのうち市場が解決をトリクルダウンしてくれるのを待ったりもしなかった。どの事例においても、政府は一連の強力な政策ツール（公共インフラ建設のための直接雇用の創出から産業計画や公共金融まで）を一気に展開した。これらの歴史の各章が示すのは、野心的な目標と強力な政策メカニズムが一致すれば、非常にタイトな締め切りの中でも、社会のほぼすべての側面を変えることが可能だということである。まさにそれこそが、今日の気候システム崩壊に直面した私たちに必要な行動だ。そうすることができないというのは選択の問題であって、避けられない人間の本質ではない。コロンビア大学とNASAのゴダード宇宙科学研究所に所属する気候科学者ケイト・マーヴェルも述べている——「私たちは運が尽きたわけではありません。そうなることを選択しない限りは」。

これらの歴史的な先例は、また同様に重要なことを思い出させる。なにかを始める前に、すべての詳細を把握する必要はない。過去におこなわれた動員はいずれも例外なく、いくつもの誤ったスタート、即興的な措置、軌道修正をともなっていた。後段で説明するように、もっとも進歩的な対応が起こった理由はただひとつ、組織化された国民からの執拗な圧力を受けたからだった。重要なのは手続きをただちに開始することだ。グレタ・トゥーンベリが言うように、「緊急事態を解決するためには、それを緊急事態として扱わなければならない」のだ。

これはなにも、グリーンに塗ったニューディールとか、ソーラーパネル付きのマーシャルプランが必要だと言っているわけではない。私たちに必要なのは、それとは質と性格の異なる変革だ。ニューディール型の高度に中央集権化されて独占的な、河川にダムを築く水力発電や化石燃料による火力発電ではなく、私たちには分散型の、可能ならば自治体が所有する、風力発電や太陽光発電が必要だ。戦後期に進められた郊外の白人住宅地の無秩序な拡大や、人種的に隔離された都市住宅プロジェクトではなく、現代に必要なのは、みごとに設計され人種的に統合されたゼロカーボンの都市住宅を、非白人コミュニティからの意見を民主的に取り入れて構築することだ。そして、元祖ニューディールの資源保存市民部隊において圧倒的に多かったように、自然保護の指揮権を軍や連邦機関に委ねる方式ではなく、中央の権限と資源を、先住民コミュニティや小規模農家、牧場主、持続可能な営みをおこなう漁民へと移管して、彼らの主導のもとに何十億本もの樹木を植え、湿地を再生し、土壌を更新する事業をおこなう必要がある。

そして、緊急事態を緊急事態と呼ぶことを主張する一方で、常に警戒しなければならないのは、この緊急事態が「例外の許される状態」になってしまうことだ。有力な勢力が、国民の不安やパニックにつけ込んで、人々が苦労して獲得した権利を奪い返し、ひと儲けするための偽りの解決をごり押しすることのないように、常に警戒しなければならない。

要するに、いままで試したことのないものが必要であり、それをやり遂げるには、チャンスはあるという意識と、「やればできる」の精神を取り戻さねばならない。そのような気構えは近年めっきり見られなくなったが、そのはじまりはロナルド・レーガン大統領の宣言だった。「英語の中のもっとも危険な九つの単語は、I'm from the government and I'm here to help（私は政府職員です、支援に来ました）です」。急速な集団的変化が起きたこれらの（およびその他の）時代の歴史的な記憶を蘇らせることにより、私たちは高揚をもたらすひらめきと、酔いが醒めるような警告の両方を引き出すことができる。

一九三〇年代と四〇年代が発する警告の中で、ひとつ覚えておくべきものがある。システム全体の危機が、政治的およびイデオロギー的な空白をもたらすとき、すなわち今日起きているような状況のもとでは、活性化するのはグリーン・ニューディールのような人道的で希望に満ちた考え方だけではない。暴力的で憎悪に満ちた考え方も活性化するのだ。それが、二〇一九年三月一五日の最初のグローバル学校ストライキを、恐ろしい力で貫いたひとつの真実だ。

エコファシズムの妖怪

ニュージーランドのクライストチャーチ市では、気候対策を求める学校ストライキが、他の多くの都市のものと同じように始まった。騒々しい生徒たちが、真昼に列をつくって学校から外に歩き出した。彼らは気候変動対策の新時代を要求するプラカードを掲げていた。かわいくて真面目な文言もあれば（I STAND 4 WHAT I

STAND ON 私が守るのは、私がそこに立っているもの）、不真面目なのもあった（KEEP EARTH CLEAN. IT'S NOT URANUS! 地球はきれいに保とう。天王星じゃないんだから！）。[7]

午後一時には、二〇〇〇人ほどの子どもたちが市内中心部のカテドラル広場に結集し、そこに設けられた仮設ステージと、寄付された音響システムを取り囲んでスピーチや音楽を聴いていた。

そこにはあらゆる年齢の生徒がいて、マオリ人学校からは全員が一緒に授業を抜け出していた。「クライストチャーチ全体をとても誇りに思いました」と、主催者のひとりで一七歳のミア・サザランドが私に言った。「集まったみんなは、とっても勇気がありました。授業を放棄するのは簡単なことじゃありません」。彼女によれば、最高の瞬間は、ストライキの賛歌となった「ライズアップ（立ち上がれ）」を集まった生徒たちが合唱したときだった。その曲は、クライストチャーチのストライキを最初に呼びかけた一二歳のルーシー・グレイが書いたものだ。「誰もが、とても嬉しそうでした」とサザランドは回想し、これは先進国の中で若者の自殺率がもっとも高いニュージーランドでは、あまりにも見慣れない光景だったと述べた。

サザランドはアウトドア派のティーンであり、気候変動について心配しはじめたのは、自分が大切にしている自然の一部に影響が及ぶと気づいたときだった。しかし、海面上昇やサイクロンの威力、そして太平洋の国々全体がどれほど危機に瀕しているかを知ったとき、それは人権の問題になった。「ここニュージーランドは太平洋の島々がつくる家族の一員です。この島々は私たちの隣人です」と彼女は言った。

その日、広場に姿を見せたのは子どもだけではなかった。市長を含む数人の政治家も姿を見せていた。しかしサザランドたち集会の主催者は、彼らにスピーチをさせないことに決めた。今日は子どもたちがマイクを握り、政治家たちはそれに耳を傾ける日なのだ。サザランドは司会者として、仲間の生徒たちをステージに呼び出すのが役目だった。彼女は何度も何度もそれをおこなった。

サザランドがその日の締めの発言のために、気合いを入れたちょうどそのとき、仲間のひとりが彼女をぐいっと引っ張って言った。「終了しなきゃダメ、いますぐ！」サザランドは困惑した――うるさすぎたのか？ でも、それは私たちの権利じゃないのか！ その直後、警官がステージに上がり、彼女からマイクを取り上げた。全員、広場から立ち去るようにと、警官が音響システムを使って告げた。家に帰りなさい。学校に戻りなさい。でも、ハグレイ公園〔クライストチャーチ市の中央部に位置する広大な州立公園〕には近寄るんじゃない。

数百人の生徒たちは、抗議を続行するために、市役所に向かって一緒に行進することに決めた。サザランドはまだ困惑しながらバス乗り場に行った。そのとき彼女はスマホの画面を見て、自分が立っている場所から一〇分の距離のところで発砲事件が起きたことを知った。

幼いストライキ参加者たちが、その日に起こった恐怖のできごとの全貌を知り、アルヌール・モスクの近くの公園に近づかないように言われた理由を理解したのは数時間後のことだった。生徒たちによる気候ストライキとちょうど同じときに、ニュージーランドに住む二八歳のオーストラリア人男性がそのモスクに車を走らせ、歩いて中に入り、金曜の礼拝中のイスラム教徒たちに向けて発砲したのだ。六分間にわたる修羅場の後、男は落ち着いてアルヌール・モスクを去り、車で別のモスクに行き、凶行を続行した。最終的に、三歳の子どもを含む五〇人が殺された。さらにもう一人が数週間後に病院で死亡する。この他に四九人が重傷を負った。ニュージーランドの現代史上、最悪の大量殺戮事件だった。

この殺人者は声明文（複数のソーシャルメディア・サイトに投稿されていた）や彼の武器に刻印された文字の中で、他の同じような大量殺戮をおこなった男たちへの賞賛を表明していた――二〇一一年にノルウェーのサマーキャンプとオスロのダウンタウンで七七人が殺された事件、二〇一五年にサウスカロライナ州チャールストンにある黒人教会エマニュエル・アフリカン・メソジスト・エピスコパルで九人が殺害された事件、二〇一七年にケベック市のモスクで六人が死亡した事件、二〇一八年にペンシルベニア州ピッツバーグ市の「生命の樹」シナゴーグで一一人が殺害された事件。これらの他のテロリストたちがみなそうだったように、クライストチャーチの銃撃事件の犯人も「白人ジェノサイド」の観念に取り憑かれていた。これは、白人が多数を占める国で白人以外の人口が増加していることが脅威だという主張であり、クライストチャーチの殺人犯は、移民の「侵略者」のせいだとしていた。

クライストチャーチで起きた惨劇は、極右のヘイト犯罪《クライム》の明瞭でエスカレートしていくパターンの一部であったが、二つの点で他と異なっていた。ひとつは、殺人犯が虐殺の計画と実行において、どれほどインターネットで披露することを意識していたかだ。蛮行を始める前に彼は、8chan掲示板〔2ちゃんねるの英語版4chanから締め出されたオルタ右翼がたむろする匿名画像掲示板〕に「たわごとの投稿はもうやめて、現実の取り組みを投稿するときが来た」と書き込んだ。まるで大量殺戮は、シェアしてもらうための特別に衝撃的なネット情報にすぎないかのように。それから彼は、ヘッドマウント・カメラの助けを借りて自分の殺人行為をフェイスブックでライブ配信し、想像上のファンに向けて、フェイスブックとYouTubeとツイッターで、自分の手柄にナレーションをつけた（「オッケー、さあパーティーを始めようぜ」）。そして襲撃の味付けに、ネット仲間にしか通用しない内輪ジョークをふんだんに振りまいた（「みんな、忘れんなよ、PewDiePieの購読よろしくな」と彼は言った。超有名ユーチューバーの戦略的な餌まきを真似たものだ）。

彼のビデオがライブ配信されているあいだ、視聴者は犯罪が進行中であることを通報せず、それどころか絵文字の噴水と、ナチを主題にした漫画のミーム〔引用〕、「命中、おみごと！」のようなコメントで彼に声援を送っていたのだ。彼らはまるで一人称視点の射撃ゲームを見ているかのようだった。それは殺人者自身が、自分の声明文で機先を制して嘲ったことと一緒だ。彼は、ビデオゲームが自分にこれをやらせたのだと、皮肉を込めた冗談を言っていた。このメタユーモアは彼の逮捕後も続き、この殺人者は最初の出廷の機会を使って、カメラに向かって「ＯＫ」の指サインを送った。この所作は、それを一度でも使ったことのある者は全員が隠れ白人至上主義者なのかという愚劣な議論の盛り上がりを起こすのが狙いだった。

どの段階をとっても、この殺人はバイラル化〔ネットでの拡散〕を狙ったものだった。もちろん狙い通り急拡散した。犯人の支持者たちが一斉に無思慮な行動に走り、フェイスブックやYouTubeやRedditなどで、検閲者やモデレーターといたちごっこをくり広げた。YouTubeがのちに報告したところでは、襲撃事件から最初の二四時間には、殺人の実写映像が毎秒一回の割合でアップロードされた。

クライストチャーチ大量殺戮は、犯人が「現実の取り組みの投稿」をゲーム化する明白な狙いを持っていたことから、常軌を逸した拡散になったが、それは彼の犯罪の残酷な現実とは耐えがたいほどの対照をなしていた──肉体を引き裂く弾丸、悲しみにくれる家族、そして世界中のムスリムに送りつけられた「おまえたちの仲間に安全な場所はどこにもない、たとえ神聖な祈りの場所であっても」という威嚇的なメッセージ。

そしてまた、ちょうど同じ時刻に、まったく違う目的のために集まった若者の気候ストライキ参加者とも、胸が痛むような対照をなしていた。殺人者は、事実とフィクション、陰謀のあいだの境界線を嬉々として弄び、あたかも真実という観念そのものがフェイクニュースであるかのようにふるまったが、ストライキに参加した生徒たちは忍耐強く、温室効果ガスの蓄積やカーボン・フットプリント、絶滅スパイラルなどの厳しい現実はリアルな問題であると主張し、政治家に対して、彼らの言葉と行動のあいだの大きなギャップを埋めるように要求していた。

グレタ・トゥーンベリがきっかけで、膨大な数の同年代の生徒たちは、私たちがいま歴史の正念場にいることに目覚め、心の奥底にある恐怖を遠ざけようとするのをやめ、すべての子どもたちの権利のために平和的に立ち上がった。クライストチャーチの殺人者は、極度の暴力を行使して、すべての属性の人々から人間性を剥ぎ取った。おまけに、そのこと自体がどうでもいいと彼は切り捨てているようだった。

このおぞましいできごとから六週間後にミア・サザランドと話したとき、彼女はまだストライキと虐殺を引き離して考えるのに困難を感じていた。二つのできごとは、彼女の記憶の中でひとつに融合していたのだ。「誰の心の中でも、二つを分けることはできません」と、彼女はささやくような声で私に語った。

強烈なできごとが互いに非常に近いところで発生すると、人間の心はしばしば、そこにありもしない関連性を描こうとするものだ。これはアポフェニアと呼ばれる現象だ。しかし今回の場合においては、関連性はたしかにあった。実際、ストライキと大量殺戮は鏡像のようなもので、同一の歴史的な力に対する正反対の反応と理解することができる。そしてこのことは、また別のかたちで、クライストチャーチの殺人犯が、彼がインスピレーションを得たと公言する過去の白人至上主義の大量殺人者たちとは区別されることと関連している。彼らとは異なり、クライストチャーチの殺人犯は、はっきりと自分は「民族主義の環境ファシスト」であると考えている。とりとめのない声明文の中で、彼は自分の行動を一種の歪んだ環境保護主義に仕立て上げており、人口増加に不満をぶちまけ、「ヨーロッパへの移民流入が続くのは環境戦争である」と主張した。

はっきりさせておきたいが、この殺人犯はなにも環境への懸念に駆り立てられていたわけではない——彼の動機は純粋な人種差別的憎悪だ。しかし生態系の崩壊が、その憎悪を掻き立てるひとつの力になったと思われる。ちょうど世界中の武力紛争においても、生態系の崩壊が憎悪と暴力を促進させる力として働いているのと同じである。私が恐れるのは、この社会の生態系危機への対処の仕方が大きく変わらない限り、この種の白人至上主義の環境ファシズムが、気候危機に対する集団的な責務を果たすことを拒否するための荒っぽい合理化手段として、ますます高い頻度で出現し続けることだ。

そうなる大きな理由は、温暖化の計算の厳しい結果に由来する。この危機は圧倒的に、社会のもっとも裕福な層によって作られたものだ。世界の温室効果ガス排出量のほぼ五〇%は、世界の人口の中でもっとも豊かな一〇%によって生み出されている。もっとも裕福な二〇%が、七〇%を生み出している。しかし、こうした温室効果ガス排出の影響は、もっとも貧しい人々に真っ先に最悪の被害を与えており、しだいに多くの人々が移動を余儀なくされ、その数は今後さらに増える見込みである。二〇一八年の世界銀行の調査では、二〇五〇年までに一億四〇〇〇万人以上が、サハラ以南のアフリカと南アジア、ラテンアメリカで、気候変動による重圧のために住むところを捨てなければならないと予想されている。ただし、この予想は保守的だとみる人が多い。大半の者は自国内にとどまり、すでに過剰なストレスにさらされている都市部やスラムに群がるであろう。一方、よその土地に行って生活を改善しようとする者も多いだろう。

どのような道徳体系のもとであっても、基本的人権の原則に導かれるのであれば、このような他の人々が招いた危機の犠牲者には、公正な償いが与えられて当然だろう。償いには多様なかたちがありうるし、またそうあるべきだ。何よりもまず正義が要求するのは、もっとも裕福な一〇~二〇%の人々が、深刻化する危機の根本的な原因を阻止するために、技術的に可能な限りの最速で排出量を削減することだ（それがグリーン・ニューディールの前提だ）。正義はまた、気候会議のボリビア代表が一〇年前に求めた「地球のためのマーシャルプラン」の要請に耳を傾けることを要求する。グローバルサウス〔主に南半球にある途上国〕にリソースを提供することで、コミュニティが極端な天候への備えを強化し、クリーンなテクノロジーによって貧困から抜け出し、可能な限り自分たちの生活様式を守ることができるようにするのだ。

保護することが不可能な場合、つまりもはや土地が乾燥しすぎて作物が育たず、海面の上昇があまりに速くて押しとどめることができないような場合、正義が要求するのは、いかなる人も安全を求めて移動する基本的人権を持っていることを明確に認識することだ。すなわち、彼らは難民として庇護を求めるのが当然であり、到着と同時にその地位を獲得するということだ。ほんとうのことを言えば、多大な損失と苦しみを背負っている彼らには、それよりはるかに多くが与えられねばならない。思いやりと補償、そして心からの謝罪を受け取るべきなのだ。

言い換えれば、気候システムの混乱が要求するのは、保守的な心が忌み嫌うような領域の罰則だ――富の再分配、資源の共有、そして賠償である。そして、極右陣営ではしだいに多くの人々が、このことを非常によく理解するようになっており、それゆえにこそ、彼らはさまざまなねじくれた根拠を練り上げて、それが絶対起こらないという主張を合理化しようとする。

最初の段階は、「社会主義の陰謀」を叫び散らし、現実を頭から否定することだ。この段階はかなり前から続いている。二〇一一年にノルウェーのサマーキャンプで発砲事件を起こしたサイコパス、アンネシュ・ブレイビクのとった道がそれだった。ブレイビクが確信していたのは、移民に加えて、白人の西洋文化を弱体化させている理由のひとつは、ヨーロッパと英語圏に対する「気候の債務」を支払えという要求だということだった。声明文の中の「グリーンは新たなアカだ――環境共産主義を止めろ！」という表題のセクションで、彼は何人もの著名な気候変動否定論者を引用し、気候対策資金の要求は、ヨーロッパ諸国（米国も含む）の資本主義と成功を「罰する」ための試みだと断定している。彼によれば、気候変動対策は「新たな富の再分配である」。

しかし、もしも真っ向から否定することが実行可能な戦略だと当時は思えたのだとしても、九年後（そのうち六年は、世界の気温が過去最高だった一〇年の中に入っている）のいまでは、そうは考えにくくなっている。といっても、かつての否定派が急に宗旨替えをして、国際的な枠組みで合意された内容に基づく気候危機への対応を受け入れるようになったわけではない。むしろもっと可能性が高いのは、いまも気候変動を否定している人々の多くが、クライストチャーチの殺人者が抱いていた邪悪な世界観のほうに突然転向することだ。われわれはたしかに急激で手に負えない未来に向かっているようだが、それならばなおのこと、裕福で白人が大多数を占める国々は国境の警備を厳重にして、同時に白人キリスト教徒としてのアイデンティティもがっちり守らなければならない。そうして、ありとあらゆる「侵略者」を撲滅するのだ。

気候をめぐる科学的知見はもはや否定されなくなるだろう。否定されるようになるのは、歴史的にもっとも多くの炭素を排出してきた国々が、それによる汚染で影響を受ける黒や褐色の肌の人々に対し、なんらかの債務を負っているという考え方のほうだ。これを否定する根拠となりうる理屈はひとつしかない――こうした非白人や非クリスチャンの輩は、われわれよりも劣った存在であり、他者であり、危険な侵略者だということだ。

ヨーロッパの大部分と英語圏では、こうした強硬化がすでに進行している。欧州連合、オーストラリア、米国が採用している移民政策はみな「抑止による予防」のバリエーションである。その残忍なロジックはこうだ――入国者の扱いをきわめて冷淡で残酷なものにすれば、死にもの狂いの人々も、安全を求めて国境を越えることを躊躇するだろう。

このような考えから、越境を試みる人々は放置され、地中海で溺死したり、岩だらけのアリゾナの砂漠で脱水症状で死ぬことになる。もし生き延びて国境を越えることができたとしても、彼らは拷問に等しい状態に置かれる。いまヨーロッパの国々が、自国の海岸に上陸しようとする難民たちを送り出すリビアのキャンプ、オーストラリアの沖合の島にある勾留キャンプ、テキサスの大きな洞窟のようなウォルマートを転用した子ども用の収容所など。イタリアでは、難民船がなんとか港にたどり着いたとしても、下船を阻止されるのが通常になっており、救助船に閉じ込められた彼らの状態は、裁判所によって「拉致」に等しいと判断されている。

一方、カナダの首相は、自分が難民を歓迎し、モスクを訪問している写真をツイートしている。だが彼の政府は国境の軍備強化に新たに巨額の投資をおこなっており、また「安全な第三国合意」の適用も厳格化している。これは、カナダ国境で保護を求める外国人が、「安全な」国とみなされているトランプ政権下の米国を経由して来た場合には、カナダ政府に難民申請をできなくする仕組みだ。

このように、ヨーロッパと英語圏を砦のように守り固めることの目標はあまりに明白だ。人々に、いま居るところにとどまるほうがいい、たとえそれがどんなに悲惨で、どれほど生命の危機にさらされていても、と納得させることだ。この世界観においては、緊急事態とは人々の苦しみではない。その苦しみを逃れようとする彼らの不都合な願望のことなのだ。

だからこそ、クライストチャーチの大量殺戮からわずか数時間もしないうちに、ドナルド・トランプは極右による暴力の急増という見方を一蹴し、即座に話題を切り替えて、米国の南部国境で起きている越境者による「侵略」と、彼の最近の「国家的緊急事態」の宣言について語ったのだ。これは国境の壁建設のために数十億ドルの予算を獲得するための動きである。三週間後、トランプは「この国はもう満杯だ！」とツイートした。これは、イタリアの内務大臣マッテオ・サルヴィーニが、海で救出された小さな移民の集団の到着に対して、ツイッターで「わが国の港は閉鎖中です」と反応したのに続けたものだった。

クライストチャーチの殺人犯の声明文を綿密に研究した調査報道記者ムルタザ・フセインが強調するのは、そこに詰め込まれた思想に、みじんもマイナーなところがないことだ。彼の言葉は「明晰で、ぞっとするほどなじみ深いものです。越境者のことを侵略者として語るところは、米国の大統領やヨーロッパ各地の極右の指導者の言葉使いとそっくりだ。……彼がどこで過激化したのだろうと疑う人がいたら、その答えははっきりしている。私たちのメディアと政治だ。そこではマイノリティやムスリム、その他の人々が、当然のように中傷されている」と、フセインは書いている。

気候変動にからむ野蛮なふるまい

大量の人口移動が起こる要因は複合的である――戦争、犯罪組織の暴力、性暴力、貧困の深刻化など。明らかなことは、気候システムの混乱がこれらすべての他の危機を激化させており、温暖化が進むにつれ状況は悪くなる一方だということだ。それなのに、地球上でもっとも裕福な国々は助けの手を差し伸べるどころか、あらゆる面で危機を悪化させようと決意しているかのようだ。

彼らは、貧しい国々が異常気象に対して防衛力をつけられるように、有意義な援助を新たに提供することを怠っている。貧困にあえぎ借金漬けになったモザンビークがサイクロン・イダイに叩きのめされたとき、国際通貨基金（IMF）はこの国に一億一八〇〇万ドルを提供したが、それは供与ではなく貸付であり、いずれ返済しなければならない。ジュビリー・デット・キャンペーン〔貧困国の債務取り消しを求めるJubilee2000の後身の運動〕は、この動きを「国際社会の欠陥を衝撃的に指摘するもの」と表現した。さらに悪いことに、二〇一九年三月、トランプ大統領はグアテマラ、ホンジュラス、エルサルバドルに対する米国の援助を、現在の七億ドルから削減するつもりであると発表した。その援助の一部は、農家が干ばつに対処するためのプログラムに充てられる予定だったというのに。米国の国土安全保障省は、同じようにあからさまな優先事項の表明として、国内の自然災害への対応を任務とする連邦緊急事態管理局（FEMA）の予算から一〇〇〇万ドルを流用し、移民関税捜査局（ICE）の予算として越境入国者の勾留施設建設の支払いに充てた。

誤解のないように言っておこう。これは気候変動にからむ野蛮なふるまいの最初の兆しだ。徹底的な改革が、政治だけでなく、その政治を支配する背後の価値観にもなされない限りは、裕福な世界は、悪化する気候崩壊に、このやり方で「適応」しようとするだろう。人間の生命の相対的な価値をランク付けする有害なイデオロギーを完全に解き放つことによって、人類の中の巨大な部分を見捨てる醜悪な行為を正当化するのだ。そして、最初は国境における野蛮行為として始まったものは、やがて確実に社会全体に感染するであろう。

特定グループの絶対的優越性を唱える至上主義者の考えは目新しいものではないし、消滅したこともない。英語圏にいる私たちにとって、この考え方は自分の国の存在そのものの法的根拠に深く組み込まれている（「キリスト教徒による発見の教義」[8]から無主地《テラ・ヌリウス》まで）。その力は、私たちの歴史全体を通して、どんな不道徳なふるまいがイデオロギー的な正当化を要求したかに応じて、膨らんだり萎んだりをくりかえした。こうした有害な考えは、かつて奴隷制や土地強奪や人種隔離政策などを合理化する必要が生じたときにも急速に浸透した。いまもまた、気候対策への頑固な抵抗や、国境における野蛮な行為を正当化する必要が出てきたことで、ふたたび台頭しているのだ。

いまこのときに冷酷な仕打ちが急速にエスカレートしている事実は、どんなに言っても誇張しすぎることはない。また、これが問題にされずにまかり通ってしまった場合の、私たちの集合的精神に与える長期的なダメージについても同様である。一部の政府が気候変動を否定し、別の政府はなんらかの措置を講じていると主張しながらも自国の国境をその影響から厳重に守っている、という賑やかな劇場の裏で、私たちはすべてを包括するひとつの疑問に直面している——すでに始まっている、険しく困難な未来において、私たちはどのような民になるのだろう？ 残されたものを分けあって、お互いを思いやりながら生きるのか？ あるいは、残されたものを買いだめし、「自分たちだけ」を思いやって、他の者はみんな締め出そうとするのだろうか。

海面が上昇しファシズムが台頭するこの時代において、これが私たちに突きつけられた厳しい選択だ。気候にからむ野蛮なふるまいを全面展開させる以外にも選択肢はある。だが、私たちがこの道をどこまで進んでしまったかを考えれば、他の道を選択することが簡単であるふりをしても仕方がない。そのためには、炭素税やキャップ・アンド・トレード[9]よりもずっと多くのものが必要になるだろう。そのためには、汚染と貧困、人種差別、植民地主義、絶望のすべてを相手にして同時に立ち向かう全面戦争が必要になるだろう。

おそらくもっとも重要なことは、もっとも脆弱で罪のない人々が残忍なスケープゴートの対象にされるような未来を回避するためには、不屈の精神を発揮して、気候危機に最大の責任がある強力な相手と直接対決する必要があるということだ。化石燃料業界を相手に闘うことは、あまりに困難だと思えるかもしれない。なにしろ相手は無限の富を使って政治家にロビー活動をおこない、活動家を標的とする厳格主義の法律を通過させ、広告枠を買い取って公共の電波を汚染したりできるのだから。それでも、この業界はさまざまなかたちの圧力に対して、はじめに与える印象よりはずっと弱いのだ。

過去五年間、気候正義運動の中心的な戦略は、これらの企業はその中心的なビジネスモデルが人類の文明を不安定化させることに依存しているため、正当性のない利益を上げている不道徳な存在だと実証することだった。この戦略のおかげで、数百の公共機関や団体などが化石燃料企業への投資から撤退すると誓約した。最近ではサンライズ運動などが、選挙で選ばれた政治家に迫って「化石燃料業界からは政治献金を受けない」という誓約を立てさせる活動に集中している。これに対して、民主党指導部の地位を争う候補者たちの半分以上が、すぐ署名することに同意した。もし化石燃料業界からの政治献金を拒否し、化石燃料業界のロビイストの立ち入りを禁止することが政権与党の政策になれば、この業界が政策決定を支配する力は劇的に弱まるだろう。そしてもし、国民や規制当局からの圧力で、マスコミが化石燃料企業の広告を流すのをやめるならば（かつてタバコ広告を流すのをやめたように）、化石燃料業界の肥大化した影響力はさらに衰えるだろう。

誤った情報で歪められた議論が減少し、石油業界と国家が明確に分離されれば、強力な規制でこの無法な業界を迅速に統制する道筋も、はるかに明確になるだろう。なぜなら、すべての資源採掘企業は「成長か死か」という交渉余地のない枠組みの中で機能しているからだ。彼らは投資家に対し、自分たちの製品への強い需要は現在だけでなく、将来にわたっても続くことを常に保証する必要がある。それゆえに、すべての化石燃料企業の評価の決め手になるのは、稼働中のプロジェクトだけでなく、その企業が所有する石油とガスの「リザーブ」（埋蔵量）でもあるのだ。すなわち、その会社が何十年も先の開発のために発見し、購入した資源である。

ワシントンを拠点とするクリーン・エネルギーのアドボカシー団体「オイル・チェンジ・インターナショナル」の事務局長スティーブン・クレッツマンによると、一〇〇％再生可能エネルギーに急速に移行する必要があることを理由に、政府が新規の探査と掘削の許可を出さなくなれば、投資家はただちに船を見限って飛び降りはじめる。「この業界が持つ財政的および政治的な限界が明らかになれば、彼らについてのずっと続いてきた神話が暴かれる。それは、私たちが常に彼らを必要とするという神話だ。ほんとうはその逆が真実なのだ。次の一〇年間の真の気候運動のリーダーたちは、この業界に与えられた文字通りすべてのライセンス（社会的、政治的、法的）を撤回させる勇気が必要だ。それによって緊急にこの産業の拡大を停止させ、今後数十年にわたる生産量の減少を、労働者と現場コミュニティに対して公正で公平になるように管理する必要がある」。また、この業界の企業の一部は、国または公共団体が経営を引き継ぐ必要が出てくるかもしれない。残った利益が投資家のポケットにではなく、土地と水の浄化や労働者の年金資金に確実に使われるようにするためだ。それはまた、過去半世紀の大半を特徴づけてきた自由市場原理主義との、決定的な決別を要求する。

学校ストライキから送られたメッセージは、非常に数多くの若者がこの種の大きな変革に期待しているということだ。彼らは六回目の大量絶滅だけが自分たちの受け継いだ危機ではないことをよく知っている。彼らはまた、市場の陶酔が破綻した後の瓦礫の中で育っている。そこでは無限に向上する生活水準という夢が、緊縮財政政策と経済的不安定に道を譲った。そして、テクノユートピア主義が想像していた無制限の接続とコミュニティによる摩擦のない未来像は、嫉妬のアルゴリズム、企業による執拗な監視、そして女性嫌悪と白人至上主義のオンライン・スパイラルへの依存症に姿を変えてしまった。

グレタ・トゥーンベリは言う。「あなた方が宿題を終えたら、新しい政治が必要だとわかるはずです。新しい経済学も必要です。それは急速に減少する、非常に限られた炭素《カーボン》予算に基づいた経済学です。でも、それだけではまだ不十分です。私たちは、まったく新しいものの考え方が必要です。……私たちは互いに競争するのをやめなければなりません。みんなが協力して、この惑星の残った資源を公正なかたちで共有することを始めなければなりません」

なぜなら、私たちの家が燃えているのだ。そして、それは予想されていたことだ。偽りの約束、安売りされた将来、犠牲にされる人々、そういう土台の上に築かれ、最初から吹き飛ぶように設計されていたのだ。すべてのものを救うにはもう遅すぎるけれど、私たちはお互いを救いあい、そして他の多くの種を救うこともまだできる。炎を消し止め、代わりに別のものを築こうではないか。以前のものほど華やかではないが、避難所やケアを必要とする、すべての人を招く余地があるものを。

グローバルでグリーンなニューディールをつくりあげよう——今回は、すべての人のために。

1　世界に開いた穴

海底に開いた穴は、工学技術的な事故とか機械の故障という以上のものだ。それは、地球という生き物に穿たれた凶暴な傷なのだ。

『ガーディアン』二〇一〇年六月一八日

二〇一〇年四月二〇日、ＢＰ社のディープウォーター・ホライズン海底油田掘削施設がメキシコ湾の沖合で爆発した。これまで試みられたことのない最大深度で海底掘削をおこなっているところだった。猛烈な爆発に吹き飛ばされて作業員一一人が死亡し、油井は破裂。海底から原油が噴出し制御不能におちいった。さまざまな試行錯誤を重ねた後、七月一五日ついに噴出口を塞ぐことはできたが、それまでに流出した原油は四〇〇万バレル（一億六八〇〇万ガロン）に達した。米国の領海で起きた石油流出事故では過去最大の規模だった。

二〇一〇年六月

タウンホール集会に集まった人はみな、ＢＰ社と連邦政府から派遣された代表たちに対して礼儀正しくふるまうように、くりかえし指図された。このお偉方たちは、忙しいスケジュールを縫って火曜日の夜、ルイジアナ州プラークミンズ郡の、とある高校の体育館に出向いてくれるのだ。メキシコ湾岸地域の他の多くの集落と同様に、ここにも茶色の有害物質が漂着し、湿地帯を伝ってするすると広がっていた。米国史上最大の環境災害と呼ばれるようになる広範な被害の一端だった。

「他の人に向かって話すときは、自分がされたいような話し方でお願いしますね」と、集会の司会者が最後のダメ押しをした後、質疑応答が始まった。

しばらくのあいだは、漁民家族を中心とする会場も驚異的な抑制を示し、ラリー・トーマスというBP社の愛想のよい広報担当者の話に辛抱強く耳を傾けていた。トーマスは、失われた収入の補償申請の処理を「改善する」ことを約束したが、そこから先の具体的なことはすべて、著しく不愛想な下請け業者の手に委ねるのである。環境保護庁（EPA）から派遣された人物が、分散剤として流出原油の上から大量散布されている化学薬品はまったく安全だと、住民たちがこれまで集めた知識（〔安全性の〕試験をしておらず、英国では使用が禁止されている）とは正反対のことを語ったときも、おとなしく聞いていた。

しかし、さすがに彼らの忍耐力にも限度が見えてきたのは、三人目の登壇者である沿岸警備隊の指揮官エド・スタントンが、「沿岸警備隊は、BP社がかならず除染するようにさせるつもりです」と言って安心させようとしたときだった。

「書面のかたちで残せ！」と誰かが叫んだ。このころにはもうエアコンは止まり、バドワイザーのクーラーも残り少なくなっていた。マット・オブライエンというエビ養殖業者がマイクに近づいた。「これ以上、聞く必要はない」と、彼は手を腰に置いて宣言した。どんな言質が与えられようと、もはや問題ではない、なぜなら「あんた方が信用できないからだ！」。この発言に、会場から大きな歓声が湧きあがり、まるでオイラーズ〔石油を生業にする人〕という、いまでは残念な名前になってしまった学校フットボールチームがタッチダウンを決めたときのようだった。

この最終場面は、少なくともカタルシスをもたらしてくれた。何週間ものあいだ住民たちは、ワシントンやヒューストンやロンドンから次々と発信される、励ましの言葉や気前のよい約束の洪水にさらされていた。テレビをつけるたびに、ＢＰ社の最高経営責任者（ＣＥＯ）であるトニー・ヘイワードが、厳かな調子で「ちゃんとさせる（make it right）」と宣言するのが映ったり、バラク・オバマ大統領が絶大な自信をこめて、連邦政府が責任をもって「メキシコ湾沿岸地域を、以前よりも元気にしてみせる」だとか「危機が起こる前よりも強靭になって復活する」のを「確かめる」と発言する姿が映った。

どれも結構な話に聞こえる。しかし、湿地のデリケートな自然の作用と密接に接して生計を立てている人々の耳には、まったくの与太話に聞こえた。いったん石油が沼地に生える草の根を覆ってしまったら（ほんの数マイル離れたところですでに起きている）、どんな夢の機械でも化学薬品でも、これを安全に除去することなどできない。障害物のない開けた水面であれば、浮いている原油をすくい取ることもできよう。砂浜ならば、熊手でかき集めて除去することもできよう。しかし、原油の浸透した沼地には手の施しようがなく、放置されたままゆっくり死滅する。湿地を産卵場とする無数の生物（エビ、カニ、牡蠣、カレイなど）の幼生に被害が出るだろう。

すでにそれは起こっていた。その日の早い時間に、私は近くの沼地を浅瀬用のボートで周回した。白いブーム〔オイルフェンス〕で囲い込まれた水面で魚がはねていた。ＢＰが石油を回収するために使っている、分厚いコットンメッシュの細長い浮体だ。この石油で汚れた素材でつくった輪が魚を囲い込み、投げ縄のように締まっていくように見えた。近くには赤い翼のムクドリモドキが、二メートル以上も丈のある石油まみれの湿地草の葉にとまっていた。背の高い茎をつたって死が忍び寄っていた。小鳥がとまっていたのは、ダイナマイトの点火棒だったのかもしれない。

この草そのものも危険にさらされている。ロゾーと呼ばれる、背の高い、鋭い葉のある湿地草だ。石油が湿地に深く浸透してしまうと、地上部分の草だけでなく根も死滅してしまう。この根の部分こそが沼地をひとつにまとめ、明るい緑の土地がミシシッピ川デルタやメキシコ湾の中に崩落してしまうのを防いでいるのだ。たとえばプラークミンズ郡のような場所では、漁場を失うだけでなく、ハリケーン・カトリーナのような猛烈な嵐の影響を緩和する物理的な障壁の多くも失うことになる。つまり、すべてを失う可能性があるのだ。

荒廃した生態系が、オバマ大統領の内務長官が約束したように「蘇《よみがえ》り、完全に復元される」までに、はたしてどれくらいの時間がかかるのだろう？　そのようなことができる可能性が、少しでもあるのかさえ不透明だ。少なくとも、私たちが簡単に理解できるような時間枠の中では、わからない。アラスカの漁業はいまだに一九八九年のエクソン・バルディーズ号の石油流出事故から完全に回復するに至っていない。一部の魚種は二度と戻ってこなかった。しかし米国政府の科学者の現時点の推測では、メキシコ湾沿岸にはバルディーズ号の一隻分に匹敵する量の石油が四日ごとに押し寄せる見通しなのだ。さらに予後の見通しを暗くするのは、一九九一年の湾岸戦争時の原油流出だ。推定一一〇〇万バレルもの石油がペルシャ湾に流れ出た。これは史上最大の流出事故だ。石油は湿地帯に漂着すると、そこにとどまり、カニが掘った穴のおかげでどんどん深く染み込んでいった。ペルシャ湾の事例では除染の努力がほとんどなされなかったので、完全な比較対象とはならないが、流出から一二年後におこなわれた調査によると、影響を受けた泥質の塩湿地とマングローブ林は、ほぼ九〇％がいまも深刻に損なわれたままだった。

ここまでが既知の事実である。「完全に復元」どころか、メキシコ湾岸は衰退する可能性が高い。その豊かな水や、生き物で混みあう空は、今日ほどの活気を失うだろう。地図上に多くの集落が占める物理的な空間も侵食によって縮小するだろう。湾岸地方の伝統的な文化もさらに縮小し、衰退する。海岸線に沿って住んでいる漁民たちは、いずれ食糧採集をしなくなるだろう。それぞれの家族の伝統、料理、音楽、美術、すでに消滅の危機にある言語などが複雑に絡みあう地域ネットワークが機能しなくなる。それは湿地を支えている草の根と同じようなものだ。漁業がおこなわれなければ、こうした独特の文化はそれを下から支えている根系を失ってしまう（BP社は回復の限界をよく承知していた。同社の「メキシコ湾岸地域原油流出対応計画」には、職員に対して次のような具体的な指示があった――「財産、生態系、その他いかなるものについても、通常に戻るという約束を」してはならない。職員たちが一貫して「ちゃんとさせる」というような庶民的な言い回しを好んだのは、間違いなくこれが理由だった）。

ハリケーン・カトリーナが、アメリカの人種差別の現実を覆っていたカーテンをめくり上げたとするならば、BP社の大惨事がめくり上げたカーテンの向こうにあったのは、はるかに深く隠匿されてきた秘密だった――この複雑に絡みあった驚異的な自然の力に対しては、たとえどんなに人類の英知をかき集めても、それをコントロールするなどほぼ不可能なのだ。それなのに、私たちは軽々しく手を出そうとする。BP社は何週間もかけて、自分たちが開けてしまった大地の穴を塞ぐべく、むなしく奮闘した。政治指導者といえども、魚種に存続せよと命じることはできないし、バンドウイルカが群れをなして死んでいくのを止めることもできない。どれほど賠償金を積んでも、根っこの部分を失った文化を新品に取り換えることはできない。政治家や企業リーダーたちは、この屈辱的な真実を受け入れられずにいるが、その一方で、空気や水や生活の糧を汚染されてしまった人々は急速に幻想から覚めている。

「すべてが滅びつつあります」と、タウンホール集会がようやく閉幕に近づいたとき、ひとりの女性が発言した。「メキシコ湾は屈強だ、きっと立ち直るなんて、どうして正直な気持ちで言えるのですか？　あなた方の誰ひとり、この湾岸地帯にこれから何が起こるのかヒントもつかんでいないのに。よくも平気でできますね。まじめな顔してそこに座って、わかりもしないのに、わかったふりをするなんて」

メキシコ湾岸の危機的状況には、汚職、規制緩和、化石燃料への過度の依存など、さまざまな要素が絡んでいる。しかし、それらすべての下に隠れている真の問題は、私たちの文化に備わった、身のすくむほど危険な主張だ。すなわち、私たちは自然に対する完全な理解と支配力を持っているので、自分たちを支えるこの自然の体系をラディカルにいじくり、作り変えても、リスクは最小限に抑えられるという考え方だ。しかしＢＰの大惨事で露呈したように、自然というものは常に、もっとも高度な数学的・地質学的モデルをもってしても予想できないふるまいをする。議会での証言中に、ＢＰ社のヘイワードＣＥＯは言った。「最高の頭脳と最大の専門知識を持った人々を集めて危機に備えています。一九六〇年代の宇宙開発計画を除けば、平時においてこれを凌ぐ規模や技術力を持ったチームを集めることなど、とても想像できません」。それでも、地質学者ジル・シュナイダーマンが「パンドラの井戸」と表現した事故に直面して、このチームが示した対応は、タウンホール集会で怒れる群衆に対峙した男たちと似たり寄ったりだった――わかりもしないのに、わかったふりをしていたのだ。

BPの企業理念

自然は私たちが思いのままに設計し直すことのできる機械であるという考えは、人類の長い歴史においては比較的最近のものだ。環境歴史学者のキャロリン・マーチャントは、一九八〇年の画期的な著書『自然の死——科学革命と女・エコロジー』（工作舎）の中で、一六〇〇年代までは地球は生き物とみなされており、通常は母親の姿を投影されていたことを指摘している。ヨーロッパの人々は、世界中の先住民族と同様に、この惑星は生命体であり、生命を与える力に満ち満ちているが、同時に怒りっぽい気質でもあると考えていた。このため、「母」を毀損したり冒瀆したりするような行為、たとえば鉱業などに対しては、強いタブーがあった。

この比喩が変化したのは、一六〇〇年代の科学革命の時期に、自然の神秘の一部（むろんすべてではない）が解き明かされたことによる。自然はいまや機械のように、神秘性や神々しさを欠いたものと捉えられ、それを構成する一部品をせき止めたり、採掘したり、改造したりしても罰せられることはないと考えられるようになった。それでもまだ時々は自然が女性の姿で描かれたが、それは支配しやすく容易に従えることのできるものとしてである。この新たなエートス（風潮）をもっともよく要約しているのが、フランシス・ベーコンが一六二三年に書いた『学問の進歩』だ。自然は「技術と人間の手によって押さえつけられ、鋳型にはめられ、まったく新しいものに作り変えられる」と彼は書いている。

この言葉は、そのままBP社の企業理念として使ったほうがよさそうだ。この会社は「エネルギーのフロンティア」と名づけたところで大胆に活動し、メタン生成微生物の合成に手を出してみたり、「新たな調査領域」は地球工学《ジオエンジニアリング》〔3章参照〕になると発表したりした。そしてもちろん、メキシコ湾のタイバー深海油田については、「石油・ガス業界が掘った井戸の中でもっとも深く」、ジェット機の高度に匹敵するほど海底深く掘り下げていると自慢していた。

このような、生命と地質の構成要素を変えてしまう実験が、もしもうまくいかなかった場合、いったい何が起こるかを想像してみて、それに備えるようなことは、この企業の想像力の中にごくわずかなスペースしか占めていなかった。いまではみんな知っているが、ディープウォーター・ホライズン海底油田掘削施設が爆発した後、このシナリオに有効に対処できるようなシステムはBP社に存在しなかった。同社の広報担当者スティーブ・ラインハートは、万一に備えて一時的な封じ込めのためのドームを岸辺に準備することさえしなかった理由を、こう説明した。「いま直面している事態を予見できる人がいたとは思えない」。つまり噴出防止装置が故障するなんて「想定外の」ことだったので、それに備える必要などなかった、ということらしい。

故障について想定することの拒絶は、明らかにトップから降りてきたものだ。一年前、ヘイワードCEOは、スタンフォード大学の院生の一団に、自分のデスクプラーク〔机上プレート〕に刻んだ座右の銘を紹介した。「失敗がありえないとわかっていたら、おまえは何に挑むか?」やる気を起こさせる無害なスローガンと思ったら大間違いで、これはBP社や競合他社が現実世界でどのように行動したかを正確に描写するものだ。最近の連邦議会の公聴会で、マサチューセッツ州選出のエド・マーキー議員がこの石油・ガス業界最大手の代表を厳しく問い詰め、経営資源割り当ての詳細を通じて実態を浮き彫りにした。BP社は三年間で「三九〇億ドルを新規の石油・ガス資源の探査に費やした。それなのに、安全対策や事故防止、流出対応のための研究開発投資は、平均で年間わずか二〇〇〇万ドルだった」

失敗する運命のディープウォーター・ホライズン油井のために、BP社が連邦政府に提出した最初の探査計画を読むと、まるで人間の傲慢を戒めるギリシャ悲劇のように思えてくるのだが、どうしてそんなことになったのかを上述の優先順位がみごとに解き明かしてくれる。計画書には「小さなリスク」という文言が五回出てくる。たとえ流出があったとしても、「実績のある機器と技術」のおかげで悪影響は最小限にとどまると、BP社は自信を持って予測している。この計画書は大自然を、あたかも予測可能で、気前よく応じてくれる格下のパートナー（下請け業者と言ってもいいかもしれない）のように描き出し、万が一にも流出が発生した際には「潮流や微生物による分解の働きによって、海面から海底までのすべての段階の水質から石油が除去される、ないしは自然に存在するバックグラウンドレベルまで希釈される」と説明している。一方、魚類への影響は「致死的には至らない可能性が高い」とされている。その理由は「成魚や甲殻類には流出物を回避し、炭化水素を代謝する能力がある」ためだ（BP社の説明の中では、石油流出は恐ろしい脅威どころか、水生生物のための食べ放題ビュッフェのようなものとして登場する）。

何よりすごいのは、万一、大規模な流出が発生しても「海岸線まで到達したり、影響を及ぼしたりするリスクはほとんどない」とされていることだ。なぜなら、予想されるBP社の迅速な対応（！）に加え、リグ（掘削装置）が「海岸線から距離があるため」（約四八マイル、つまり七七キロメートルの沖合）だとされる。これは数ある主張の中でもとくに驚くべきものだ。湾岸ではハリケーンはもとより、時速七〇キロ以上の強風もめずらしくないのに、BP社は潮の満ち引きの力、前後や上下に揺らす力をほとんど考慮しておらず、そのため石油がわずか七七キロくらい軽く移動する可能性があるとは考えていなかった（爆発したディープウォーター・ホライズンの破片は、三〇六キロ離れたフロリダ州のビーチにも漂着した）。

しかし、こんないい加減なことも、ＢＰの予想を聴かされる政治家たちが、自然はすでに支配下にあると進んで信じたがる人たちでなかったならば、まかり通りはしなかったろう。政治家の中には、共和党のリサ・マーカウスキーのように群を抜いて熱心な者もいた。このアラスカ選出の上院議員は、石油ガス業界が示す四次元地震波探査に驚嘆するあまり、深海掘削技術は人工的な制御技術の極限に達したと宣言するに至った。彼女は上院のエネルギー委員会で、「テクノロジーを駆使して何千年も昔の天然資源を追い求め、しかも環境に十分な配慮をするという点では、ディズニーランドをも凌駕しています」と発言した。

「考えずに掘りまくれ」が、二〇〇八年五月以来の共和党の政策だ。ガソリン価格が前例のない水準に高騰したとき、保守派リーダーのニュート・ギングリッチ議員が披露したスローガンは「ここ掘れ、いま掘れ、もっと安く」だった。とりわけ「いま」が強調された。広く人気を博したこのキャンペーンは、慎重さや調査研究、控えめな行動へのアンチテーゼだった。ギングリッチの説明では、国内で石油やガスが埋蔵されていそうな場所ならば——ロッキー山脈のシェール層、北極圏の国立野生生物保護区、沖合の深海底など——どんなところでも掘削することが、ガソリンの店頭価格を下げ、雇用を創出し、アラブのケツを蹴飛ばす、という一石三鳥の確実な成功への道だった。この三重の勝利を前にすれば、環境への配慮など、いくじなしのすることだった。ミッチ・マコーネル上院議員が言ったように、「アラバマやミシシッピやルイジアナやテキサスでは、石油掘削装置は美しいと考えられている」のだ。二〇〇八年の共和党全国大会で、悪名高い「ドリル、ベイビー、ドリル」（掘ろうぜ、ベイビー）の大合唱が起きたころには[1]、共和党の支持基盤は、国内で採掘される化石燃料に夢中になっていた。その熱狂はすさまじく、もし党大会に誰かが巨大なドリルを持ち込んでいたら、みんなで会場の床下を掘りはじめたかもしれない。

オバマも、やがては降参した。ディープウォーター・ホライズンが爆発するわずか三週間前という、ありえないほど最悪のタイミングで、オバマ大統領は、国内のこれまで保護されてきた地域においてもオフショア掘削を解禁すると発表した。これまで自分が考えていたほど危険な行為ではなかったと、オバマ大統領は説明した。「今日の掘削装置は一般的に、流出を起こしません。技術的にたいへん進歩しているのです」。しかしサラ・ペイリンにとっては、それでもまだ不十分だった。一部の地域では掘削前に十分な調査研究を実施するというオバマ政権の計画を、彼女は冷笑した。「おやおや、皆さん。これらの地域はもう、うんざりするほど調査されてきたのに」と、彼女はニューオーリンズで開催された南部共和党指導者会議で発言した。爆発事故のわずか一一日前のことだった。「掘ろうぜ、ベイビー、止めてくれるな！」そして会場は歓声に包まれた。

BP社のヘイワードCEOは議会証言で、「わが社も、業界全体も、この恐ろしいできごとから学ぶでしょう」と語った。これを聞くと、たしかにこれほどの規模の大災害が起きた後では、BP社の幹部も、「います ぐ掘れ」と叫ぶ観衆も、謙虚な気持ちを植えつけられただろうと想像したくもなる。だが、それが事実だと確認できる兆候はどこにもない。事故に対する反応は、企業レベルでも、政府レベルでも、傲慢さと能天気な予測に満ちあふれていた。まさにその態度こそが、そもそも爆発事故を引き起こす原因となったのだ。

「メキシコ湾はとても広大な海です」とヘイワードCEOは言った。「われわれが流し込んでいる原油や分散剤の質量など、海水の総量に比べたら微々たるものです」。言い換えれば、心配ありません、海はそれを受け入れても平気です、ということだ。一方、スポークスマンのジョン・カリーは「自然には事態を改善する力がある」と言って、水系に入り込んだ石油はたちまち空腹の微生物が食べてしまうと主張した。しかし自然は、いまのところ協力してくれていない。深海の噴出油井は、制御しようとするBP社のさまざまな試み——いわゆる「トップキル」「封じ込めドーム」「ジャンクショット」など――を、ことごとく吹き飛ばしてしまった（この海底油井は噴出から三カ月後にようやく塞がれた）。同様に、海洋の風と潮流も、BP社が石油を吸収するために敷設した軽量ブームをあざけった。「彼らには警告しました」と、ルイジアナ・オイスター（牡蠣）生産業者協会の会長バイロン・エンカレードは言った。「原油はブームを乗り越えるか、下を潜って侵入するだろうって」。事実その通りになった。除染作業をつぶさに観察してきた海洋生物学者リック・シュタイナーの推定では、「ブームの七割から八割が、なんの役にも立っていない」。

そして次に来たのが、異論の多い化学物質の分散剤の投入だ。BP社のトレードマークとなった「失敗するわけがない（What could go wrong?）」の姿勢によって一三〇万ガロン以上が投入された。プラークミンズ郡のタウンホール集会で、怒れる住民たちが正しく指摘したように、〔安全性〕試験はほとんど実施されておらず、このような前例のない規模の石油分散剤が、海洋生物にもたらす影響についての研究はほとんどなかった。水面下に沈降した石油と化学薬品の有害混合物を除去する方法もない。たしかに、微生物が急繁殖して水中の石油を食らい尽くすだろうが、その過程で微生物は水中の酸素も吸収してしまうため、今度はまた別のかたちで海洋環境の健全性を脅かすことになる。

BP社は、石油まみれの砂浜や、被災地から逃げてくる鳥たちといったネガティブな光景をあえて描いてみせ、それを防ぐために必要な措置なのだと主張することさえした。たとえば、私がテレビ局の取材チームと一緒に海に出たとき、別の船が近づいてきて、その船長が「あんたらはみな、BPに雇われたのか？」と聞いてきた。そうではないと返事すると、彼は「それじゃあ、ここから出ていけ」と公海の真っただ中で放言した。

もちろん、そんな威圧的な戦術は、他の戦術と同様にうまくいかなかった。あまりにも大量の原油が、あまりにも広範囲に拡散してしまったのだ。「どこを流れていくかを風に命じることはできません。どこを流れていくかを水に命じることもできません」と、環境正義活動家のデブラ・ラミレスから言われたことがある。この教訓を彼女が学んだのは、ルイジアナ州のモスビルで、廃ガスを吹き出す石油化学プラント一四基に囲まれて暮らし、近所の人々が次々に病気になるのを見たからだった。

途切れることのない否認の連続は、みじんも衰える気配がない。ルイジアナの政治家たちは、オバマ大統領が深海掘削を一時的に凍結したことに憤慨し、ルイジアナの漁業と観光業が危機に瀕しているなかで唯一健闘している巨大産業を、大統領は潰そうとしていると非難した。サラ・ペイリンは「人間の企てにリスクのないためしはない」とフェイスブックに投稿し、テキサス州選出の共和党下院議員ジョン・カルバーソンは、この災害を「統計上の変則性」〔ありえないほど稀なできごと〕と表現した。しかし、他の追随を許さないほど飛び抜けてサイコパスな応答は、ワシントンのベテラン政治評論家ルウェリン・キングのものだった。彼によれば、巨大な工学技術的リスクに背を向けるより、むしろ「地獄の蓋も吹き飛ばすような、すごい機械をつくれることに驚嘆」すべきなのだ。

出血を止める

幸いなことに、多くの人がこの災害から学んだ教訓はまったく異なっている。彼らが驚嘆のあまり立ちつくしているのは、人類が自然を改造する力にではなく、自分たちが解き放った激しい自然の力を前にしての非力に対してだ。それ以外にもある。海底に開いた穴には、工学技術的な失敗や機械の故障を超えたものがあると感じているのだ。それは、地球という生き物に穿《うが》たれた凶暴な傷なのだ。そして、ＢＰ社の水中カメラのライブ映像のおかげで、誰もが二四時間リアルタイムで、地球のはらわたが噴出するのを観察することができる。

「水の保護者同盟」〔2〕に所属する自然保護活動家ジョン・ワセンは、事故発生後の早い時期に流出現場の上空を飛んだ、少数の独立したオブザーバーのひとりだ。沿岸警備隊が品よく「虹の光沢」と呼ぶ、分厚く赤い原油の帯を撮影した後、彼も多くの人が感じていたことに気づいた――「メキシコ湾が出血しているようだ」。

このイメージは、さまざまな会話やインタビューの中で何度も登場する。環境権利専門のニューオーリンズの弁護士モニーク・ハーデンは、この災害を「原油流出」と呼ぶことを拒み、そうではなくて「私たちは出血している」のだと言う。「出血を止める」ことが必要だと語る者もいる。私が個人的に衝撃を受けたのは、ディープウォーター・ホライズンが沈んだ付近の海の上空を米国沿岸警備隊とともに飛行したとき、流出した原油が波の力で渦巻き模様を描き、まるで洞窟絵画のように見えたことだ。羽の生えた肺が空気を求めてあがき、瞳は上空を凝視している、先史時代の鳥。深層からのメッセージだ。

そして、たしかにこれが、メキシコ湾岸地方の長い物語に加えられた、もっとも奇妙な展開だ。どうやらこのできごとは、地球は決して機械ではなかったという事実に私たちを目覚めさせているらしい。四〇〇年にわたって死亡を宣告されてきた後、そしてこのおびただしい死に取り囲まれたなかで、ルイジアナ州では地球が生命体として復活しつつある。

流出した油が生態系システムを通じて広がるプロセスをたどる経験は、それ自体がディープエコロジー〔3〕の短期集中コースのようなものだ。これまで、世界の中のある孤立した部分だけで起きている重篤な問題と思われていたものが、実は普通の人には想像できないかたちで外部に波及しているという事実に、私たちは毎日学びを深めている。ある日には、流出原油がキューバに到達する可能性があると知らされ、その後にヨーロッパにも到達すると知る。翌日には、大西洋をずっと北上したカナダのプリンスエドワード島の漁師たちが、沿岸で釣るクロマグロのことを心配していると聞かされる。クロマグロは数千マイルも離れたメキシコ湾の石油で汚染された海で生まれるからだ。また鳥類にとっても、湾岸の湿地帯は、誰もが利用する繁忙なハブ空港のような存在だと知る。一一〇種の渡りをおこなう鳴禽と、渡りをおこなう米国の水鳥全体の七五％が、湾岸の湿地帯に立ち寄るのだという。

難解なカオス理論の論者から、ブラジルで一匹の蝶が翅をはためかせたことがテキサス州での竜巻発生につながる可能性があると説かれることと、目の前でまさにカオス理論が展開していくのを見守るのとではまったく違う。キャロリン・マーチャントが次のように教訓を述べている。「BP社が、遅ればせながら苦々しく発見したように、能動的な力としての自然は、一定範囲に封じ込めておけないことが問題なのです」。予測のつく結果は、生態系の中では異例なことであり、むしろ「予測不能で無秩序なできごとこそが普通」なのだ。ピンとこない人のために付け加えておくと、数日前にBP社の船に雷が感嘆符のように落ち、この船は封じ込め活動の中断に追い込まれた。もしもここをハリケーンが襲った場合、BP社が流出させた有毒な液体にいったい何が起こる可能性があるか、あえて予想する勇気のある者はいない。

ここで強調しておかなければならないが、いま論じているこの悟りの道には、なにやら独特のねじれがある。アメリカ人がよその国がどこにあるかを知るのは、その国を爆撃することを通じてだそうだ。ならば現状はこう言えるだろう——われわれはみな、自然の循環性について、それを汚染することを通じて学習しているのだ。

一九九〇年代の後半に、コロンビア共和国に住む孤立した先住民グループを世界中のニュースの見出しに登場させた、ほとんど「アバター」風の紛争があった。アンデスの雲霧林にある故郷から、ウワ人たちは、彼らの土地でオクシデンタル・ペトロリアム社が企てている石油掘削計画がもし実行に移されるならば、自分たちは崖から飛び降りて集団自殺の儀式をおこなうと世に宣言したのだ。長老たちの説明によれば石油はルリア、すなわち「母なる地球の血液」の一部である。自分たちを含むすべての生命がルリアから流れ出てくるのであり、従って石油を抜き取ることは、自分たちの絶滅をもたらすと彼らは信じた（オクシデンタル・ペトロリアム社は最終的にこの地域から撤退した。石油の埋蔵量が予想ほど多くなかったというのがその理由だ）。

ほぼすべての先住民文化は、岩や山や氷河や森林など、自然の世界に住む神や精霊についての神話を持っている。欧州の文化も、科学革命の前にはそうだった。〔カナダの〕コンコルディア大学の人類学者であるカッチャ・ネヴェスの指摘によれば、この慣例は実際的な目的を持っている。地球を「神聖な」ものと呼ぶことも、私たちが完全には理解していない力を前にして、謙虚な気持ちを表現する方法のひとつなのだ。神聖なものに対しては、慎重にことを進めることが要求される。さらには、畏敬の念さえも。

この教訓を、私たちの多くがようやく学んだのだとしたら、その影響は奥深いものになるだろう。深海掘削の増加に対する国民の支持は急激にしぼみ、「掘ろうぜ、ベイビー」フィーバーによるピークからは二二％も低下している。しかし問題は終わってはいない。独創的な新技術と厳しい新規制のおかげで、いまや北極圏の掘削はまったく安全になったと主張する人々は現在もたくさんいる。北極圏で氷の下を除染する作業は、メキシコ湾岸でいまおこなわれている除染作業よりも、はるかに複雑になるというのに。とはいえ、今度はたぶん私たちもそう簡単に安心させられたりせず、残された少数の野生保護区でギャンブルをおこなう提案に、すぐに飛びつくこともないだろう。

地球工学《ジオエンジニアリング》についても同じことが言える。気候変動対策国際会議の交渉が長引くにつれ、オバマ大統領のエネルギー庁科学担当次官スティーブン・クーニンの存在感が増すことを覚悟しておくべきだ。彼は、先端技術を駆使したトリックによって気候変動と闘えるという考えを提唱する主要論客のひとりで、硫酸塩やアルミニウム粒子を大気中に放出するといった案を掲げ、それをしてもまったく安全だと、まるでディズニーランドのように売り込んでいる。このクーニンは、かつてＢＰ社の主任科学者を務めていた人物であり、事故のわずか一五カ月前の時点でも、ＢＰ社が深海掘削の安全性の根拠とした技術を監督する立場にあったのだ。おそらく私たちも今回は、「名医」が地球を物理や化学の実験場にすることを許さず、その代わりに消費を減らして再生可能エネルギーにシフトすることを選択するだろう。たとえ事故が起こっても、再生可能エネルギーなら小さな事故ですむのだから。

今回の大災害から生じる結果のうち最良のものは、風力のような再生可能エネルギーの利用が加速するだけでなく、科学における予防原則が完全に採用されることだろう。ヘイワードＣＥＯが信条とする「失敗がありえないとわかっていたら？」とは対極的に、予防原則では「ある活動が、環境や人間の健康に危害を及ぼすおそれがあるときは」失敗がありうるものとして、さらには失敗しそうなものとして慎重に扱うことを要求する。ヘイワードに新しい座右の銘のプレートを進呈するのもいいだろう。補償金の支払い小切手にサインしながら、じっくり瞑想してもらうのだ――「わかりもしないのに、わかったふりをしている」と。

追記

このレポートのために湾岸地域を訪れたとき、原油流出はまだ進行中であり、永続的な影響の多くはまだ判明していなかった。九年が経ち、明らかに最悪の予測のいくつかは正しかったことが証明された。全米野生生物連盟（ＮＷＦ）の調査によれば、災害後の数年間にわたり、妊娠したバンドウイルカの四分の三が生き延びられる子を出産できなかった。二〇一五年までに、原油流出が要因となって、イルカを中心に少なくとも五〇〇〇頭の哺乳類が死亡したことを示す報告がある。

それに加えて、事故の影響で死亡した幼魚は二兆～五兆匹に達し、牡蠣は八〇億個体が失われた。これを受けて漁業所得は激減し、天然資源防衛評議会（ＮＲＤＣ）の二〇一五年の報告書によれば年間で二億四七〇〇万ドルの所得減少となった。そして、私が会った漁業従事者たちが心配していた通り、ＮＲＤＣの調査によると、二〇一〇年の産卵期にメキシコ湾岸のクロマグロの幼生全体のうち約一二％が原油で汚染されていた。長期的な個体数への影響はいまだ不明である。

原油まみれの沼地の草にとまっているのを見た鳥たちの運命も、いいものではなかったようだ。二〇一三年にルイジアナ州立大学がおこなった調査によると、湿地帯のうち原油が到達したところでは、スズメの巣が五％しか生き残れなかった。これに対し、原油の影響を直接には受けていない場所の生存率は約五〇％だった。メキシコ湾研究イニシアチブ（GoMRI）による調査の結果、海岸から三〇フィート（九メートル）のところまで湿地帯の草が全滅し、放出された大量の原油が堆積物に深く埋もれたまま残っていて、二〇一二年のハリケーン・ハービーによってかき上げられて撒き散らされた（今後の災害でもふたたび撒き散らされるだろう）。二〇一七年のフロリダ州立大学の研究によると、原油流出の影響を受けた沿岸部の堆積物の中では、生物多様性が五〇％減という驚異的な損失を示している。

2　資本主義と気候の対決

集団的な行動を悪しざまに言い、完全な市場の自由を崇拝するような思考体系を、未曽有の規模の集団行動を要求する問題、危機を引き起こし深化させている市場原理に急ブレーキをかけるよう要求する問題に、適応させる方法はない。

『ネイション』二〇一一年一一月九日

第四列目の男性から質問が出る。

彼はリチャード・ロスチャイルドだと自己紹介し、自分はメリーランド州キャロル郡の郡政委員に立候補したが、その動機は、地球温暖化と闘うための政策とされるものが、実は「アメリカ中産階級の資本主義への攻撃」であると思い至ったからだと、会場に向けて説明する。ワシントンDCのマリオットホテルに集まったパネリストたちに向けた彼の質問はこうだ。「この運動は、どの程度まで〝グリーンのトロイの木馬〟なのでしょう？　その胴体には、真っ赤なマルクス主義の社会経済教義がいっぱい詰め込まれている」

第六回目を迎えたハートランド研究所〔1〕主催の気候変動国際会議は、人間の活動が地球温暖化の原因だという科学界の圧倒的なコンセンサスを否定することに情熱を燃やす人々のあいだでは、もっとも重要な会議とされている。こういう場においては、ロスチャイルドの質問は明らかに修辞的なものでしかない。たとえば、ドイツの中央銀行の会議において、ギリシャ人は信用に値しないのではないかと問いかけるようなもので〔2〕、答えはわかりきっている。それでもパネリストたちは、この機会を逃すつもりはさらさらなく、この質問がどんなに正しいかをしっかり答えようとする。

企業競争研究所（ＣＥＩ）〔3〕の上級研究員で、スラップ訴訟と情報公開法を使ったあら捜しで気候科学者に嫌がらせをするのを得意とするクリス・ホーナーが、卓上マイクを引き寄せ、陰気な声で発言する。「気候を問題にしているのだと思い込むのは勝手だし、そうする人も多いのですが、それは筋の通った思考とはいえません」。ホーナーは、若いのに総白髪のおかげで右翼のアンダーソン・クーパーといった風貌で、一九六〇年代のコミュニティ活動家ソール・アリンスキー〔4〕を好んで引き合いに出す――「問題はそこじゃない」。ホーナーが訴える、ほんとうの問題はこれだ。「この政治課題の達成のために要求されることを、みずからの手で実践できる自由社会など存在しません。……実践するための最初の一歩が、自由というやっかいな邪魔者を始末することなのですから」

気候変動はアメリカの自由を盗み取るための策略である、という主張は、ハートランド会議の基準に照らせば、むしろ穏やかなほうだ。二日間にわたる会議に参加して教わるのは、次のような主張だ。バラク・オバマが選挙で掲げた地元資本のバイオ燃料精製所を支援するという公約は、ほんとうのところは「グリーンな共同体主義」であり、毛沢東思想の「すべての家の裏庭に銑鉄炉を」という計画に似ている（ケイトー研究所のパトリック・マイケルズ）。気候変動は「国家社会主義の隠れ蓑だ」（元共和党上院議員で引退した宇宙飛行士のハリソン・シュミット）。環境保護主義者は、アステカの司祭のように無数の人々を犠牲にして神々をなだめ、天気を変えようとする（気候変動否認論のウェブサイト「クライメト・デポ」の編集者マーク・モラノ）。

そして何よりも、四列目に座っていた郡政委員が述べた意見と似たり寄ったりのものを、たんまりと聞かされる。すなわち、気候変動はトロイの木馬であり、その狙いは資本主義を葬り去り、環境社会主義のようなものに置き換えることだという意見だ。会議の司会者ラリー・ベルが新著『腐敗の風土（*Climate of Corruption*）』で簡潔に記したように、気候変動は「環境の状態にはほとんど関係がなく、むしろ資本主義に枷《かせ》をはめ、グローバルな富の再分配のために、アメリカ式の生活様式を変容させることが問題なのだ」

もちろん、会議の参加者たちが気候科学を拒絶するのは、データに関する深刻な意見の相違があるためということになっている。そして会議主催者は、信用できる科学会議に見せかけるため、いろんな仕掛けを用意する。会議を「科学的手法の復活」と呼んでみたり、組織の頭字語としてICCを採用してみたり。これは気候変動に関する世界随一の権威である「気候変動に関する政府間パネル」（IPCC）と、たった一文字しか違わない。しかし、この会議で提示される科学理論は古くさく、もはや信用されていない。そして、それぞれの発言者の主張が次の発言者と矛盾するように思えるのに、その理由を説明しようともしない（温暖化はしていないのか、それとも温暖化しても問題ではないのか？　もしも温暖化していないというのなら、太陽の黒点が気温を上昇させるという話はいったい何のためか？）。

実際、高齢者が大半を占める聴衆の中には、気温グラフが投影されているあいだ居眠りしているらしい者も多い。彼らが生気を取り戻すのは、運動のロックスターが舞台に立つときだけだ。それはCチームの科学者ではなく、Aチームのイデオロギー戦士たち、たとえばマーク・モラノやクリス・ホーナーが登場したときだ。これが集会の真の目的なのだ。頑強な否定論者たちが、フォーラムで提供される修辞的な野球バットを拾い集め、環境保護論者や気候学者たちをこの先何週間も、何カ月も、ぼこぼこにすることが期待されているのだ。ここで最初に試された論点整理は「ひな型」の役割を持ち、オンライン記事やYouTube動画で「気候変動」または「地球温暖化」という語句を含むすべての投稿に対して、コメント欄に闖入して妨害するために使われる。それらはまた、右翼の評論家や政治家の口からも発せられる――上はリック・ペリーやミシェル・バックマンのような共和党の大統領候補から、下はリチャード・ロスチャイルドのような郡政委員まで、何百人もが使うのだ。会議の外でおこなわれたインタビューで、ハートランド研究所の代表を務めるジョセフ・バストは誇らしげに「私たちの会議のいずれかに参加した人によって情報を与えられたり、動機づけされたりした、何千もの記事や論説、演説など」を手柄として語る。

ハートランド研究所はシカゴに本拠を置くシンクタンクで、「自由市場による解決《ソリューション》の促進」を使命としている。二〇〇八年以来、こうした会員限定の会議を、時には年に二度も開催している。この戦略はうまくいっているようだ。第一日目の終わりは、ジョン・ケリーの二〇〇四年の大統領選出馬を撃沈した「真実を語るスウィフトボート退役軍人の会」[5]についてのスクープで名をあげたモラノが、一連のウィニングラップを披露して会場を盛り上げた。「キャップ・アンド・トレード――お陀仏！」「コペンハーゲン会議のオバマ[6]――失敗！」「気候運動――自滅の道！」。彼は気候変動活動家たちの自己批判（進歩派のお家芸だ）からの引用をいくつかプロジェクターで投射し、聴衆に対し喝采をうながす。

天井から風船やキャンディが降ってくるような演出こそなかったが、いっそやってもよかったのではないだろうか。

大きな社会問題や政治問題について世論が変化するときは、漸進的に変わっていくことが多い。突然の変化が起きるとすれば、なにか劇的なできごとによって引き起こされるのが普通だ。そうであるがゆえ、世論調査の担当者たちは、米国における気候変動に関する認識に、わずか四年間で起きた変化に驚いている。二〇〇七年のハリス世論調査の結果によれば、化石燃料を燃やし続ければ気候が変化すると米国人の七一％が信じていた。二〇〇九年にこの割合は五一％に低下した。二〇一一年六月には数字は四四％に減少し、国民の半数を大きく下回るようになった。ピュー・リサーチセンターの世論調査主任スコット・キーターによると、これは「近年の世論の歴史でも、短期間で起きた最大の変化のひとつ」である。[*1]

さらに驚くべきことに、この変化はほぼすべて、政治勢力分布の片方の端で起きているのだ。ほんの最近の二〇〇八年までは（共和党のニュート・ギングリッチが、民主党のナンシー・ペロシと一緒に気候変動についてのテレビ広告を打った年だ）、この問題は米国では超党派の課題という体裁を取っていた。しかし、そういう時代は決定的に終わった。今日、民主党支持やリベラルを自認する人々の七〇～七五％が、人間の活動が気候変動を起こしていると信じている。この水準は過去一〇年間ずっと安定ないし微増している。一方これとは対照的に、共和党支持層、とくにティーパーティー（茶会）運動の参加者のあいだでは、科学的コンセンサスを拒否することを選ぶ者が圧倒的だ。一部の地域では、共和党支持を名乗る者のうち気候科学を受け入れる者は二〇％程度しかいない。[*2]

同様に重要なのは、感情的な入れ込みの変化だ。気候変動の問題は、かつてはほとんどの人が「気にかけている」と答えていた——ただ、さほど強く思っていたわけではない。当時の米国人に、関心のある政治問題に優先順位をつけてもらったならば、気候変動はほぼ外れることなく最後に来ただろう。[*3]

しかしいまや、共和党の中の相当大きな集団が、気候変動に対して強烈な、強迫的とも言えるほどの関心を持っているのだ。ただし、彼らの関心が向いている方向は、気候変動はリベラル派が広めた「デマ」であり、電球を省エネタイプに取り替えたり、ソビエト風の協同住宅に住み、SUV車を諦めることを強制しようとする企みなのだ、と暴くことなのである。この種の右派にとって、気候変動に異を唱えることは、低い税率や銃所有の権利、人工妊娠中絶への反対と等しい重要性をもって、彼らの世界観の中心に据えられている。多くの気候科学者が殺害予告を受けたことを報告しており、エネルギーの節約といった当たり障りのなさそうなテーマの記事を書いただけの者でさえも同じような目に遭っている（エアコンの使用に批判的な本を書いたスタン・コックスに送りつけられた手紙には、こう書かれていた。「私の温度調節装置を取り上げるなら、まず先に私を殺してからだ」）。

こういう熾烈な文化闘争が一番やっかいだ。誰かのアイデンティティの核になっているような、ある問題についての立場に対して異を唱えるときは、どれほど事実を提示し議論を尽くしても、さらなる攻撃を加えてきたとみなされるのが落ちで、簡単にかわされてしまう（保守派の億万長者コーク兄弟が資金の一部を提供し、「懐疑的」な立場に共感する科学者が主導した最近の研究が、地球温暖化の現実を追認したが、温暖化否定論者はそれさえも却下する方便を見つけだした）。

この感情的な激しさの影響が、共和党の指導権をめぐる競争で剥き出しになった。テキサス州知事のリック・ペリーは、大統領予備選に参戦した数日後、地元州が山火事で文字通り燃えさかっているさなかに、気候科学者がデータを改ざんして「自分たちのプロジェクトに資金を誘導している」と宣言して支持層を喜ばせた。一方、気候科学を一貫して擁護してきた唯一の候補者ジョン・ハンツマンの選挙戦は、出馬と同時に終了していた。ミット・ロムニー候補の選挙戦を救ったのは、彼が気候変動に関する科学界のコンセンサスを支持した、以前の声明をふり捨てて逃亡したことだった。

しかし、気候をめぐる右派の陰謀の影響は、共和党を超えてはるか向こうまで到達している。民主党がこの件についてほぼ口をつぐんでいるのは、無党派層との関係をまずくしたくないからだ。そしてメディアや文化産業もそれに追随している。二〇〇七年のアカデミー賞授賞式には、セレブたちが次々とハイブリッドカーで到着した。同じ年、『ヴァニティ・フェア』誌は毎年恒例のグリーン特集号を発行し、米国の三大テレビネットワークは気候変動に関して一四七本の番組を流した。だが、もはやそういう時代は過去のものだ。二〇一〇年に三大ネットワークで放映された気候変動関連の番組は、わずか三二本だった。アカデミー賞の式典には派手なリムジンが戻ってきた。『ヴァニティ・フェア』誌の「毎年恒例の」グリーン特集号は二〇〇八年以来刊行されていない。

この居心地の悪い沈黙が、有史以来もっとも高温だった一〇年間を通じて継続した。そして、その次の夏もまた、異常気象による自然災害や記録破りの高温が世界中で記録されている。一方、化石燃料業界は数十億ドルをインフラ投資して、石油、天然ガス、石炭を、アメリカ大陸でもっとも汚染度が高く危険も大きい供給源の一部から採取すべく急いでいる（七〇億ドルをかけたキーストーンXLパイプラインは、もっとも目立つ存在にすぎない）。アルバータ州〔カナダ〕のタールサンド、アラスカ沖のボーフォート海、ペンシルベニア州のガス田、ワイオミング州とモンタナ州の炭田などにおいて、化石燃料業界は、真剣な気候対策が法制化される見通しはほぼ消えたと踏んで大きな賭けに出たのだ。

これらの採掘プロジェクトによって、地中に埋蔵された炭素が大気中に放出されたならば、壊滅的な気候変動が引き起こされる可能性が劇的に高まるだろう（アルバータ州のタールサンドからすべての原油を抽出するだけで、気候問題は「基本的にゲームオーバー」だとＮＡＳＡの気候学者ジェイムズ・ハンセンは言っている）。

これが意味するのは、気候運動を一気に盛り返すことが不可欠ということだ。それを起こすために、左派は右派に学ばねばならないだろう。否定論者たちは、気候問題を経済問題にすり替えることよって牽引力を得た。気候対策は雇用を消滅させ、物価を急騰させ、資本主義を破壊してしまうと彼らは主張した。しかし、巷では「ウォール街占拠」運動に賛同する人々が数を増しており、彼らの多くは、従来通りの資本主義それ自体が、不安定労働と債務による隷属の原因になっていると主張している。ここに着目すれば、経済をめぐる戦略的なポジションを右派からもぎ取るチャンスが大きく開けてくる、と。それをものにするために必要なのは、気候危機への真の解決策は、同時にまた、より公正で賢明な経済システムを構築するために一番期待の持てる方策であるという、説得力ある主張をすることだ。新たな経済システムは、大きく開いた格差を縮小し、公共圏を強化すると同時に変容させ、尊厳の保てる仕事を豊富に生み出し、企業の力に抜本的な抑制をかけるものになると訴えなければならない。また、認識の転換も必要だ。気候変動対策は、進歩派の関心を競いあう立派な大義の長々としたリストの中の一項目にすぎないという考えと決別する必要がある。気候科学否定論が右派のアイデンティティの核となり、権力と富の現行システムを擁護することと完全に絡みあっているように、進歩派の側は、気候変動についての科学的事実を中心に据えて、野放しの貪欲の危険性と、真のオルタナティブの必要性をめぐる首尾一貫した説明をくり広げなければならない。

そのような変革のための運動を構築することは、当初に思われたほど難しくはないかもしれない。実際、ハートランド会議の人々は、気候変動によってなんらかの左翼革命が避けられなくなったと考えており、だからこそ彼らは断固としてこの事実を否定するのだ。おそらくは、彼らの主張にもっと耳を傾ける必要があるのだろう。私たちのほとんどがまだ理解していないことを、彼らは理解しているかもしれないのだから。

＊1　以後この数字は回復し、二〇一九年の前半には大きく上昇した。イェール大学の気候変動コミュニケーション・プログラムがおこなった二〇一九年一月の調査では、米国人の七二％が気候変動は「自分にとっては重要」な問題であると述べており、割合は二〇一八年三月から九ポイント増加している。また、半数を大きく超える人々が、気候変動は主に人間活動で引き起こされると理解している。この調査では、「米国人のほぼ半数（四六％）が地球温暖化の影響を個人的に体験したと述べており、その割合は二〇一五年三月から一五ポイント増加している」。同じく重要なのは、二〇一七年に実施されたピュー・リサーチセンターの世論調査によると、米国人の六五％が化石燃料以外のエネルギー源を拡大することを支持しているのに対し、化石燃料をさらに拡大することを支持する国民は一七％にすぎない。

＊2　党派に沿った立場の相違は硬直したままで、イェール大学の調査によると、気候変動に関する科学的コンセンサスを信じているのは保守派の共和党員の二六％しかない。しかしリベラルや共和党中道派を名乗る人々のあいだでは、否定論者は大幅に減少し、五五％が地球温暖化に人類が影響していることを認めている。

＊3　この点が最近の変化でも最大のものだろう。ピュー・リサーチセンターが二〇一九年前半におこなった世論調査では、米国の有権者の四四％が気候変動を最優先の課題にすべきだと考えており、二〇一一年の調査の二六％から大幅に増加している。もっとも驚くべきは、二〇一九年四月に実施されたＣＮＮの世論調査である。それによれば、大統領予備選挙に向けて登録した民主党の有権者にとって、気候変動はいまやもっとも重要な課題であり、優先順位は医療保険制度を上回っている。

＊　＊　＊

気候変動が左派の陰謀であると否定論者たちが判断したのは、なにもひそかに進められる社会主義の企みを発見したからではない。彼らがこの結論に達したのは、世界全体の炭素排出量を、気候科学が要求するような水準と速度で引き下げるとした場合、何が必要になるかを真剣に検討した結果なのだ。精査の結果、それを成し遂げるには、現在の経済と政治のシステムを、彼らが奉じる「自由市場」の信念体系とは正反対のやり方で根本的に再編するしかないとわかったのだ。英国のブロガーで、ハートランド会議の常連であるジェイムズ・デリングポールが指摘したように、「現代の環境保護主義は、富の再分配、税率の引き上げ、政府の介入の拡大、規制など、左派が重要視する主張の多くを前進させることに成功」している。ハートランド研究所のジョセフ・バストの発言はもっと率直だ――左派にとって「気候変動は完璧な事象だ。……（左派が）どのみちやりたかったことをすべて、やらざるをえない理由を与えてくれるのだから」

私にとっての「不都合な真実」はこれだ――彼らは間違っていない。先に進む前にはっきりさせておこう。むろん、世界の気候科学者の九七％が証言しているように、ハートランド派の科学的認識は完全に間違っている。化石燃料の燃焼と森林の伐採によって大気中に放出された温室効果ガスは、すでに気温の上昇を引き起こしている。二〇一〇年代が終わるまでに根本的にエネルギー政策を転換しなければ、苦しみの世界に突入する。しかし、こうした科学的知見のもたらす政治的な影響、すなわち、根本的な変更を要求されるのはエネルギー消費のあり方にとどまらず、現行経済システムの根底の論理も変えざるをえないということに関しては、マリオットホテルに集まった人々のほうが、地球温暖化を商売の種にする人々よりは、ずっと否定の度合が低いといえよう。地球温暖化をハルマゲドンのように描き出し、そのような破滅を回避できる「グリーンな」製品を売りつけたり、巧妙な汚染の市場を作り出したりすることで稼ぐ輩はたくさんいる。

地球の大気が、私たちが送り込む大量の炭素を安全に吸収しきれないという事実は、それよりはるかに大きな危機の兆候にすぎない。その危機とは、私たちの経済モデルの基礎となっている中心的なフィクションから生まれたものだ——すなわち、自然は無限であり、私たちは常に必要なものをいくらでも入手でき、たとえ何かの資源が枯渇したとしても、それを切れ目なく置き換えられる別の資源を無限に採取できる、とするフィクションだ。そして、私たちが自然の回復力を超えて利用したのは大気だけではない。同じことを海洋にも、淡水にも、表土にも、生物多様性に対してもおこなっているのだ。自然と私たちの関係を長いあいだ支配してきた、拡張主義的で搾取的なものの考え方こそが、気候危機によって根本的なところから疑問に付されているのだ。私たちが自然に対して限界を超える要求をしていることを示す豊富な科学調査結果に応えるためには、「グリーンな」製品や市場ベースのソリューションだけでは足りない。自然を支配するのではなく、自然の再生サイクルを尊重することに基づく新しい文明のパラダイムが必要だ。それは、自然の限界にきわめて敏感なものであるべきであり、その限界には人間の知性の限界も含まれる。

クリス・ホーナーがハートランド会議の仲間たちに、気候変動は「ほんとうの問題」ではないと言ったのは、ある意味で正しかった。実際それは「問題」ですらない。気候変動はメッセージなのだ。西洋文化がもっとも大切にしてきた理念がもはや実行可能ではないと私たちに伝えているのだ。私たちのように、啓蒙思想の進歩の理念に基づいて育てられ、己れの野心を自然の限界によって制限されることに慣れていない者は、みな心底から動揺させられる啓示である。そしてこのことは、国家統制主義の左派にも、新自由主義の右派にも等しく当てはまる。

ハートランド派は、共産主義の亡霊を呼び覚まして、気候アクションに対する恐怖をアメリカ人に植えつけようとする（ハートランド会議のお気に入り、元チェコ共和国大統領ヴァーツラフ・クラウスは、地球温暖化防止の試みは「社会全体を統制しようとする共産主義の中央計画者の野心」と同類だと言う）。だが実際には、ソビエト時代の国家社会主義は、気候にとっての大災難だったのだ。資本主義も顔負けの情熱で資源をむさぼり、資本主義と同じほど無頓着に廃棄物をどんどん吐き出した。ベルリンの壁が崩壊する前、チェコ人とロシア人は一人当たりの二酸化炭素排出量がイギリス、カナダ、オーストラリアよりも高かった。また、〔現代の〕中国の再生可能エネルギー計画の目のくらむような急拡大を指摘して、中央集権体制のもとでのみ環境保護政策が達成できると主張する者もいるが、中国の指揮統制型の経済は引き続き、自然への全面攻撃のために使われている――とてつもなく破壊的な超巨大《メガ》ダム、スーパーハイウェイ、採掘型のエネルギー計画、とくに石炭の採掘など[*4]。

たしかに、気候の脅威に対処するためには、産業計画に取り組み、政府がすべてのレベルで強力な行動をとるのを厭わない姿勢が必要だ。しかし、もっとも成功している気候ソリューションの一部は、そうした介入を系統的に分散化し、中央の統制権限をコミュニティレベルに移譲する方向へと一貫して誘導するものだ。たとえば地域コミュニティが管理する再生可能エネルギーや、エコロジカルな農業、純粋に利用者に対して責任のある交通システムなどがそれにあたる。

ここに、ハートランド会議の人々が恐れるべき十分な理由がある。こうした新しい社会システムに到達するためには、三〇年以上にわたって世界経済を支配してきた自由市場イデオロギーを葬り去る必要があるのだ。

本章のこの後のパートは、本格的な気候政策が何をもたらすかを、公共インフラ、経済計画、企業への規制、国際貿易、消費、租税という六つの分野で、大まかなかたちで示したものだ。ハートランド会議に集結したような極右イデオローグたちにとって、その結果は知的な破局にほかならない。

＊4　コロンビア大学のグローバル・エネルギー政策研究所は、期待のもてる最近の傾向を報告している。中国は現在、風力、太陽光、水力による発電で世界を牽引しているのだ。中国の石炭消費量はこれまで着実に増加してきたが、二〇一七年に三〜四％の減少をみせた。しかし、有毒な大気汚染に対する公衆の怒りによって国内では多くの石炭火力発電所が閉鎖され、新設計画も多数が頓挫したものの、外国においては中国の関与で一〇〇件の新設プラント計画が進行中と報告されている。言い換えれば、北米やヨーロッパの国々が炭素排出量の大半を製造業と一緒に中国にアウトソーシングしたように、現在は中国が排出量の一部を、世界のより貧しい地域にアウトソーシングしているのだ。

1　公共圏の再生

長年にわたり、リサイクル、カーボン・オフセット、エコ電球への交換などの努力を続けてきた結果、いまや明らかなのは、個人の行動をどれほど重ねても、気候変動への対応には不十分だということだ。気候変動は集団的な問題であり、解決のためには集団的な行動が要求される。この集団的行動が求められる重要分野のひとつに、排出量を大規模に削減するための計画的な巨額の投資がある。具体的には、地下鉄や路面電車、LRT（軽量軌道交通）システムをあまねく敷設するだけでなく、誰もが利用できる価格（あるいは無料でもよい）で提供することや、それらの公共交通路線に沿ってエネルギー効率のよい安価な住宅を建設すること、再生可能エネルギーを運ぶスマートな配電網、可能な限り最良の方法が使用されることを確実にする大規模な研究促進、などである。

こうしたサービスのほとんどは、民間セクターが提供するには適していない。大規模な先行投資が必要なためだ。しかも、もし純粋にすべての人が利用できるものにするならば、利益が出ないこともあるだろう。だが、それらは明らかに公共の利益にかなっているのであり、ゆえに公共部門が担うべきものと考えられる。

伝統的に、公共圏を守る闘いの図式は、無制限に支出したがる無責任な左派と、われわれは財政の限界を超えた暮らしをしていると理解している実務的なリアリストのあいだの対立として描かれてきた。しかし気候危機の深刻さが要求するのは、リアリズムの概念の抜本的な刷新と、限界についての理解の大幅な変更である。政府の財政赤字の危険性などは、生命維持に欠かせない複雑な自然システムにおいて、私たちがつくり出した赤字の危険には遠く及ばない。自然の限界を尊重するよう私たちの文化を変えるには、全員が一丸となって努力する必要がある。それによって私たちは化石燃料から脱却し、これからやってくる嵐に備えて、共同のインフラを強靭化するのだ。

2　プランニングの仕方を思い出す

過去三〇年続いた民営化のトレンドを反転させることに加えて、この市場原理主義の時代に、絶え間なく悪者にされてきた技術の復権も、気候危機への本格的な対抗のためには必要だ。それはプランニング（立案）だ。山のようにたくさんのプランニングが必要だ。産業計画や土地利用計画。それも、国レベルや国際レベルだけではない。世界中のすべての都市や共同体が、それぞれどのように化石燃料から脱却するかの計画を必要としている。トランジション・タウン[7]（移行都市）運動が「エネルギー降下の行動計画」と呼んでいるものだ。この責任を真剣に受けとめる都市や町では、このプロセスが参加型民主主義の希少な空間をこじ開けた。近隣の住民が市役所の懇談会に多数つめかけ、どのように自分たちのコミュニティを再編成して排出量を削減し、来るべき困難の時代に備えて、復元力《レジリエンス》を強化するかについてアイデアを共有したのだ。

気候変動への対策には、別の形態のプランニングも必要だ。とりわけ、化石燃料からの撤退が進めば不要となる仕事に携わる労働者の問題がある。「グリーン・ジョブ」への職業訓練コースをいくつか開くだけでは不十分だ。これらの労働者には、移行後の世界でも、きちんとした仕事が彼らを待っていることを知らせる必要がある。つまり、企業の収益性ではなく、共同体としての優先順位に基づいて経済をプランニングするという考え方を取り戻す必要があるということだ。失業した自動車工場や炭鉱の労働者に、これまでと同等の安定した雇用を、別の分野で獲得するためのツールやリソースを与えることだ。新しい雇用の例を挙げれば、地下鉄車両の製造や風力タービンの設置、採掘現場の除染などがある。その中には民間セクターの雇用も公共分野のものもあり、また一部は協同組合形式でおこなわれることもあるだろう。クリーブランド〔オハイオ州〕の労働者が運営するグリーン協同組合がモデルになりうる。

農業もまた、土壌侵食、異常気象、化石燃料への依存という三重の危機に対処するためには、プランニングの復活が必要だ。カンザス州サリーナにあるランド研究所の先見的な創設者ウェス・ジャクソンは、「五〇年農場法案」の制定を求めてきた。彼と共同研究者のウェンデル・ベリーとフレッド・カーシェンマンの推測では、これくらい長い期間をかけて調査研究を実施し、インフラを開発してはじめて、土壌を枯渇させる多くの単年生穀物（単一作で栽培）を多年生の作物（混合作で栽培）に置き換えることができるのだ。多年生植物は毎年植え替える必要がないので、長く伸びた根が希少な水を貯蔵し、土壌を保持し炭素を吸収隔離するのに、単年生植物よりはるかに優れている。混合栽培は害虫にも強く、すでに避けがたくなった異常気象によって一掃される危険性も相対的に小さい。おまけにボーナスもある――このタイプの農業は、工業型農業に比べてずっと労働集約的であるため、長らく放置されていた農村社会において、農業がふたたび重要な雇用の源泉になる可能性があるのだ。

ハートランド会議や同趣旨の集会の外では、プランニングが復活しても恐れることは何もない。規制を撤廃した弱肉強食（ワイルド・ウェスト）[8]経済学の三十余年にわたる実験は、世界の大多数の人々の期待に背き、失望させている。このシステム全体の失敗こそが、これほど多くの人々がエリート層に対し公然と反旗を翻し、生活賃金、汚職の一掃、真の民主主義を要求している理由だ。気候変動は、新しいタイプの経済を要求する声とは矛盾しない。むしろ、生存のための緊急性を付け加えることになるだけだ。

3　企業の手綱を引く

求められるプランニングの必須項目には、企業セクターの迅速な再規制が含まれる。その多くはインセンティブを通じて実行できる。たとえば再生可能エネルギーへの補助金や、責任ある土地管理などだ。しかし、危険で破壊的な行動に対しては、躊躇なく禁止する昔のやり方に戻る必要も出てくるだろう。ということは、企業の行動をさまざまな方面で邪魔だてすることになる。たとえば、企業が排出できる炭素の量に厳格な上限を設けることや、石炭火力発電所の新設を禁止すること、工業型肥育場を取り締まること、環境汚染度の高いエネルギー採掘プロジェクトを段階的に廃止する〔手始めはパイプライン新設の撤回や、その他のインフラ・プロジェクトで、拡大計画を後戻りできなくするようなものを中止すること〕などである。

企業や消費者の選択に少しでも制限をかけることが、ハイエクの言う「隷属への道」〔社会主義を批判し新自由主義の論拠となった著書のタイトル〕を開くと考える人々は、国民のうちごく限られた部分にすぎない——そして、まさにこの部分こそが気候変動否定派の先頭に立っているのだが、それは偶然ではない。

4　生産を地域に戻す

気候変動に対応するように企業を厳しく規制することが、いささか過激に聞こえるとしたら、その理由は、一九八〇年代のはじめ以来、政府の役割は企業セクターの邪魔をしないことだというのが金科玉条のようになっていたためであり、とくに国際貿易の領域は不可侵とされてきた。自由貿易が製造業や地域ビジネス、農業に破壊的な影響を与えることはよく知られている。しかし、最大の被害者はおそらく大気だったはずだ。世界中を行き来して原材料と製品を運ぶ貨物船やジャンボジェット、大型トラックが化石燃料を大量に消費し、温室効果ガスを吐き出している。そして、生産される安価な商品〔交換用であって、修理されることはまずない〕は他の再生不能な資源を大量に消費しつつ、〔自然環境が〕安全に吸収できる量をはるかに超えた、さまざまな廃棄物を生成している。

このモデルはあまりに無駄が多いため、排出量を削減して得られたささやかなプラスを、何回分も相殺してしまう。たとえば『全米科学アカデミー議事録』に最近掲載された、京都議定書の締約国である先進工業諸国からの排出量に関する研究によると、たしかに先進国の排出量は固定されたが、その理由の一部は、自国の汚染度の高い生産を国際貿易によって、たとえば中国のような他の場所に移動できたからだった。開発途上国で生産され、先進国で消費される商品による排出量の増加は、先進国の排出量削減の約六倍であると研究者たちは考えている。

自然の限界を尊重するように工夫された経済では、エネルギー集約型の長距離輸送の利用は割り当て制にすべきだ。商品が地元で生産できない場合や、地元での生産のほうが炭素を多く消費する場合（たとえば米国の寒冷地帯で食品を温室栽培するほうが、南部で栽培してＬＲＴで輸送するよりもエネルギーを多く消費することが多い）に備えて取っておくのだ。

気候変動は貿易の終了を要求するわけではない。しかし、あらゆる二国間貿易協定や世界貿易機関（ＷＴＯ）を支配している、無謀なかたちの「自由貿易」を見直すことは要求している。慎重に、思慮深くおこなわれるならば、これは好材料になる――失業者にとって、また安価な輸入品に対抗できない農家にとって、そして地元の製造業が海外に工場を移動し、地元の商店が大型小売店舗に置き換わるのを経験したコミュニティにとっては蘇生のチャンスだ。しかし、これが資本主義のプロジェクトに突きつける課題は過小評価されるべきではない。それは、企業権力を抑制する可能性のある、あらゆる規制を排除するという、この三〇年間ずっと続いてきたトレンドを逆転することを意味するのだ。

5　買い物カルトの終了

過去三〇年にわたる自由貿易と規制緩和、民営化は、貪欲な人々が企業利益のさらなる拡大を望んだことだけが原因ではない。それは一九七〇年代のスタグフレーション〔景気後退と物価上昇が同時に起こる経済現象〕への対応でもあったのだ。急速な経済成長をもたらす、新しい道を見つけることが至上命令となっていた。スタグフレーションの引き起こした脅威はリアルなものだった。現行の経済モデルでは、生産の低下はその定義からして危機なのだ。景気後退とか、もっと落ち込めば不況という言葉が使われるが、これらの言葉に含有されているのは絶望と苦難だ。

この成長の至上命令があるからこそ、従来の経済学者はほぼ確実に、気候変動に取り組むに際して次のような質問をする──どうすれば好調なGDP成長を維持しながら排出量を削減できるか？　通常の答えは「デカップリング」〔切り離し〕だ。これは、再生可能エネルギーと効率性の向上によって、経済成長を環境への影響から切り離すことができるとする考えだ。また、トーマス・フリードマンのような「グリーンな成長」の唱道者によれば、新しいグリーンな技術の開発やグリーン・インフラ設置のプロセスがGDPを急上昇させ、富を生み出して「アメリカをもっと健康的で豊かな、より革新的でより生産的で不安のない国にする」ことができる。

しかし、ことはそんなに単純ではない。抑制のない経済成長と確実な気候政策のあいだの葛藤について、多くの経済学的研究の成果が積みあがっている。牽引するのはメリーランド大学の環境経済学者ハーマン・デイリー、ヨーク大学のピーター・ヴィクター、サリー大学のティム・ジャクソン、そして環境法と政策についての専門家ガス・スペスである。いずれの研究者も、先進工業国が、科学が要求する大幅な排出削減を実行しながら、経済成長を（たとえ今日の低迷したペースにせよ）継続していくことが果たして実現可能なのかと真剣な問いを発している。ヴィクターとジャクソンが主張するように、エネルギー効率の向上は成長ペースに追いつけない。なぜなら、ひとつには、効率性の改善はほぼ常に消費の増大をもたらすので、せっかくの節約分が食われてしまうからだ（しばしば「ジェヴォンズのパラドックス」と呼ばれる）[9]。エネルギー効率と資源利用効率の改善がもたらした節約分が、そのまま再投資されてしまい、経済の幾何級数的な拡大をもたらすのであれば、結局、総排出量の削減という目的は達成できないであろう。ジャクソンが『成長なき繁栄（*Prosperity Without Growth*）』の中で論じているように、「成長のジレンマから抜け出す道としてデカップリングを推奨する人は、歴史的な証拠と、経済成長の基本的な計算をもっと精査する必要がある」

結論として言えるのは、天然資源の過剰消費にルーツを持つ生態系の危機への対処は、経済の効率を改善するだけでなく、地球上でもっとも裕福な二〇％の人々が消費する物質の量を減らすことも要求するのだ。しかしこの考えは、世界経済を支配する大企業にとっては受け入れがたい。彼らを支配するのは、毎年さらに大きな利益を上げることを要求する、気ままな投資家たちなのだから。したがって私たちは、ジャクソンが言うように「システムを全廃するか、地球を破壊するか」という不可能なダブルバインドをかけられている。

解決策は、先ほど説明したすべてのプランニング手段を駆使して、別の経済パラダイムへの管理された移行を受け入れることだ。消費の増加は、世界の中でいまだ貧困からの脱却に奮闘している人々のために割り当てられるべきだ。一方、先進工業国では、年次利益の増加を至上命題とする力に支配されないセクター（公共部門、協同組合、地域産業、非営利事業など）が、経済活動全体の中でシェアを拡大する。環境への影響は極小だが、人々の幸福な暮らしのためには特大の貢献をするセクター（教育、介護専門職、余暇活動など）もそうだ。この方針に沿って、非常に多くの仕事を生み出すことができる。しかし企業セクターの役割は、構造的に売上と利益の増加を要求するという特性に鑑みて、縮小せざるをえないだろう。とりわけ、その命運が資源の採掘と切り離せないような業種では、そうである。

そういうわけで、ハートランド会議に集う人々が、人間の活動が引き起こした気候変動の客観的証拠に対して、あたかも資本主義そのものが脅かされているかのように反応したのは、決して被害妄想におちいったからではない。むしろ、彼らがきちんと注意を払っているからなのだ。

6　金持ちに課税する

このあたりまで来れば、賢明な読者はこう尋ねるだろう——いったい全体どうやって、こんな壮大な計画の資金を賄うつもりなのか？　昔ながらの回答をするなら簡単だ。経済成長によって乗り切るのだ。実際、成長に基づく経済の、少数の特権層にとっての大きな利点のひとつは、それによって経済的正義の要求を常に先送りできることだ。全体のパイが拡大し続ければ、最終的にはすべての人に十分に行きわたると主張すればよい。それが常に嘘だったことは、現在の危機的なまでの格差拡大が明らかにしているが、重層的な生態系的限界を迎えている世界においては、それは出発点にはならない。生態系の危機に対する有意義な対応に資金を供給する唯一の方法は、お金があるところから取ることだ。

具体的には、炭素に課税すること、そして金融投機に課税することだ。また企業や富裕層への課税を増やし、肥大化した軍事予算を削減し、化石燃料産業へのばかげた補助金（米国だけで年間二〇〇億ドルだ）を廃止することだ。そして各国政府は協調体制を築いて、企業が利益を隠す場所がないようにしなければならない（この種の確固とした国際的規制の構造こそが、気候変動は邪悪な「世界政府」の到来を告げるとハートランド会議の人々が警告するものにほかならない）。

しかし何よりも、私たちをこの窮地に引きずり込んだ責任のもっとも大きい企業の利益を狙う必要がある。石油業界大手五社（ビッグ5）は過去一〇年間で九〇〇〇億ドルの利益を上げた。エクソンモービルだけでも四半期利益で一〇〇億ドルを超えることがある。これらの企業は長年にわたり、利益は再生可能エネルギーへの移行に投資するために使うと約束してきた（BP社が社名を「ブリティッシュ・ペトロリアム」〔英国石油〕から「ビヨンド・ペトロリアム」〔石油を超えて〕にブランド変更したことが一番有名な例だ）。しかし、アメリカ進歩センター[10]の調査によると、ビッグ5の二〇〇八年の利益は合計一〇〇〇億ドルだが、そのうちわずか四％が「再生可能エネルギーや代替エネルギーのベンチャー企業」に投資されたにとどまっている。その代わりに、彼らが利益を注ぎ込んだ先は、相変わらず株主の懐、役員の言語道断な高額報酬、そして従来よりも汚染が多く危険な化石燃料抽出の新技術だった。またロビイングにも多額の資金が費やされ、さまざまな気候関連法案が頭をもたげるたびに、ことごとく叩き返してきた。同様に多額の資金が、マリオットホテルに集まった気候変動否認派の運動に提供する資金として費やされた。

タバコ会社が人々の禁煙を支援する費用を支払わざるを得ず、BP社がメキシコ湾の除染費用の大きな部分を支払わなければならなかったのと同様に、そろそろ「汚染者負担」の原則が気候変動にも適用されるべき時が来ている。汚染した者への課税を引き上げる他にも、政府は交渉によって採掘権料のレートを大きく引き上げ、より少ない化石燃料の採掘で、もっと多くの公的収入を調達し、その資金で将来の脱炭素時代に備えるための支出（および、すでに起きている気候変動コストの急増）を賄うのだ。企業はみずからの利益を削ることになる新規制にはことごとく抵抗すると踏んでよいので、国有化という自由市場の最大のタブーも議題から外すことはできない。

ハートランド会議の人々は例によって、気候変動は「富の再分配」と階級闘争のための陰謀だと主張するが、その理由は、この種の政策が彼らのもっとも恐れるところだからだ。彼らはまた、いったん気候変動の現実が認識されたならば、富の移転が避けられないことを理解している。それは裕福な国々の国内で起きるだけではなく、炭素を排出して危機を引き起こした富裕国から、その影響の矢面に立たされている貧しい国々への富の移転としてもなされるだろう。実際、保守派が（そしてリベラル派の多くも）国連の気候対策交渉をやっきになって葬り去ろうとするのは、それが途上国の一部に、すでに死に絶えたと多数が考えていた、反植民地闘争時代の勇気を蘇らせたからだ。地球温暖化の責任を誰が負っており、誰が真っ先に最悪の影響を被っているかについて、反駁の余地のない科学的事実で武装したボリビアやエクアドルのような国々は、数十年にわたり国際通貨基金（ＩＭＦ）や世界銀行の融資によって押しつけられてきた「債務者」のマントを脱ぎ捨て、自分たちこそが債権者だと宣言するつもりだ。取り立てるべきは、気候変動に対処するための資金や技術だけでなく、発展するための「大気圏のスペース」にも貸しがあるのだと。

そろそろまとめに入ろう。気候変動に対処するためには、自由市場のハンドブックのあらゆるルールを破る必要があり、しかも緊急にやらなければならない。必要となるのは、公共圏の再構築、民営化の反転、経済の大きな部分を地方に戻すこと、過剰な消費の縮小、長期的プランニングの復活、民間企業に対する大幅な規制と課税、また場合によっては一部の国有化、軍事支出の削減、そしてグローバルサウスに対する気候債務の承認である。もちろん、こうしたことがひとつでも実現するためには、企業が政治プロセスに及ぼす影響力を徹底的に殺ぐための、大規模で広範な人々を巻き込んだ努力がともなわなくてはならない。つまり最低でも必要なのは、選挙を〔企業献金に頼らず〕公的資金で賄うことと、企業から法の下での「人」としての地位を剝奪することだ。要するに、気候変動は、すでに存在していたほぼすべての進歩的な要求を一気に勢いづけ、明確な科学的必要性に基づいて、それらを首尾一貫した政治アジェンダにまとめあげるのだ。[11]

それだけではない。気候変動が意味するのは、かつてジョン・メイナード・ケインズが〔第一次大戦を終結させた〕ヴェルサイユ講和条約の懲罰的な内容がドイツの反発を招き次の世界戦争につながったことを予言して以来の、政治における最大の「だから言ったじゃない」なのである。マルクスは資本主義の「修復不能な裂け目」について、「生命そのものの自然法則」を用いて論じており、左派の多くは、この経済システムは資本の飽くなき欲望を解き放つことを前提に構築されているため、生命が拠りどころとする自然のシステムをいずれ圧倒してしまうと主張してきた。もちろん、先住民はそれよりずっと前から、自然のサイクルを混乱させることの危険性について警告を発していた。産業資本主義が大気中に吐き出す廃棄物が地球の温暖化を引き起こし、すさまじい結果をもたらす可能性があるという事実が示すのは、反対する者たちが正しかったということだ。そして、「すべてのルールを取っ払い、魔法が起こるのを待とうぜ」と主張した人々は、とことん悲惨に間違っていた。

こんな恐ろしいことについて持論が正しくても、なにも嬉しくはない。しかし進歩派には責任がある。なぜなら、先住民に教えられ、工業国家社会主義の失敗を踏まえた私たちの理念が、これまでになく重要になったからだ。すなわち、グリーン左派の世界観は、ただの改良主義にとどまることを拒否し、この経済の利益崇拝に異を唱えることにより、人類が複合的な危機を克服するための最良の希望を提供しているのだ。

だが、こうした事態が、ハートランド研究所のジョセフ・バスト所長のような男の目にどう映っているか想像してみてほしい。彼はシカゴ大学で経済学を学び、自分の個人的な使命は「人々を他の人々による暴政から解放する」ことだと私に説明したことがある。彼にとっては、これは世界の終わりと映るだろう。むろん、それは違う。しかし、どう見ても彼の世界の終わりである。気候変動は、現代の保守主義が基礎を置くイデオロギー的な足場を吹き飛ばしてしまう。集団的な行動を悪しざまに言い、完全な市場の自由を崇拝するような思考体系を、未曽有の規模の集団行動を要求する問題、危機を引き起こし深化させている市場原理に急ブレーキをかけるよう要求する問題に、適応させる方法はない。

ハートランド会議では、アイン・ランド研究所からヘリテージ財団まで、参加するすべての保守系シンクタンクが書籍やパンフレットを販売する机を与えられており、こうした不安がいまにも吹き出しそうなことが見て取れる。バスト自身、ハートランド研究所の気候科学攻撃キャンペーンを立ち上げた背景には、この科学が要求するであろう政策に対する恐怖があることを隠そうとしていない。「この問題を吟味してわかったのです。これは政府を巨大化させる処方箋です。……そこに踏み出す前に、いま一度この科学を検証してみようと呼びかけました。そこで保守系やリバタリアンのグループが、立ち止まって言ったのです——このまま、これを金科玉条として受け入れるのはやめよう。私たち独自の研究もやってみよう、と」。これが、理解のカギになる重要ポイントだ。否定論者を突き動かしているのは、気候変動の科学的事実への反対ではなく、むしろそれらの事実が現実の世界に与える影響への反対なのだ。

バストの発言は期せずして、気候変動に関する意見の劇的なシフトを説明しようとする社会科学者たちが、大いに注目しているひとつの現象を説明している。イェール大学の文化的認知プロジェクトに籍を置く研究者たちは、政治的ないし文化的な世界観が、「地球温暖化についての個人の意見を、他のどの個人的特徴よりも雄弁に」説明することを発見した。

「平等主義」や「共同体主義」の強い世界観を持つ人（集合的行動と社会正義を好み、不平等への懸念、企業権力への猜疑を特徴とする）は、圧倒的多数が気候変動に関する科学的コンセンサスを受け入れる。一方、「階級序列的」で「個人主義」の強い世界観を持つ人（貧困層やマイノリティに対する政府支援に反対し、産業の発展を強く支持し、人の境遇は本人の努力の結果だという信念が特徴）は、圧倒的多数が科学的コンセンサスを否定する。

たとえば、米国人の中で「階級序列的」な見方をもっとも強く示すグループのうち、気候変動を「大きなリスク」と評価するのはたった一一%だ。これに対して「平等主義的」な見方をもっとも強く示すグループでは六九%に達する。この研究の筆頭著者であるイェール大学の法学教授ダン・ケイハンは、「世界観」と気候科学の受容とのあいだの密接な相関関係を「文化的認知」に起因しているとしている。これは、政治的傾向に関係なく私たち全員が、「良き社会のビジョンとして好ましいもの」を守るようなかたちで、新しい情報をフィルタリングしているプロセスを指している。ケイハンが『ネイチャー』誌で説明したように、「人は、高貴に感じられる行為が社会にとっては有害であり、下劣と思われる行為が社会にとって有益であると信じることに当惑を覚える。というのも、そのような主張を受け入れるならば、自分と仲間のあいだに楔を打つことになりかねず、そんな考え方を拒絶したいという強い感情が起こるからだ」。言い換えれば、現実を否定するほうが、自分の世界観が粉々に砕け散るのを見るよりも常に楽なのだ。これは、かつて粛清の嵐が吹き荒れるなかで頑強なスターリン主義者がとった態度であり、今日のリバタリアン気候科学否定論者にも等しく当てはまる。

現実世界からの確固たる反証を突きつけられても、強力なイデオロギーが完全に消え去ることはめったにない。むしろ、それはカルトに近づき、周辺的な存在になる。少数の熱心な信者たちは常に残り、問題は当のイデオロギーにではなく、指導者が弱腰でルールを厳格に適用しなかったことにあることをお互いに確認する。この手の人々はスターリン主義の左翼にも存在するし、ネオナチの右翼にも存在する。現在の歴史の段階においては、市場原理主義者も同じように社会の片隅へと逃避して、人知れず『選択の自由』と『肩をすくめるアトラス』[12]を慈しんで過ごすのがふさわしかったのだ。そのような運命から彼らが救われているのは、ひとえに、小さな政府についての彼らの思想が、どれほど現実との齟齬が明白であったとしても、世界の億万長者にとってはいまも非常に実利があるため、チャールズとデヴィッドのコーク兄弟やエクソンモービルの同類たちが、金と着物を与えてシンクタンクで飼っているからだ。

これは、〔先に紹介した〕文化的認知のような理論の限界を示している。否定論者たちは自分の文化的世界観を守る以上のことをしている。彼らは、気候論争を混迷させることにより、莫大な利益を得ようとする強大な利益団体を守っているのだ。否定論者とこうした利益団体とのつながりはよく知られており、証拠もたくさんある。ハートランド研究所はエクソンモービルから一〇〇万ドル以上を受け取っており、コーク兄弟とリチャード・メロン・スカイフの関連財団からも受け取っている（おそらく他にも大勢いるだろうが、シンクタンクは寄付者の名前の公表を停止してしまった。その情報は「私たちの立場のメリット」を後退させていると言って）[*5]。

また、ハートランド気候会議で登壇する科学者たちは、ほぼ全員が化石燃料マネーにどっぷり漬かっており、きなくさい臭いがするほどだ。ほんの二つほど例を挙げると、会議の基調講演をおこなったケイトー研究所のパトリック・マイケルズは、かつてCNNのインタビューで、彼のコンサルティング会社は収入の四〇％が石油会社からであると答えた。残りの収入のうち石炭業界がどれほどなのか、わかったものではない。会議の講演者のもうひとり、天体物理学者のウィリー・スーンは、グリーンピースの調査で発覚したところによれば、二〇〇二年から二〇一一年のあいだに獲得した新規の研究助成金の一〇〇％を化石燃料の利益団体から受け取っている。そして、気候科学を弱体化させることに強い経済的動機を持つのは、なにも化石燃料企業だけではない。この危機を解決するために、先ほど概説したような抜本的な経済秩序の改変が必要になるのだとしたら、緩い規制、自由貿易、低税率の恩恵を受けているすべての大企業がそれを恐れる理由を持つことになる。

これほど多くの利権がかかっていることを考えれば、気候科学否定論者が全体として、現行のきわめて不平等で機能不全の経済の状態を維持することに、もっとも力をつぎ込んできた者たちであるのは当然だろう。気候問題の認知に関する研究の中で、とくに興味深い発見のひとつは、気候変動を示す科学の受け入れを拒否することと、社会経済的な特権との明確な関係だ。気候否定論者は保守的であるだけでなく、平均以上の収入を持つ白人であり男性であることが圧倒的に多いのだ。この人々は他の成人よりも、自分の見解に（どれほど明らかに間違っていようが）強い自信を持っていることが多い。このトピックに関するアーロン・マックライトとライリー・ダンラップの論文（「いかした男（Cool Dude）」という忘れがたい表題）は多くの議論を呼んだが、彼らの研究によると、自信に満ちた保守的な白人男性は、グループとして見た場合、それ以外の調査対象の成人全体に比べて六倍近くも、気候変動が「起きることはない」と考える者が多かった。マックライトとダンラップは、この差異について簡単な説明を提供している。「保守的な白人男性は、現行の経済システムの中で、権限のある地位を不釣り合いに大きな割合で占めている。気候変動が産業資本主義の経済システムにもたらす広範囲な脅威を考えれば、保守的な白人男性に顕著なシステム正当化の強固な態度が、気候変動を否定する誘因になるのは当然のことと言えるだろう」

しかし、否定論者の相対的な経済社会的特権が説明するのは、新しい経済秩序によって失うものの大きさだけではない。気候変動によるリスクについて楽観的でいる理由も与えている。これは、ハートランド会議で別の講演者の話を聞いていて、気候変動の犠牲者への共感がまったくないとしか言いようのない態度を見せられたときに考えついたことだ。ラリー・ベルという人物は、経歴欄の記述では「宇宙建築家」とされているが、聴衆に向かって、多少の暑さはそんなに悪くない、「私はあえてヒューストンに引っ越しました!」と告げて、大きな笑いをとっていた(当時ヒューストンは、テキサス州の単年度としては史上最悪となった干ばつに見舞われている最中だった)。オーストラリアの地質学者ボブ・カーターは、「この世界は実際、人間の観点からすれば、温暖な時期のほうが暮らしやすい」と語った。またパトリック・マイケルズは、気候変動を心配する人たちは、フランス人が一万四〇〇〇人の死者を出した二〇〇三年の壊滅的な熱波の後にしたことを見習うべきだと言った。「彼らは、ウォルマートとエアコンがあることに気づいたのです」

こういう「気の利いた」発言を、アフリカの角(ソマリアおよびエチオピア)で推定一三〇〇万人が乾上がった土地で飢餓に直面するさなかに耳にして、とても不安にさせられた。このような冷淡さを可能にしているのは、たとえ否定論者が気候変動について間違っていた場合でも、気温がほんの数度上昇するくらいで、先進国の富裕層が心配することなど何もないという確信だ（テキサス州選出の下院議員ジョー・バートンは、エネルギーと環境の小委員会の公聴会で「雨が降れば屋根を見つけ、暑くなれば日陰を見つける」と説明した）。

だが、他のみんなについてはどうなのかというと、彼らは配給物資を求めたり、貧困から抜け出そうともがくのをやめるべきだとされる。私がマイケルズに、裕福な国は貧困国が温暖化に適応するための多大な費用を支援する責任を負っていないのかと尋ねると、彼はその考えをあざ笑い、貧しい国に金を与える理由などないと答えた。「というのも、彼らの政治システムには、どうしたことか、適応する能力がないのです」。彼が主張する真の解決策は、自由貿易の拡大だった。

＊5　これは構造的な問題だ。学術誌 *Climatic Change* に発表された二〇一四年の調査によると、社会学者のロバート・ブリュールが命名した「気候アクションへのカウンター運動」を構成する否認派のシンクタンクや他のアドボカシー団体は、全体として年間九億ドル以上を、さまざまな右派の主張の研究のために集めている。その大半は「ダークマネー」のかたちを取っている。つまり、保守派団体からの資金提供だが、完全な追跡はできない。

この段階で、極右イデオロギーと気候科学否定の交差がほんとうに危険なものになる。こういう「いかした男」が気候科学を否定しているのは、それが彼らの支配に基づく世界観を覆すおそれがあるからだけではない。彼らの支配に基づく世界観が、途上国に住む膨大な数の人類を、無価値とみなすための知的ツールを提供しているからなのだ。共感能力を根絶する、このような考え方がもたらす脅威を認識することは、緊急の重要課題だ。気候変動によって私たちの道徳的な性格が試されることになるからだ。米国商工会議所は、環境保護庁が炭素排出を規制するのを阻止しようとして嘆願書を提出し、その中で、もしも地球温暖化が起きた場合にも

「住民は、より温暖な気候に順応することが、行動、生理学、技術的な適合を通じて可能である」と主張した。こうした適応行動こそ私がもっとも心配しているものだ。

ますます激しく頻繁になる自然災害によって、ホームレスや失業者となった人々に、私たちはどのように「適応」するのか？　水漏れのするボートで私たちの海岸に漂着した気候難民をどのように扱うのか？　彼らが逃れてきた危機をつくりだしたのは私たちだと認めて、国境を開放するのか？　それとも、より高度なハイテク要塞を建設し、より厳格な移民法を採用するのだろうか？　資源不足にはどのように対処するのか？

すでに答えは出ている。希少な資源に対する企業の探求は、より熾烈で暴力的になるだろう。アフリカの耕地は、富裕国に食糧と燃料を供給するために奪われ続ける。干ばつと飢饉は引き続き、遺伝子組換え種子を押しつけ、農家をさらに借金に追い込む口実に使われる。石油やガスの資源枯渇を乗り越えるために、ますますリスクの高い技術を使って最後の一滴まで搾り取り、地球の一帯を、広がる一方の犠牲《サクリファイス》ゾーンに変えてしまう。自国の国境を要塞化し、資源をめぐる外国の紛争に介入する、またはみずから火をつける。いわゆる「自由市場型の気候ソリューション」は、炭素取引や森林によるカーボン・オフセット[13]ですでに実証済みのように、投機と詐欺と縁故資本主義を引き寄せる磁石になるだろう。気候変動が貧困層だけでなく裕福層にも影響を及ぼしはじめるにつれ、技術を駆使した応急処置への期待が次第に高まるだろう。それによって気温を引き下げるのが狙いだが、それは壮大な未知のリスクをともなう賭けである。

世界が温暖化するにつれ、支配的なイデオロギーが私たちに告げるのは、自分のことは自分でどうにかしろ、犠牲者は自業自得だ、自然は支配できる、という、うすら寒い呼びかけだ。それをさらに冷やすのが、一部の否定派の運動の中に一皮むけば横たわっている、人種的優越性の理論の猛々しい復活だ。こうした理論は追加オプションではない。必須のアイテムなのだ。みずからはほとんど責任がないのに気候変動の被害を受けるグローバルサウスや、ニューオーリンズのようなアフリカ系アメリカ人が圧倒的多数を占める都市の犠牲者たちに対して、心を閉じることを正当化するために絶対に必要なものなのだ。

拙著『ショック・ドクトリン』（二〇〇七年）では、右派が危機（現実のものであれ、煽動されたものであれ）を計画的に利用して、残忍なイデオロギー的政治課題を強引に押し通す手法を研究した。その政策は問題を解決するのではなく、むしろ特権層の富を増やすことを目的に設計されている。気候危機が大きな被害を起こしはじめたときにも例外ではないだろう。これは完全に予測できることだ。公共の資産を民間に譲り渡し、災害から利益を得るための新しい方法を見つけることが、現在のシステムがめざすところなのだ。

唯一のワイルドカードは、それに対抗する大衆運動が盛り上がり、そのような無慈悲な未来像に取って代わる、実現可能な別の選択肢を示す可能性だ。それは、単に別の組み合わせの政策提案で置き換えることではなく、この生態系の危機を招いた世界観に対抗できる、別の世界観を提示することを意味する。いま求められているのは、ハイパー個人主義ではなく相互依存、優位に立つのではなく互恵主義、上下関係ではなく協力に根差した世界観だ。

文化的価値観を変えることは、たしかに難しい課題だ。それを達成するには、一〇〇年ほど前の運動がめざしたような野心的ビジョンが必要だ。すべてが個別の「問題」に分割され、それぞれを適切なセクターのビジネス志向NGOが担当するようになってしまう以前のビジョンである。『スターン報告』[14]の言葉を借りれば、気候変動は「前代未聞のすさまじい〝市場の失敗〟の実例」である。本来ならばこの現実は、進歩派の帆を確信で満たし、長年にわたる闘争に新しい生命と切迫感を吹き込んでしかるべきなのだ。闘う相手は、企業本位の自由貿易から金融投機、工業型農業、第三世界の債務問題までが網羅される。これらの闘争はすべて、いかにして地球上の生命を守るかという一貫した物語の中に、優雅に織り込まれるのだ。

だが、少なくともいまのところ、それは起きていない。ハートランド一派が気候変動は左翼の陰謀だという説をせっせと撒き散らしているというのに、残念ながら左派の多くはいまだに、気候科学が自分たちに手渡してくれたものが、資本主義に対抗する議論としてどんなに強力かに気づいていない。実は気候科学者の議論は、ウィリアム・ブレイクの「闇のサタンの工場」[15]以来の、ハートランド一派へのもっとも威力のある反論なのだ(そして言うまでもなく、闇のサタンの工場が気候変動のはじまりだった)。アテネ、マドリード、カイロ、マディソン、ニューヨークなどでデモ隊が政府や企業エリートの腐敗を大声で罵っているとき[16]、気候変動はしばしば軽い傷程度にしか扱われない。本来ならば、とどめの一撃であるはずなのに。

問題の半分は、進歩派が、重複する戦争への反対はもちろん、構造的な経済的排除や人種的排除との闘いでもう手一杯になっており、気候問題は大規模な環境系グループに任せておこうと思いがちなことだ。残りの半分は、最大規模の環境系グループの多くが、気候危機の目が眩《くら》むほど明白な根源について真剣に議論することを、強迫的なまでに正確に避けてきたことだ。すなわち、グローバリゼーション、規制緩和、現代資本主義の永続的な成長への希求(経済の残りの部分に多大な破壊をもたらしてきたのと同一の衝動)についての議論だ。その結果、資本主義の失敗に挑む人々と、気候変動対策のために闘う人々は別々の運動にとどまっており、小規模ながら果敢な気候正義運動が(人種差別、経済格差、環境的な脆弱性のあいだに関係性を見つけることによって)両者のあいだにかろうじて橋をかけているにすぎない。

一方、右派は、二〇〇八年に始まった世界的な経済危機を好き放題に利用して、気候対策行動は経済的なハルマゲドンのレシピであると主張した。確実に家計コストを急上昇させ、石油掘削やパイプライン敷設のための大いに必要とされる雇用創出を妨害するというのである。これに対し、新たな経済パラダイムが、いかに経済危機と生態系危機の両方から一挙に脱出する方法を提供しうるかという対抗ビジョンを高らかに唱える声はほとんど聞こえてこない。そんな状況で、恐怖を撒き散らす宣伝には多くの聴衆が集まることが約束されていた。

過去の過ちから学ぶどころか、環境運動の有力な派閥が推進しているのは、これまでと同じ破滅の道をさらに前進することだ。気候問題で勝利を収めるためには、自分たちの主張をもっと保守的な価値観にも受け入れやすいものにする必要があると彼らは言う。このような立場の一例は、意図的に中道路線をとるブレイクスルー研究所[17]で、彼らは環境運動に対して、農業生態学に基づく農業と分散型再生可能エネルギーを求める代わりに、工業型農業と原子力発電を受け入れるように求めている。また、気候科学否定派の台頭を調べている研究者からもこうした主張が聞こえてくる。〔前出の〕イェール大学のケイハンなどはこう指摘する。世論調査で「階層序列」と「個人主義」への傾斜が強いという結果が出た人々は「規制」という言葉が出るだけで憤慨するが、その一方で大規模集中型のテクノロジーを好む傾向がある。それは、人間が自然を支配できるという彼らの信念を裏づけるものだからだ。したがって、ケイハンたちによれば、環境保護論者は原子力や地球工学《ジオエンジニアリング》のような対応に力を入れ、国家安全保障に関する懸念を強調する必要があるというのだ。

この戦略の第一の問題は、役に立たないことだ。何年ものあいだ大型環境系グループは、気候アクションを「エネルギー安全保障」を主張する手段として位置づけてきたが、米国では事実上「自由市場型ソリューション」だけが検討対象だった。そうしているうちに気候変動否定論が急速に広まった。だが、このアプローチのもっとやっかいな問題は、否定論の動機となる歪んだ価値観に異を唱えるのではなく、むしろ補強していることだ。原子力と地球工学は生態系危機の解決策にはならない。それらは、現在の問題の元凶となった短期思考の傲慢な考え方に対し、さらに掛け金を釣り上げてリスクを倍加するものにほかならない。

変革志向の社会運動のすべき仕事は、パニックにおちいった誇大妄想のエリートたちに、君たちはいまでも宇宙の支配者だよと安心させることではないし、そんな必要もない。たしかに、この層には権力の座を占める者が多すぎるが、その問題を解決する方法は、大多数の人々が自分の考えや価値観を変えることではない。文化を変容させ、それによってこのひと握りの、不釣り合いに影響力のある少数派と、彼らが体現する無謀な世界観が、いまよりはるかに小さい力しか持たないようにすることだ。

気候アクション陣営の中には、こうした融和戦略に強く反発する者もいる。ティム・デクリストファーは、ユタ州で石油とガスの採掘権をめぐる問題の多い競争入札を妨害して、二年の禁固刑に服した人物だ。彼は気候アクションが経済をひっくり返すという右派の主張について、インタビューに答えて次のようにコメントした。「私たちはつけを支払うべきだと思います。私たちは経済を混乱させるつもりはありませんが、逆さまにひっくり返したいとは思っています。何を変えたいのか、つくりだしたい健全で公正な世界のビジョンを隠そうとしてはいけません。小さな変化を求めているのではありません。この経済と社会の根本的な見直しを望んでいるのです」。そして、「それについていったん話しはじめれば、予想以上に多くの協力者が見つかるでしょう」と付け加えた。

デクリストファーが、気候運動を経済の根本的な変革を要求する運動と融合させるビジョンを口に出したときは、多くの人にとってそれはたしかに突飛な夢物語のように聞こえた。しかし今日それは予言的に聞こえる。実に多くの人々が、生活実践から精神面までの多岐にわたる、この種の大変革を渇望していたことが明らかになったのだ。

そして、新たな政治的な結合がすでにつくられはじめている。熱帯雨林《レインフォレスト》アクション・ネットワーク（RAN）は、石炭産業に資金を提供しているバンク・オブ・アメリカを標的にしてきたが、このほどオキュパイ運動の活動家と共闘を組み、この銀行がおこなっている住宅差し押えに攻撃の照準を合わせた。フラッキングに反対する活動家は、ガスを生産し続けるために地球の基盤を吹き飛ばすような経済モデルと同じものが、利益を上げ続けるために社会の基盤を吹き飛ばしていると指摘している。そして、キーストーンXLパイプラインに対する歴史的な反対運動が起こり、この秋には決定的に気候アクションをロビイストのオフィスから引っ張り出し、街頭行動へ（そして留置所へ）と向かわせることになった。キーストーンXLパイプラインに反対する運動家は、企業による民主主義の乗っ取りを懸念する人ならすぐにわかるはずだと言う。国務省が、汚染度の高いタールサンドオイルを運ぶパイプラインが国内でもとくにデリケートな土地を横断しても「環境への悪影響は限られている」と判断するに至った、腐ったプロセスを見れば十分だろうと。気候団体350.orgのフィル・アロネアヌが言うように、「ウォール街がオバマ大統領の国務省と議会を占領しているのであれば、今度は国民がウォール街を占拠するとき」なのだ。

しかし、こうした連携は、企業権力への批判の共有を超えて広がっている。オキュパイ運動の活動家が、そこらじゅうで破綻している現行の経済モデルに代わるものとして、どのような経済を構築すべきか自問するなか、多くの人がグリーンなオルタナティブ経済のネットワークにインスパイアされている。このオルタナティブはここ一〇年ほどのあいだに定着したもので、コミュニティが支配権を持つ再生可能エネルギー計画、コミュニティが支援する農業と農産物直売所（ファーマーズマーケット）、ローカルな経済循環の推進による地元商店街の復活、協同組合セクターなどに見られる。

これらの経済モデルは、雇用を創出しコミュニティを活性化しながら排出量を削減するだけでなく、それにともない権力の分散化も進展させる。それは、一％による一％のための経済へのアンチテーゼだ。サウスブロンクスのグリーンワーカー協同組合[18]（GWC）の共同創設者オマール・フレイラによれば、反緊縮経済運動の一環として、何千人もの人々が広場や公園で直接民主主義を実践した体験は、参加者の多くにとって「あることさえ知らなかった筋肉をほぐすようなものだった」。そして彼らは、いまではもっと多くの民主主義を求めている。集会の場にとどまらず、それぞれの地元の地域づくりや職場においても。

つまり、文化的な価値観が変化しはじめているのだ。今日の若いオーガナイザーたちは、政策を変えることをめざしているが、それを実現させるためにはまず、この経済危機を引き起こした過激な貪欲と個人主義という、根本的な価値観と対決しなければならないことを理解している。その第一歩となるのは、自分自身がいままでとは根本的に違うやり方でお互いを扱い、自然界に接することを、目に見えやすいかたちで実践することだと。

文化的な価値観を意図的にシフトするこの試みは、〔いわゆる〕「ライフスタイルの政治」とは関係がない。また「現実の」闘争から注意を逸らすことにもならない。なぜなら、私たちが避けられぬものにしてしまった苦難に満ちた未来においては、すべての人の平等な権利への揺るぎない信念と、他者の気持ちを理解する強い能力が、人間性と野蛮を隔てる唯一のものになるからだ。気候変動は私たちに厳格な締め切りを課すことによって、まさにこのような、社会と生態系の根本的な変革を引き起こすきっかけとなりうる。

結局のところ文化は流動的なものだ。それは変わりうる。歴史の中で何度も起こってきたことだ。ハートランド会議の参加者はそれを知っている。だからこそ彼らは、やっきになって証拠の山をもみ消し、自分たちの世界観が地球上の生命への脅威であることを隠そうとするのだ。これに与しない者の使命は、同じ証拠に基づきながら、それとは大きく異なる世界観が私たちを救うと信じることだ。

3 地球工学――観測気球を上げる

地球の基本的な生命維持システムをいじくりはじめるより前に、自分たちの行動を変えて、化石燃料の使用を減らすほうがよくはないだろうか?

『ニューヨーク・タイムズ』二〇一二年一〇月二七日

二〇年近くにわたり、私はブリティッシュ・コロンビア州の海岸線のサンシャインコーストと呼ばれる岩だらけの一帯に滞在する時間を取ることにしてきた。なぜこの場所が好きなのか、そしてなぜ、この人口のまばらな地域をとくに選んで子どもを持つことにしたのか、それを思い出させてくれるできごとが数カ月前にあった。

朝の五時、夫と私は目が覚めて、生後三週間の息子と一緒に起き上がっていた。海のほうを眺めていると、高くそびえる二つの黒い背びれが動くのが目に入った。シャチだ。さらにまた二頭があらわれた。このあたりの海岸でシャチを見かけたのは、これがはじめてだった。しかも岸から一メートルくらいしか離れていない。

睡眠不足の私たちの頭には、奇跡が起きたように感じられた。まるで赤ん坊が、このめずらしい訪問者を見逃さないよう私たちを起こしてくれたかのように。

この光景を見たことが、それほどラッキーな偶然ではないのかもしれないと気がついたのは、ようやく最近のことだ。それは、シャチが泳ぐのを目撃した場所から何百マイルも離れたハイダグワイ島でおこなわれた、奇妙な海洋実験の報告を読んだからだった。

その海域で、ラス・ジョージというアメリカ人の起業家が、チャーターした漁船の船体から一二〇トンもの鉄の粉末を海に投棄したのだ。それによって、微小な藻類が高密度に発生する「藻類ブルーム」を人為的に作りだし、藻類が〔光合成によって〕炭素を隔離する働きを利用して気候変動を食いとめようという計画だ。

ジョージは、地球温暖化の影響を低減させるために、海や空を根本的に変えてしまいかねないハイリスクで大規模な技術的介入を提唱する地球工学者《ジオエンジニア》の卵だ。こういう手合いが数を増している。鉄分の散布で海に養分を補給するというジョージの計画の他にも、地球工学的な戦略として考案されているものには、火山の大噴火による冷却効果を模して大気圏上層に硫黄酸化物のエアロゾルを散布し太陽放射を遮断することや、雲を「白色化」することにより太陽光線が宇宙に反射される量を増やすことなどがある。

そのリスクは甚大だ。海洋の肥沃化は、酸素の欠乏した「死の海域《デッドゾーン》」や赤潮などを引き起こす可能性がある。そして、複数のシミュレーションによる予想では、火山噴火の効果を模倣することはアジアやアフリカのモンスーン〔季節風〕に干渉することになり、何十億もの人々の生活水と食糧の供給を脅かす可能性がある。

これまでのところ、こうした提案は、コンピューターモデルや科学論文の材料を供給するにすぎなかった。しかしラス・ジョージの冒険的な海洋実験によって、地球工学は実験室から決定的に脱出した。この実験についてのジョージの説明を信じるならば、彼の行動はマサチューセッツ州の面積の半分にあたる海域に藻類ブルームを発生させ、この海域の隅々から実にさまざまな種類の海の生き物を引き寄せた。「何十頭もの」クジラもそのひとつである。

クジラのくだりを読んだとき、疑念が湧いてきた。もしかして私が見たシャチの群れが北に向かって泳いでいたのは、ジョージが発生させた藻類ブルームを餌場にしようとしていたのではないだろうか？　その可能性が、低いとはいえ存在することは、地球工学の憂慮すべき影響のひとつを垣間見させてくれる。太陽光の遮蔽であろうが、海洋の肥沃化であろうが、いったん人間が地球の気候システムに意図的な干渉を始めると、すべての自然現象が不自然な色合いを帯びはじめる。周期的な変化のように思われた季節的な移動が欠けていることや、奇跡の贈り物のように感じられた出現が、突然なにやら邪悪なものに感じられたりする。まるで自然のすべてが裏で操られているかのような気がするのだ。

ほとんどのニュース報道は、ジョージのことを地球工学界の「はみ出し者」として描いている。しかし、このテーマについて二年間調査してきた私が懸念するのは、ジョージよりずっと真面目で、支援者の財力もはるかに大きい科学者たちが、地球の生命を維持している複雑で予測不能な自然のシステムに積極的に干渉することに、やる気満々らしいことだ。それは意図せぬ結果を招く可能性が大きい。

二〇一〇年に米国下院の科学技術委員会の議長は、地球工学に関する研究の強化を推奨した。英国政府もこの分野に公金を投入しはじめた。ビル・ゲイツは数百万ドルの資金を地球工学の研究につぎ込んでいる。[*1]彼が投資しているインテレクチュアル・ベンチャーズという会社は、少なくとも二つの地球工学ツールを開発している。「ストラトシールド」と呼ばれる、全長三〇キロメートルに及ぶ長いホースをヘリウム気球から吊るし、日光を遮る二酸化硫黄の粒子を大気中に吹き散らす仕掛けと、もうひとつはハリケーンの勢力を鈍らせることができる装置だ。

その魅力はすぐにわかる。地球工学が提供するのは、気候変動に一時しのぎの対策を施すことにより、私たちが資源を枯渇させる生活スタイルを無限に続けることが可能になるという、実に欲望をそそられる約束なのだ。そして不安は高まっている。気候関連の報道を見れば、予想されたより速い速度で氷床が融けているとか、海洋の酸性化が予想をはるかに超えて進んでいるとか、毎週のようにますます深刻なニュースが流れてくる。そのあいだにも炭素排出量は急増している。科学者が実験室でさっとこしらえた、「緊急時にはこのガラスを破ってご使用ください」的なオプションに、多くの人が期待をかけるのも無理はない。

しかし、地球工学のはみ出し者たちが野放しになっている現状は、いったん立ち止まって、私たちは地球工学が指し示す道をほんとうに進みたいのかどうか、みなで問い直すよい機会だ。なぜなら、ほんとうのところ、地球工学そのものが詐欺的な提案だからだ。海洋と大気の作用に地球的なスケールで干渉しようとするテクノロジーは、当然ながらすべての人に影響を与える。しかし、そのような介入について満場一致の同意といえるようなものを獲得することは不可能である。たとえ同意があったとしても、十分な情報を与えられた上でのものとはいえない。そこに潜むすべてのリスクを知ることは、このような地球を変えてしまう技術が実際に採用された後でなければできないからだ。

国連の主催する気候交渉は、この本質的に万国共有の問題〔気候問題〕に対し、各国が協調して対応することに同意する前提で進んでいるが、地球工学はこれと大きく異なる展望を指し示す。一〇億ドルにも届かない程度の少額の資金さえあれば、「有志連合」であれ、たった一国であれ、さらには大金持ちの一個人でさえも、気候を自分の好きなように料理する決断ができるのだ。環境問題の監視組織であるETCグループのジム・トーマスはこの問題を次のように言いあらわしている。「地球工学の言いぐさはこうです——とにかくやってみるから、後はよろしくな」

一番恐ろしい部分は、これらの技術でもっとも被害を被る可能性のある人々の多くは、すでに気候変動の影響に対して不釣り合いに脆弱なグループに属することを、モデルが示唆していることだ。たとえば、北米がトウモロコシの収穫を救うために、硫化物を成層圏に散布し太陽放射の強度を低下させることを決定するが、それがアジアやアフリカで干ばつを引き起こす現実的な可能性には目をつむっている、というような事態を想像してみてほしい。ひとことで言えば地球工学は、私たちに（あるいは私たちの何人かに）仮想スイッチの切り替えによって、人類のうちの膨大な部分を犠牲ゾーンへと追放する強大な力を与えるのだ。

地政学的な悪影響はぞっとするようなものだ。気候変動のおかげで、以前なら「神の仕業」として理解されていた自然現象（今年三月の異常な熱波やハロウィーンの時期の怪物的大嵐ハリケーン・サンディのように、人間の制御を超えた天災）も、いまではもう、そのような範疇に入るかどうかよくわからなくなっている。しかし、地球のサーモスタットをいじくりまわして、意図的に海洋を暗い緑色に変えて炭素を吸収させたり、空をかすんだ白色に漂白して太陽光を屈折させたりするとなると、人間の手による影響力は新段階に引き上げられることになる。インドで起こる干ばつは、地球の反対側にいるエンジニアが南アジアのモンスーン・シーズンを脅かす意識的な決定を下した結果であると（その真偽は別として）見られるようになれば、かつては「不運」とされていたものが悪意ある陰謀、あるいは帝国主義者による攻撃とさえみなされる可能性がある。

他にも、もっと感情的な、人生観が変わるような影響もある。この春に地球物理学の専門誌『ジオフィジカル・リサーチ・レターズ』に発表された研究によれば、太陽光を弱めるために成層圏に硫化物のエアロゾルを注入すると、空が白っぽくなり、かなり明るくなるだけでなく、夕日もずっと鮮烈な「火山」のような眺めになることがわかった。そんな超現実的《ハイパーリアル》な空と、私たちはどのような関係を結べばよいのだろう。その大空は、私たちを畏敬の念で満たすのか、それとも漠然とした不安で満たすのか？　この夏、私の家族が体験したように、美しい野生の生き物が思いがけず目の前を横切ったときに、私たちはこれまでと同じように「自然界の奇跡」と感じられるのだろうか？　ビル・マッキベンは、気候変動に関する話題の著書の中で、私たちは「自然の終わり」を突きつけられていると警告した。地球工学の時代には「奇跡の終わり」も突きつけられそうだ。

地球工学が、人為的に作りだされた藻類ブルームをはるかに超える規模で実験室から逃げ出すおそれがあるいま、私たちに突きつけられているほんとうの問いはこれだ――地球の基本的な生命維持システムをいじくりはじめるより前に、自分たちの行動を変えて、化石燃料の使用を減らすほうがよくはないだろうか？

私たちがコースを変更しない限り、太陽光を遮蔽しようとしたり、海洋を欺こうとするラス・ジョージのような人物は後を絶たないだろう。ジョージが敢行した鉄分散布の冒険は、海洋の肥沃化に関する論文を実証するためだけのものではなかった。これによって、将来の地球工学の実験に向けた世論の反応を探る目的もあったのだ。そして、これまでのところ何の反応も聞こえてこないところからすると、ジョージのテストの結果は明らかだ。「地球工学は進めてよし、慎重論などくそくらえ」

＊1　ビル・ゲイツが出資者のひとりとなっているハーバード大学を拠点とする研究グループは、エアロゾルを成層圏に噴霧する画期的な野外実験を二〇一九年に試みると発表した。この計画はかなりの論争を巻き起こし、数回にわたって延期さ

れている。気候科学の第一人者ケヴィン・トレンバースはこう言っている。排出量の削減に失敗したからといって、「太陽地球工学は答えにはなりません。地球に入ってくる太陽放射を遮断すると、天候や水の循環に影響を及ぼします。干ばつを促進するのです。いろんなものを不安定化し、戦争を引き起こす可能性もあります。副作用は多岐にわたり、私たちのモデルでは十分に結果を予測することができません」

4 「政治革命だけが頼みの綱」と科学が言うとき

科学者の多くは、ただ黙々と自分の研究をおこなっていたのだ。氷床コアを測定したり、地球の気候モデルを運用したり、海洋の酸性化を研究しているうちに、「期せずして政治や社会の秩序を動揺させることになった」にすぎないのだ。

『ニュー・ステイツマン・アメリカ』二〇一三年一〇月二九日

二〇一二年一二月、ピンク色の髪をした複雑系の研究者ブラッド・ワーナーは、毎年サンフランシスコで開催されるアメリカ地球物理学連合（ＡＧＵ）の秋季会合で、二万四〇〇〇人の地球科学や宇宙科学の研究者で埋まった会場を通り抜け、壇上に進んだ。今年の会議には何人かの有名人が参加者していた。ＮＡＳＡのボイジャー計画に携わった科学者エドワード・ストーンが恒星間航行開発への新たな進展を説明したり、映像作家のジェイムズ・キャメロンが、深海潜水調査艇に乗り込んだ体験について語ったりした。

しかし、話題をさらったのはワーナーのセッションだった。表題は「地球はもうダメか？」（完全な表題は

「地球はもうダメか？――グローバルな環境管理のダイナミックな無用性と直接行動主義を通じたサステナビリティの可能性」）。

会議室の正面に立って、このカリフォルニア大学サンディエゴ校の地球物理学者は、表題の問いに答えるために、自分が使っている高度なコンピューターモデルを示してゆっくりと観客に説明した。システムの境界、摂動、消散、アトラクタ、分岐、その他、複雑系理論に不案内な者にはほとんど意味のわからない、さまざまな要素についての話だった。それでも最終的に何を言いたいのかは十分に明瞭だった。グローバルな資本主義によって、資源を枯渇させるのがあまりにも迅速で、便利で、障壁のないものになってしまったため、その結果として「地球と人間のシステム」が危険なまでに不安定化した。あるジャーナリストから「われわれはもうダメなのか」という問いへの明確な回答を迫られると、ワーナーは専門用語を脇に置いて、「まあ、おおむねのところ」と答えた。

だがこのモデルには、若干の希望を与えるひとつのダイナミック（動的要素）があった。ワーナーはその要素を「抵抗」と名づけた。それは「資本主義の文化の枠組みからはみ出た、一定のダイナミクスを取り入れた個人やグループ」による運動である。彼の発表要旨によれば、そこに含まれるのは「環境をめぐる直接行動、たとえば先住民や労働者やアナキスト、その他のアクティビスト集団による抗議行動や封鎖、妨害行為のような、支配的な文化の外側から起きる抵抗」である。

本格的な科学者たちの学術会議ではふつう、政治的な大衆抗議を呼びかけるような発表を主要プログラムに入れたりはしない。ましてや直接行動や妨害行為の呼びかけなど、お呼びではないはずだ。しかしながら、ワーナーはそうした行為をはっきり要求したわけではない。彼はただ、大規模な大衆蜂起（かつての奴隷制廃止運動や公民権運動、またはウォール街の占拠のような）が、傾きながら暴走している経済機構にブレーキをかける「摩擦」を生み出す要因として、もっとも有望であるという観察結果を述べただけだ。過去の社会運動が「支配的な文化の発展の方向に多大な影響を与えた」ことはわかっている、と彼は指摘した。したがって、「私たちが地球の未来について考え、人間と環境の結びつきの将来について考えるのであれば、そのダイナミクスの一要素として、抵抗運動も含めなければいけない」のは当然のことである。それは個人の意見のレベルではなく、「実に地球物理学的な問題」だとワーナーは主張した。

過去多くの科学者が、研究を通じて獲得した知見に心を動かされて、街頭で行動を起こしてきた。物理学者、天文学者、医師、生物学者たちが最前列に立って、核兵器や原子力発電、戦争、化学物質による汚染などに反対する運動を推進してきたのだ。投資家で環境問題に取り組む慈善活動家のジェレミー・グランサムは、二〇一二年一一月の『ネイチャー』誌に掲載された時事評論の中で、科学者に向けて、このような伝統に身を連ねて「必要ならば逮捕されようではないか」と強く訴えている。なぜなら、気候変動は「あなた方の生命を危機にさらすだけではない。人間という種の存続をも危機にさらしているのだから」

説得など、はなから必要のない科学者もいる。現代気候科学のゴッドファーザーであるジェイムズ・ハンセンは恐るべき活動家であり、石炭採掘のための山頂除去方式やタールサンド原油を運ぶパイプラインに反対する抵抗運動に参加して、少なくとも五、六回は逮捕されている（彼は今年ＮＡＳＡを退職したが、その理由のひとつはキャンペーン活動にもっと時間を使うためだ）。私も二年前、タールサンド原油を運ぶキーストーンＸＬパイプラインの建設に反対する大衆行動に参加して、ホワイトハウスの外側で逮捕されたが、その同じ日に逮捕された一六六人の中にジェイソン・ボックスという氷河学者がいた。彼はグリーンランドの氷床融解の研究で世界的に有名な専門家だ。ボックスはそのときに、「抗議行動に行かなかったら、自尊心が保てませんでした」と言い、「この問題では、ただ選挙で投票するだけでは足りないと思うんです。私もひとりの市民にならなければ」と付け加えた。

これは称賛に値する行動だが、ワーナーが彼のモデルを使っておこなっているのは、これとは異なるアプローチだ。ワーナーは、自分の研究の結果によって特定の政策を阻止する行動に駆り立てられたとは言っていない。彼が言っているのは、自分の研究によれば、私たちの経済パラダイム全体が生態系の安定性を脅かしているということ、そして実は、大衆運動による反対圧力を通じてこの経済パラダイムに異議を唱えることこそが、人類が破局を回避するための最強の取り組みだということだ。

これは重く受けとめるべき結論だ。だが、彼はひとりではない。ワーナーは、小さいながら影響力を増している一群の科学者たちのひとりなのだ。彼らは、自然のシステム、とくに気候システムの不安定化について研究した結果、ワーナーと同様の、変革を促し、革命的でさえある結論に至ったのだ。現行の経済秩序を別のものに置き換え、イタリアの年金生活者が自宅で首吊りする（同国の緊縮財政危機のさなかで最近起きたような）事態を少しでも緩和したいと夢想したことのある「隠れ革命家」なら誰でも、この研究に格別の関心をそそられるだろう。なぜなら、このような残酷なシステムをお払い箱にし、はっきりともっと公平なものに置き換えることは、もはや単なるイデオロギー的な好悪の問題ではなく、人類全体の存続のために必要だという根拠が示されているのだから。

こうした新しい革命志向の科学者の一群を率いるのは、英国でも有数の気候変動の専門家ケビン・アンダーソンだ。彼が副所長を務める「気候変動研究のティンダルセンター」は、英国の主要な気候調査機関のひとつとして急速にその地位を確立している。アンダーソンは、国際開発省からマンチェスター市議会に至るまで、あらゆる対象に語りかけ、最新の気候科学の成果がどのような意味を持つのかを、政治家や経済学者や運動家にもわかるように辛抱強く伝達する努力を一〇年以上も続けている。彼は、明瞭で理解しやすい言葉で、排出削減のための厳密なロードマップを提示する。それに従えば、地球の気温上昇の幅を、現在の目標値（これで破局の回避が可能だと大半の国の政府が決めたもの）よりも低く抑えられるというのだ。

しかし近年、アンダーソンの論文やスライドショーはますます緊急性を示すものになっている。「気候変動――危険の範疇を超えて…冷酷な数字とかすむ希望」といった表題をつけて、彼は〔人類が〕安全とみなせる気温の水準にとどまれる可能性は急速に失われていると指摘している。

アンダーソンは、ティンダルセンターの同僚で気候緩和の専門家のアリス・ボウズとともに、次のような指摘をした。政治的な失速と軟弱な気候政策のせいで、私たちは多大な時間を無駄にしてしまい、その一方で地球規模の炭素消費（および排出）は急増している。もはや思い切った徹底削減が避けられない。それをおこなえば必然的に、ＧＤＰ成長率を何よりも優先する現行経済システムの根本教義に、真っ向から挑戦することになる。

アンダーソンとボウズは、よく引用される長期的な目標、すなわち二〇五〇年までに排出量を一九九〇年の水準から八〇％削減するという目標は、純粋に政治的な都合で選ばれたものであり、「科学的な根拠はない」と説く。気候に影響を及ぼすのは、私たちが今日や明日に排出する炭素だけではなく、長い時間をかけて大気中に蓄積してきた累積的な排出量だからだ。何十年も先の目標に焦点を当てることによって、いますぐ大胆に炭素を削減するためにできることをおろそかにすれば、排出量の急上昇が今後も何年も続き、私たちに残された炭素予算《カーボン・バジェット》を吹き消してしまい、今世紀のうちに取り返しのつかない事態に追い込まれると、二人は警告している。

だからアンダーソンとボウズは、もしも先進国の政府が温暖化を二℃未満に抑えるという国際的に合意された目標の達成に真剣に取り組む気があるのなら、なおかつ削減にあたって、あらゆる種類の公平原則が尊重されるという条件のもとでなら、削減の幅はずっと深く、ずっと早期におこなわれる必要があると論じているのだ。

アンダーソンやボウズ、その他の多くの論者たちも口を揃えて警告するのは、二℃の温暖化でさえもすでに甚大な被害をもたらす気候の変化が避けられないので、一・五℃を目標に据えるほうがはるかに安全ということだ。そして、二℃未満の目標に向けた達成可能性を五分五分に設定した場合でさえも、先進国は温室効果ガスの排出量を毎年一〇％程度（一・五℃未満に抑えたいならさらに）のペースで削減する必要がある。しかも、いますぐ始めなければならない。しかし、アンダーソンとボウズはもう一歩踏み込んで、この目標は、通常は大規模な環境団体が唱道するグリーン技術による解決策や、控えめなカーボン・プライシング（炭素価格づけ）[1]といったものによっては達成できないと指摘する。これらの施策はもちろん有益ではあるのだが、それだけでは足りないのだ。炭素排出量を毎年一〇％ずつ減らしていくなどということは、石炭エネルギーに基づく経済が始まって以来ほぼ一度も起きていない。それどころか、排出量が年間一％を超える減少を示すのは、「歴史的に見て、経済不況または社会の激変にのみ関連づけられてきた」と、経済学者のニコラス・スターンは英国政府から委託された二〇〇六年の報告書で述べている。

ソビエト連邦の崩壊後でさえも、これほどの期間と深さの落ち込みは起きなかった（旧ソビエト諸国は一〇年間にわたり、平均年率五％の排出量減少を経験した）。二〇〇八年のウォール街の暴落後にもそれは起こらなかった（富裕国は二〇〇八年から二〇〇九年のあいだに約七％の排出量の減少を経験したが、二〇一〇年には猛烈な勢いで回復し、また中国とインドのCO_2排出量は増加し続けた）。それが起きたのは一九二九年の株式市場大暴落の直後のみであり、米国では数年連続で排出量が一〇％を超える減少を記録したことが、二酸化炭素情報分析センターの過去データからわかる。ただし、これは現代史における最悪の経済危機なのだ。

そのような修羅場を回避しながら、科学に基づく排出量の目標を達成するためには、炭素排出の削減は、アンダーソンとボウズの言うように「米国、EU、その他の裕福な国々が、徹底的かつ即刻に脱成長戦略に転じること」を通じて慎重に管理運営される必要がある。それに異論はないが、問題は現行の経済システムがGDPの成長を至上目的としてやみくもに崇拝し、人間や生態系への影響などには配慮しておらず、新自由主義の政治エリート層はいっさいの管理責任を完全に放棄していることだ（なぜなら市場は「神の見えざる手」であり、そこにすべてを委ねなければならないからだ）。

つまり、アンダーソンとボウズが実際に言っているのは、破滅的な温暖化を回避する時間はまだ残っているが、現在のようなかたちの資本主義のルールの枠内では無理ということだ。これは、このルールを変更するための議論としては、これまでで最高のものかもしれない。

影響力のある科学専門誌『ネイチャー気候変動』[2]に掲載された二〇一二年の小論で、アンダーソンとボウズは、気候変動が人類にどんな類いの変化を要求しているのかを明確にしていないとして、科学者仲間の多くを非難し、公然と挑戦状を突きつけた。これについては、二人の文章を長めに引用する価値があるだろう。

……排出量シナリオの開発において、科学者は分析の結果が示す影響を、くりかえし、大胆に、過小評価している。二℃の上昇を回避する話になると「不可能」は「難しいが実行できる」に変換され、「緊急かつ徹底的に」は「チャレンジング」と表現される。すべては経済の（正確には金融の）神をなだめるためだ。たとえば、エコノミストが一方的に決めた排出削減速度の上限を超えてしまうのを避けるため、「ありえないほど」早い時期に排出量のピークが想定され、おまけに「大がかりな」工学処理や低炭素インフラの導入スピードに関する楽観的な見通しも採用されている。もっと気がかりなのは、排出予算の残余が縮小するにつれて、エコノミストの絶対命令に異議が唱えられないように、地球工学による解決が提案される機会が増加することだ。

言い換えれば、新自由主義経済学を信奉する界隈から、分別があるとみなされるようにするために、科学者たちは自分の研究の結果が意味するものを思い切り抑圧して伝えてきたということだ。二〇一三年八月には、アンダーソンはさらにずけずけと言うようになり、段階的な変化の機会はもう逸してしまった、と書いた。

おそらく一九九二年の地球サミットのころなら、あるいは世紀の変わり目のころでさえも、二℃レベルに抑え込むことは、**政治的および経済的な覇権《ヘゲモニー》に重要な段階的変化を起こすこと**を通じて達成できたかもしれない。しかし、気候変動は累積的な問題なのだ！　二〇一三年の現在、排出量の多い（ポスト）先進工業国に住む私たちに突きつけられるのは、これとは大きく異なる見通しだ。私たちは集団として放漫な炭素消費を継続していることによって、二℃に抑えるための炭素予算が以前のように大きかったなら可能だった

「段階的変化」のチャンスを完全に浪費してしまった。今日では、二〇年にわたるはったりと嘘の果てに、残り少ない二℃炭素予算が要求するのは、**政治的および経済的な覇権《ヘゲモニー》に対し、革命的な変化を起こすことだ。**（強調は原著者）

気候科学者の中には、みずからの研究の成果が示唆する急進的な内容に、少しばかり恐れをなしている者もいるが、たぶん驚くにはあたらない。彼らの多くは、ただ黙々と自分の研究をおこなっていたのだ。氷床コア〔氷河や氷床から取り出したシリンダー状の氷の試料。古気候や古環境の研究に用いる〕を測定したり、地球の気候モデルを運用したり、海洋の酸性化を研究しているうちに、「期せずして政治や社会の秩序を動揺させることになった」（オーストラリアの気候専門家で作家のクライブ・ハミルトンの言葉）にすぎないのだ。

しかし、多くの人が、気候科学の革命的な性質をよくわかっている。だからこそ、気候変動への責務を放棄して化石燃料をもっと採掘することに決めた一部の国々の政府は、自国の科学者を黙らせ威圧するために、これまで以上に凶悪な方法を見つけねばならなかったのだ。英国で、この戦略があからさまになってきた。環境・食糧・農村地域省の主任科学顧問であるイアン・ボイドは最近、次のように書いている。科学者は「政府の政策が正しいか間違っているかを示唆する」ことを避け、自分の意見を表明するのは「政府側の顧問（私のような）との協力を通じておこなうべきであり、公共の場では反対の声ではなく理性の声になるべきである」

しかし、真実はどうしたって表に出る。これまでと変わらない利益と成長の追求が地球上の生命を不安定化させている事実は、もはや科学の専門誌でなければ読めないようなものではない。初期の兆候はすでに私たちの目の前で展開している。そして、それに応じて行動する人の数も増えている。イングランドのバルコンブで起きているフラッキングの操業阻止の行動。ロシアの領海では、北極圏での掘削事業準備の妨害〔グリーンピースがおこなったような〕。先住民の主権を侵害したとしてタールサンド事業者を提訴したり、その他の大小さまざまな無数の抵抗活動。ブラッド・ワーナーのコンピューターモデルでは、これは〔地球と人間のシステムを〕不安定にさせた勢力を減速させるのに必要な「摩擦」である。偉大な気候運動家で作家のビル・マッキベンはこの摩擦を、地球の「急速な発熱」と闘うために立ち上がった「抗体」と呼んでいる。

まだ革命には達していないが、そのはじまりだ。もし〔こうした運動が〕広く拡散すれば、それが時間を稼いでくれるうちに、私たちはそこまで「ダメ」になっていない地球で暮らす方法を考え出すこともできるだろう。

5 気候の時間軸 vs. 永遠の現在

気候変動危機が浮上してきたのは、歴史的にみても、政治的・社会的な状況が、このような性格と規模をもつ問題に対して、かつてない逆風となった時期だった――つまり、一九八〇年代の新自由主義全盛期の末尾に、規制撤廃を推進する資本主義を世界に広げようとする動きが広がった、まさにそのときだったのだ。

『ガーディアン』二〇一四年四月二三日

これは悪いタイミングについての話だ。

気候変動が原因で起こっている絶滅の危機の中でも、もっとも悲惨なもののひとつは、生態学者が「ミスマッチ（不一致）」または「ミスタイミング（時機を誤る）」と呼ぶ現象だ。これは温暖化が原因で、動物たちが食料源と出会う機会を逃してしまうプロセスで、とくに繁殖期にこれが起こると、食料不足が生息個体数の激減につながる。

たとえば、多くの鳥類の移動パターンは数千年間にわたって進化したもので、親鳥がヒナたちに十分な栄養を与えられるよう、卵は食料（毛虫など）がもっとも豊富な時期に合わせて正確に孵化する。しかし、近年では春が来るのが早くなったため、虫たちの孵化が早まり、地域によってはヒナが孵化するころには虫の数が少なくなっている。このミスタイミングは、鳥類の生存に長期的な影響を与える可能性がある。

同様に西グリーンランドでも、気温が上昇したため、何千年にもわたりトナカイが子どもを産み育てるために依存していた植物の生育が早くなってしまい、トナカイが出産のために移動してくる時期とずれてしまっている。このミスマッチが原因で、メスが授乳と繁殖のために必要とするエネルギーが十分取れなくなり、トナカイの出生率と生存率の急激な低下につながっている。

科学者たちは、キョクアジサシからマダラヒタキまで、数十種の気候に関連するミスタイミングの事例を研究している。しかし、彼らの研究には重要な一種が抜けている。それは私たち、つまり人類だ。私たち人類もまた、気候変動に関係したひどいミスタイミングに苦しんでいる。これは生物学的なものではなく、文化・歴史的なものではあるが。気候変動危機が浮上してきたのは、歴史的にみても、政治的・社会的な状況が、このような性格と規模をもつ問題に対して、かつてない逆風となった時期だった——つまり、一九八〇年代の新自由主義全盛期の末尾に、規制撤廃を推進する資本主義を世界に広げようとする動きが広がった、まさにそのときだったのだ。気候変動は人類全体が共有する問題であり、人類がいままでに達成したことのない規模での共同行動を必要とする。しかし、この問題はまさに「共同の領域」という観念そのものへのイデオロギー的な攻撃が仕掛けられたさなかに、一般の人々の意識の中に入ってきたのだ。

この非常に不運なミスタイミングが、気候変動危機への効果的な対応に、あらゆる障壁をつくりだした。地球上の生命を救うために、企業の行動に前例のない規制を課す必要があるまさにその瞬間に、コーポレート・パワー（企業の力）が勢いを増していた。そして、企業への規制がもっとも必要だった時期に、規制という言葉が禁句のように扱われた。また、公的機関が強化され再評価されるべきまさにそのときに、公的機関を解体したり、予算をカットするしか能がない政治家たちが支配していた。そして、大規模なエネルギー転換政策を達成するために最大限の柔軟性が必要であるそのときに、「自由貿易」協定という仕組みによって政策当局の裁量が制限されるという状況を生み出した。

将来の経済へのさまざまな構造的障壁に立ち向かい、「脱炭素社会でのライフスタイル」について、人の心をとらえるビジョンを明確に描き出すことは、気候変動運動に本気で取り組むのなら欠かすことができない課題だ。しかし課題はそれだけではない。気候変動と「市場に支配される生活」のミスマッチが、私たち自身の中につくりあげた心の障壁とも向きあう必要がある。私たちが、もっとも差し迫った人道的危機に直面しながらも、怯えた目線でちらりと見て目を逸らすだけになっているのは、この障壁のせいなのだ。市場とテクノロジーを絶対視することで、私たちの日常生活が変化してしまったため、いまの生活スタイルを変えることが可能だと確信することはもとより、気候変動が真の緊急事態であるということを、みずからに納得させるために必要な観察のツールさえも持っていないのだ。

だから、いま起こっていることは不思議ではない。私たちが集合的に行動するべきそのときに、公共圏が解体されてしまった。消費を減らす必要があるそのときに、大量消費主義が生活のすべての面を乗っ取ってしまった。経済活動を減速し、身のまわりで起こっていることに気づく必要があったそのときに、むしろ速度を上げてしまった。長い時間軸で考える必要があったそのときに、直近のことにしか目を向けなかった。そして私たちはいま、絶えず更新されるソーシャルメディアの情報の「永遠の現在」の中に閉じ込められてしまっている。

このような気候変動のミスマッチは、人類だけでなく地球上の他のすべての種にも影響を及ぼしている可能性がある。

幸いなことに、トナカイや小鳥たちとは異なり、人類は高度な論理的思考力を持っているため、もっと意識的に適応することができる。みずからの古い習慣や行動を、驚くべき速さで変える能力を持っているのだ。もし、私たちの文化を支配する思想がみずからを救うことを妨げているなら、私たちにはそれを変える力がある。しかしその前に、私たちはみずからの気候に関するミスマッチの本質を理解する必要がある。

消費者であることしか知らない私たち

気候変動に対処するためには消費を減らす必要がある。しかし、私たちは消費者であることしか知らない。気候変動問題は、消費行動を変えるだけでは解決できない。SUVをハイブリッド車に買い替え、飛行機に乗ったら別の場所でその排出量に見合う量を削減して相殺する（カーボン・オフセット）だけではダメなのだ。比較的裕福な人々の過剰消費がこの危機の中心にある。つまり、世界でもっとも熱狂的な消費者たちが消費を減らす必要があるのだ。そうすることで、他の人々が生活するのに十分な資源を確保することができるようになる。

「人間の本性」がそうさせるのだ、とはよく言われるが、問題は人間の本性ではない。私たちは、こんなにたくさんの買い物をするように生まれついてはいない。人類の歴史の中でも、つい最近までは、現在よりかなり少ない消費でも十分に幸福（多くの場合、現在よりもっと幸福）だったのだ。しかし、ある時期に、消費が果たす役割が誇張されたことが問題だった。

後期資本主義の社会では、消費者としての選択を通して自己を形成することを教えられる。つまり、何をどのように買うかということが、みずからのアイデンティティを形成し、自分のコミュニティを見つけ、自己を表現する方法であると。だから、地球を支えるシステムへの負荷が過剰になっているから、これ以上好き放題に買い物はできないと伝えることは、ある意味、自分自身になることへの攻撃と捉えられてしまう。これが、環境保護運動が提案した当初の三つのR——Reduce（削減）、Reuse（再利用）、Recycle（リサイクル）——のうち、リサイクルだけが人々にやる気を起こさせた理由だろう。なぜなら、「リサイクル」と書かれた箱に要らなくなった物を入れれば、また買い物を続けられるからだ。[*1] 他の二つのRは、消費の削減を求められるため、提案とほぼ同時に消滅した。

＊1　いまでは、三つめのR（リサイクル）も無意味だったことがわかっている。北米の都市では、テイクアウト用のプラスチック容器や不用な郵便物など、リサイクル箱に入れられたゴミは別の物に生まれ変わって再使用されると思われていたが、実際には埋立地に直行するか焼却され、いずれにしても温室効果ガスの大きな発生源となっていたことがわかっている。これは、中国が二〇一八年にリサイクル可能なゴミの受け入れを大幅に削減したことによる。リサイクルゴミの再生は利益率が低い上に、健康と環境に深刻な悪影響を及ぼすことを中国政府が認識したからだ。

気候変動は緩やかに進むが、人間社会は高速だ

高速鉄道で田園風景を駆け抜ければ、人やトラクター、田舎道を走る車など、通りすぎる風景は静止しているように見える。もちろん、それらは静止しているわけではなく動いているのだが、高速鉄道に比べれば非常に遅いため、静止しているように見えるのだ。

気候変動も同様だ。私たちの文化は、化石燃料に支えられ、次の四半期決算報告に向かって、あるいは次の選挙に向かって、または、次世代スマートフォンやタブレットを介して得られる次なる気晴らしや自己評価に向かって、高速鉄道のように高速で動いている。気候の変化は窓の外の景色のようだ。私たちの活発な視点から見ると静止しているように見えるが、実はゆっくりと進行していることが、氷床の後退、海面上昇、気温の上昇などによって測定されている。このまま放置すれば、世界の島嶼国家が地図から消し去られ、洪水が都市を襲う巨大暴風雨《スーパーストーム》が起こる。気候変動はほぼ間違いなく加速し、ようやく私たちの関心を引くだろう。しかし、そのときにはティッピングポイント〔重大な変化への転換点〕をすでに超えてしまっている可能性が高く、私たちの行動を通じて状況を改善するには遅すぎるのだ。

気候変動は地域と結びついた現象だが、人間は至るところに同時に存在し、地域と結びつかない

問題は、私たちの社会の動きが速すぎるということだけではない。気候変動による変化が地理的には非常に

局所的であるということだ——ある花の開花が早くなる、ある湖の氷の層が薄くなる、カエデの樹液が流れ落ちなくなる、渡り鳥の到来時期が遅くなる、など。このような微妙な変化に気づくためには、特定の生態系と密接なつながりを持っていることが必要だ。そのような自然との一体性は、その地域を、風景としてだけでなく生活を営む場所として深く知り、その知識を神聖な義務として次の世代に伝えていくような共同体においてしか生まれない。

しかし、そのようなつながりは、都市化し工業化された世界ではますます稀になってきている。祖先が埋葬されている土地に住んでいる人はほとんどいなくなっているのが現状だ。私たちの多くは、新しい仕事、新しい学校、新しい恋のために簡単に故郷を捨ててしまう。そして、その場所について自分が蓄積したささやかな知識から、さらに自分の祖先たちが受け継いできた知識からも、切り離されてしまう（私の場合は、他の多くの人たちと同様、祖先たちも移住をくりかえした人たちだった）。

祖先伝来の土地に残ることができた人たちにとっても、彼らの日常は、物理的に自分たちが住んでいる場所からますます切り離されたものになっている。私たちは日常生活の多くの時間をパソコンや携帯電話の画面上ですごし、実際にどこかへ行くにも、自分の感覚ではなく携帯電話の小さな地図に頼っている。

住む家も、仕事場も、車も、すべて空調で制御され、自然を構成する力から遮断された暮らしをしている私たちは、自然界で起こっている変化が通りすぎていくのに気づかない。自分の暮らす都市のまわりにある農業地帯が前代未聞の干ばつに襲われ、農作物が全滅しても、それを知らないかもしれない。スーパーマーケットには輸入された農作物が山積みにされ、さらに多くがトラックで毎日運ばれてくるからだ。だから、何か異常なことが起こっていると私たちが気づくのは、大型ハリケーンが来て河川の水位が過去の最高水準を超え、洪水が何千もの家屋を破壊するといった、ほんとうに大規模なことが起こったときだけだ。気づいたとしても、その知識を長く記憶にとどめておくことは難しい。実際に起こっている事実を十分に理解する前に、すぐに次の危機が起こってしまうからだ。[*2]

一方で、自然災害、農作物の不作、家畜の飢餓、気候による民族紛争など、気候変動による被害のために、祖先が残してくれた故郷を離れることを余儀なくされ、根無し草となる人々が日々増えている。人が移住するたびに、特定の土地との重要なつながりが失われ、その土地の状態に注意深く耳を傾ける能力のある人の数がさらに少なくなる。

＊2　黙示録から抜け出た獣のような炎がロサンゼルスの街に迫ったことがあったが、その後、私はロサンゼルスに住む友人に状況を尋ねるメールを送った。彼女からは、「最初の数日は、八〇年代のナイトクラブで吸った副流煙のような味がする厚い煙で空がおおわれていて、誰もが避難計画について話していたけれど、いまではみんな普通の生活に戻ってしまった。『そうしてはいけない』ことが、どうすればほんとうに伝わるのか」という返事が来た。ほんとうに、どうしたらよいのだろう。

見えないものは、忘れ去られる

気候変動をもたらす汚染物質は目に見えない。私たちの多くは、目に見えないものを信じることをやめてしまっている。BP社の元最高経営責任者トニー・ヘイワードは、メキシコ湾でディープウォーター・ホライズン海底油田掘削施設が爆発し原油が流出する事故があったとき、原油や化学物質がメキシコ湾に流れ込むのを心配する必要はない、と記者団に語った。「この海は非常に大きい」からというのが理由だ。彼はただ、私たちの文化がとても大切にしている信念を表明したにすぎない――目に見えないものは、私たちに害を及ぼすことはないし、存在しないのと同じだ。

私たちの経済は、廃棄物を投棄できる場所が「どこか遠くに」常に存在する、という想定に大きく依存している。

たしかに、どこか遠くに私たちの捨てたゴミが持って行かれる場所があり、どこか遠くに私たちの排泄物が流される排水路が行き着く場所がある。どこか遠くに、私たちが使う商品を作る鉱物や金属が採掘される場所があり、どこか遠くに、これらの原材料が製品に生まれ変わる場所がある。しかし、BP社による原油流出事故の私たちへの教訓は、生態学理論家ティモシー・モートンの言葉を借りれば、私たちが住む世界には「どこか遠い場所」はないということだ。

私が世紀の変わり目に『ブランドなんか、いらない』という本を出版したとき、読者は、自分の衣類や普段使っている商品が、虐待的な状況で生産されていることにショックを受けた。しかしその後、私たちの多くはそれを受け入れて生活することに慣れてしまった――正確には、それを容認したのではなく、むしろ自分たちが消費するものの実世界における代償について、常に忘れている状況にあったと言ったほうがよいだろう。「どこか遠く」にあるこれらの工場は、完全に忘却の彼方に消えてしまったのだ。

それなのに、私たちは前代未聞の「つながり」の時代に生きているとよく言われる。なんと皮肉なことか。たしかに、私たちは一世紀前には想像もできなかったほど広大な地域の人々と、ものすごいスピードで簡単にコミュニケーションがとれる。しかし、ウェブ上で世界中の人々とお喋りができるこの時代に、自分たちともっとも密接に関係している人々——火災時に避難するのも困難な工場で、私たちが身に着ける衣類を作っているバングラデシュの若い女性たち、また、私たちの腕の延長のようになってしまった携帯電話に使われるコバルトを採掘するために、コバルトの粉塵を肺一杯に吸い込んで働くコンゴ民主共和国の子どもたちなど——とのつながりは、なぜか少ないのだ。私たちの経済は、故意に見ることをやめた幽霊たちで成り立っている経済だ。

空気は究極的な「見えないもの」だ。だから、その大気を温める温室効果ガスは、もっとも捉えどころのない幽霊なのだ。哲学者のデイヴィッド・エイブラムは、人類の歴史上のほとんどの時代で、空気はまさに目に見えないというその性質から力を得て、人類からの敬意を獲得したのだと指摘する。「エスキモー系の先住民イヌイット族はそれを世界の風の心〝シラ〟と呼び、アメリカ南西部の先住民族ナバホ族は神聖な風〝ニルチッイ〟と呼び、古代のヘブライ人たちは疾走する精霊〝ルアチ〟と呼んだ。大気こそは『生活の中でもっとも神秘的で、神聖な特性を持つもの』だったのです」

しかし、私たちの時代には、「空気を二人の人間のあいだに渦巻く何かとして捉えることはほとんどない」。エイブラムによれば、大気の存在を忘れた私たちはそれを「私たちが望まない産業の副産物を捨てるのに完璧なゴミ捨て場としたのです。……パイプから噴き出す濁った強い刺激臭のする煙であっても、いつか雲散して消えてしまう。最後にはいつも見えない大気の中に溶け込んでしまう。目に見えないから、意識からも消えてしまうのです」。

私たちを置いてきぼりにする時間軸

気候変動が起こっていることを理解するのが、私たちの多くにとって難しいもうひとつの理由には、私たちが「永遠の現在」の文化の中で暮らしていることがあげられる。この文化は、私たちを創り出した過去と、私たちの行動によって決定される未来を、意図的に切り離す役割をしている。気候変動とは、過去何世代にもわたって私たちがしてきたことが、いま現在に対してだけでなく未来の世代に対しても、悪影響を及ぼすことが避けられないということを意味する。だがそのような時間軸は、デジタル時代の私たちにとって異国の言葉のようなものだ。

これは個人を批判しているのでもなければ、われわれ自身の浅はかさやルーツのなさ、断片化された集中力の短さを咎《とが》めているのでもない。ただ、都市部の住人や裕福な国の住民は、歴史的に化石燃料と密接に結びついて発展した産業プロジェクトの産物であること、そして長い歴史の中では、デジタル技術によって一瞬だけ輝く超新星のような存在であることを認識すべきなのだ。

私たちは過去に変わったことがあるのだから、もう一度変わることもできるはずだ。偉大な農民詩人ウェンデル・ベリーが、私たちそれぞれがみずからの「根を下ろす場所（homeplace）」を、他の地域より愛する義務を負っていることについての講義をおこなったとき、私は、自分や私の友人たちのように特定の土地に根を下ろしていない人々へのアドバイスを彼に求めた。ルーツを持たない私たちは、液晶画面に没入し、自分が根を下ろすべき「完全な」コミュニティをいつも探し回っているようだ。「どこかで止まりなさい」と彼は答えた。「そして、その場所を知るための、一〇〇〇年に及ぶプロセスを開始するのです」

これは素晴らしいアドバイスだ。この闘いに勝つためには、われわれには立って闘う場所が必要なのだから。

6　自分だけで世界を救おうとしなくてもいい

細分化された小さな個人である私たちが、地球の気候を安定させるのに重要な役割を果たしうるという考えは、客観的に見ればばかげている。

カレッジ・オブ・ジ・アトランティック〔1〕卒業式での祝辞　二〇一五年六月六日

普通、卒業式での祝辞というのは、皆さんが大学を卒業した後の人生において道徳的な羅針盤となるようなことをお伝えするものだと思います。皆さんは、すでに「お金で幸せは買えない」「人に親切に」「失敗を怖れるな」など、明らかに教示となる言葉を聞いたことがあると思います。

私が思うに、皆さんの中で、善悪の区別に悩んだ人はほとんどいないと思います。なにしろ皆さんは、ただ単に優れた大学というだけではなく、社会に、そしてエコロジーや環境問題に積極的にかかわろうとする、優れた大学で学ぶことを選んだのですから。多様な自然に囲まれ、人的にも驚異的な多様性を誇るこの大学には、世界中から学生が集まっています。皆さんはまた、強固なコミュニティが他の何よりも重要であることも知っていたのです。このような自己認識と方向性の決定は、ほとんどの人が大学院を修了するころにやっと手にするものです。しかし、皆さんは高校在学中にすでにしっかりと持っていたということです。

だから、長ったらしいお説教は飛ばして本題に入ろうと思います。それは、皆さんが大学卒業を迎えているこのときは、気候変動、富の集中、人種差別的な暴力など、すべての問題が限界点に達している、まさに「歴史的瞬間」であるということです。

どうしたら一番役に立てるのか？　崩壊する世界を救うにはどうしたらよいのか？　とくに気候変動に関しては、残された時間があまりないことはわかっています。背景にその時計の音が聞こえるくらい、その時が刻々と近づいています。しかし、だからといって気候変動が他のすべてに優先するということではないのです。それが意味するのは、総合的な解決策が必要であるということです。経済格差を生む構造的な問題に取り組みながら、同時に大多数の人々の生活を明らかに改善し、なおかつ排出量を根本的に減らすこと。それは夢物語ではありません。学ぶべき現実の事例もあります。ドイツはエネルギー政策を転換したことで、再生可能エネルギーの分野で一〇年ほどのあいだに四〇万の雇用を生み出しました。また、エネルギーがクリーンになっただけでなく、エネルギーのシステムがより公平になり、多くのエネルギー供給網が、何百もの都市、町、協同組合によって所有され、または管理されるようになっています。石炭（発電）を段階的に廃止するにはまだまだ時間がかかりますが、それは本格的に始まっています。先日、ニューヨーク市が気候計画を発表しましたが、それが成立すれば、公共交通機関と手頃な価格の住宅に大規模な投資をおこない、最低賃金を引き上げることで、二〇二五年までに八〇万人を貧困状態から救いだすことができます。

私たちが必要とするホリスティック（全体的）な飛躍は、私たちの手の届くところにあるのです。そして、この壮大なプロジェクトへの準備に何よりも必要なのは、皆さんが修得した、多分野にまたがるヒューマン・エコロジー（人間生態学）の教育なのです。皆さんはこの歴史的瞬間のために存在すると言ってもよいでしょう。いえ、それは正しくないかもしれません。皆さんはなぜか、この瞬間のためにみずからの能力を使うべきだということを知っていた、と言うべきかもしれません。

しかし、今後の数年間で私たちが何を選択するかに、多くのことが懸かっています。「失敗を恐れるな」というのは、卒業式の祝辞で述べる人生の教示の標準的なものかもしれません。でも、これは気候正義運動にかかわる私たちにとっての教訓とはならないのです。「失敗を恐れる」ことは、まったく当たり前のことだからです。なぜなら、皆さんの前の世代は、皆さんの分まで大気圏の許容量を使い果たしただけでなく、「失敗が許される」余地までも使い果たしてしまったのですから——おそらく究極の世代間不正義です。だからといって、私たち全員が、もう間違いを犯すことができないということではありません。もちろん間違うことはできるし、実際間違いもします。「ブラック・ライブズ・マター（黒人の命も大切だ）」の共同創始者アリシャ・ガーザは、「新しい間違いをする」ことが必要だと説いています。

これについてちょっと考えてみると、古い間違いをくりかえすなということですよね。いくつかの例を挙げますが、皆さんもご自分で他の例を挙げることができるでしょう。たとえば、政治家たちに救世主的な妄想を抱く。市場が問題を解決してくれると考える。中産階級の白人だけで構成された運動を組織して、なぜ非白人たちが「私たちの運動」に参加しないのかと疑問に思う。互いに中傷しあって分裂する。なぜなら、その問題についてもっとも責任がある勢力を追及するよりも楽だから。これらは、社会の変化をめざす運動につきものの「お決まりの失敗」であり、ほんとうにつまらないものになっています。

私たちは、お互いに完璧を要求する権利を持っていません。しかし進歩を期待する権利はあります。進化を要求する権利です。ですから、新しい間違いをしてみようではありませんか。タコつぼのようなところで、全体を見ずに考えていた時代から抜け出て、そこで新しい間違いをしてみましょう。素晴らしく多様で、正義を渇望する。そして、私たちがずっと失敗し続けることを願っている強力な勢力に勝利するチャンスをもたらす、そんな運動をつくりあげようではありませんか。

このことを踏まえた上で、いまふたたび起こっている「古い間違い」についてお話ししたいと思います。それは、〔過去に〕大規模なシステム全体の変革をめざす試みが失敗したので、これからは小さい目標だけを考えるべきだ、というものです。皆さんの何人かは、私の言っていることがわかると思います。もちろん理解できない人も多いことでしょう。しかし、皆さんの将来の活動において、いつかは向きあうことになる問題だと思います。

私自身の話をしましょう。私は二六歳のとき、最初の著書『ブランドなんか、いらない』のリサーチをするため、インドネシアとフィリピンに行きました。私の目標は単純なものでした。私や友人たちが使っている衣類や電化製品を作っている人たちに会うこと。実際にその人たちに会いました。毎晩、むさくるしい寮の部屋のコンクリートの床に座って彼女たちの話を聞きました。そこは、この愛らしくよく笑う一〇代の少女たちが、労働時間以外の貴重な時間を過ごす場所なのです。一部屋に八人から一〇人が暮らしています。ここで彼女たちから、用をたすときでさえ機械の前を離れることが許されなかったという話を聞きました。殴ったり、さまざまなハラスメントをする上司のことも。ご飯のおかずにする魚の干物を買うお金もないことも。

彼女たちは、自分たちがひどく搾取されていることを知っていました。彼女たちが作っている衣服や電化製品が、彼女たちのひと月の賃金より高く売られていることも。一七歳の少女が言いました。「私たちはコンピューターを作っているけれど、その使い方は知らないんです」

だから、私が少し不快に感じたのは、彼女たち自身の労働環境に責任がある多国籍企業のロゴのついた模造品の衣類を、この少女たちも身に着けていたことです。ディズニーのキャラクターや、ナイキのチェックマークなど。あるとき私は、地元の労働運動のオーガナイザーに、このことについて尋ねました。「これっておかしくない？　矛盾していると思うけど」

彼がこの質問を理解するのに、長い時間がかかりました。ようやく理解したとき、彼は私を哀れみの表情で見ました。彼や仲間たちにとっては、個人の消費活動は政治の領域にあるものではないのです。力《パワー》とは、自分ひとりの行為の結果ではなく、大規模に組織され、狙いを定めた運動の一部として、大勢の人が参加することで生まれるのです。彼にとってそれは、労働者を組織して、よりよい労働条件を得るためのストライキをおこなうことであり、最終的には労働組合を組織する権利を得ることでした。ランチに何を食べたかとか、今日たまたまどんな服を身に着けていたかなどは、気にするようなことではないのです。

これは、カナダでの〈政治〉文化とまったく逆だったので、私はたいへん驚きました。私の国では、まずはライフスタイルの選択を通して（それで終わってしまう人も多いですが）、自分の政治的信念を表現するのです。たとえば自分はベジタリアンだと公言する。フェアトレードの製品や地元産の物品を買い、大企業や問題のあるブランドをボイコットするなど。

社会変革に対する理解が非常に異なることついては、それから一、二年後に私の著書が出版された後にも、何度も直面しました。労働組合をつくる権利に対する国際的な保護について語るときも、底辺への競争をこれ以上煽らないよう世界の貿易システムを変えることを語るときも、講演の最後に、質疑応答で聴衆から出される最初の質問は「どのスニーカーなら購入しても大丈夫ですか」「どのブランドなら倫理的ですか」「あなたはどこの服を買っていますか」「世界を変えるために、個人としてできることは何ですか」というものだったのです。

『ブランドなんか、いらない』を出版してから一五年も経つのに、いまでも同様の質問を受けます。最近では、超大国並みに強力になった多国籍企業がインドネシアや中国に安価な労働力を求めることと、世界の温室効果ガスの排出量を大幅に増やしていることが、いかに同種の経済モデルによっているかについて講演します。すると、相変わらず手が上がり、「私が個人としてできることはなんでしょう」あるいは「事業主として私ができることは?」という質問が出ます。

「気候変動を止めるために、個人として何ができるか」という質問への答えは、「何もない」というのが真実です。あなたひとりでは何もできないのです。実際、細分化された小さな個人である私たちが、どんなにたくさんいたとしても、ばらばらでは、地球の気候を安定させるのに、あるいは世界経済を変革するのに重要な役割を果たせるなんて、客観的に見ればばかげています。この途方もない挑戦には、私たちが一緒になって、大規模で組織化された、グローバルな運動の一環としてこそ挑むことができるのです。

このことについては、皮肉なことに、比較的小さな力しか持たない人たちのほうが、大きな力を持った人たちよりもよく理解しています。インドネシアやフィリピンで私が会った労働者たちは、政府や企業が、彼ら個人の声や命にさえも、価値など感じていないことをよく知っているのです。だからこそ彼らは連帯して活動するだけでなく、政治的なキャンバスも拡大せざるをえないのです。何千人もの労働者を雇用する工場や、何万人も雇用する自由貿易区域での規制や法律を変えようとすること。さらには、何百万人にも影響する、国の労働法を変えようとすることなど。自分個人としては無力だという感覚が、むしろ彼らの政治的野心を押し上げ、構造的な変化を要求するようになったのです。

それとは対照的に、アメリカのように裕福な国では、個人の力がいかに大きいかを常に教え込まれています。消費者としても、個人の活動家としてさえも。その結果、私たちは力や特権を備えているにもかかわらず、必要以上に小さなキャンバスの上で活動することが多くなってしまうのです。自分ひとりのライフスタイルや、ご近所、せいぜい自分の街など。そんなことをしているあいだに、構造的な改革や政策、法律の制定をあきらめ、他人に託してしまうのです。

地域での活動を軽視しているわけではありません。地域に根ざした活動は重要です。フラッキングや石油パイプラインへの闘いに勝利したのは、地元住民が組織した運動でした。地域の運動は、脱炭素経済がどのようなもので、どのように感じられるかを示してくれています。

そして、小さな事例は大きな活動を刺激してくれます。カレッジ・オブ・ジ・アトランティックは、化石燃料企業への投資から撤退した最初の大学のひとつでした。そして、その決定はたった一週間でなされたと聞いています。みずからの価値を自覚し、もっと推し進めることができることを知る小さな大学から、そんなリーダーシップが示されることが必要だったのです。そうすれば、より躊躇しがちな大学が追随できる。たとえばスタンフォード大学やオックスフォード大学がしたように。イギリス王室やロックフェラー財団がしたように。これらの機関はすべて、皆さんの大学の後に続いてこの運動に参加したのです。だから地域での活動は重要です。しかし、それだけでは十分ではありません。

ハリケーン・サンディが直撃した後に、ブルックリンのレッド・フック地区を訪ねたとき、そのことを思い知らされました。レッド・フックはもっとも被害が大きかった地域のひとつですが、ここは驚くべきコミュニティ・ファームが発達している場所です。近隣の公共住宅に住む子どもたちに健康的な食料の栽培方法を教え、多くの住民に堆肥を提供して、毎週ファーマーズ・マーケットを開催し、さらにコミュニティが支援する農業プログラムも運営しています。つまり、彼らはすべてにおいて正しい行動をしていたのです。フードマイレージ〔生産地から消費地までの距離〕を減らし、化石燃料の消費を減らし、炭素を地中に隔離する。堆肥をつくることで埋め立てるゴミを削減し、格差の是正と食料不安への取り組みを促進するなどの活動をおこなっていました。

しかし、このハリケーンが襲ったとき、それらは何の役にも立たなかった。収穫物はすべて失われ、人々はハリケーンによる洪水が土壌を汚染したのではと心配していました。もちろん、新しい土を入れ替えてやり直すこともできます。しかし、私が会ったファームの会員たちは、彼らの地域以外の人々も一緒になって、体系的かつグローバルな規模で、排出量を削減するために闘わない限り、このような損害は何度もくりかえされるということに気づいていました。

どちらのほうがより重要かと言いたいのではありません。地域での活動と、グローバルな活動の両方をおこなう必要があるのです。抵抗とオルタナティブ。私たちの生存を脅かすものには「ノー」を、私たちを繁栄させるものには「イエス」を。

最後にもうひとつ、強調しておきたいことがあります。どうかよく聞いてください。とても重要なことです。

私たちがすべてをしなければならないのは事実です。私たちはすべてを変えなくてはなりません。しかし、皆さんが個人として、すべてをおこなう必要はないのです。あなたの肩にすべてが懸かっているわけではありません。

皆さんのように賢くセンシティブで、気候の時限が迫っていることを知っている若者がおちいりやすい危険のひとつは、あまりに多くのことをしようとしすぎることです。それは、私たち個人の重要性を過剰に評価することの別のあらわれでもあります。

それはまるで、皆さんがこれからの人生で下すさまざまな決断――国内のNGOで働くか、パーマカルチャー（持続型農業）のプロジェクトか、グリーン産業のスタートアップか、動物と働くか人と働くか、科学者になるかアーティストになるか、大学院に行くか、子どもを持つか――そのひとつひとつが、今後の世界を左右するとでもいうかのようです。

私は最近、ゾーイ・バックリー・レノックスという二一歳のオーストラリア人の科学専攻の学生から連絡を受け、皆さんのような若者の一部が、みずからに課しているありえないほどの重圧に衝撃を受けました。私に連絡してきたとき、彼女は太平洋の真ん中で、シェル社の北極圏掘削リグの上で「座り込み」を決行していたのです。彼女は六人のグリーンピース活動家のひとりで、巨大なリグをよじ登って北極圏への移動を遅らせ、北極圏で石油を掘削することの途方もない愚かさを世に知らしめる活動をしていたのでした。彼らは荒れ狂う風の中で一週間も過ごしたのです。

彼らがまだそこにいるあいだに、私はグリーンピースの衛星電話を通じてゾーイと話をさせてもらえるように手配しました。彼女の勇気に感謝したいと思ったのです。そこで彼女が何と言ったと思いますか？

「自分がしていることが最善かどうか、どうしてわかるの？　投資撤退を求めることもできる。ロビー活動もできる。パリの気候変動会議でも活動できる」

私は彼女の真剣さに感動しましたが、泣きたくなりました。彼女は想像を絶するほどのことをしている。凍えそうになりながら、自分の体を張って北極圏での掘削を止めようとしている。七重の衣類と登山用具に身を固めて。それでもまだ自分を責めて、もっと他に何かできるのではないかと疑問に思っている。

そのとき私が彼女に言ったことを、皆さんにもお伝えしようと思います。あなたがしていることは素晴らしい。次にあなたがすることも、きっと素晴らしいでしょう。なぜなら、あなたはひとりではないから。あなたはひとつの運動の一部なのです。それは、国連で運動を組織したり、選挙に立候補したり、自分の大学に投資撤退を呼びかけたり、議会や法廷で、北極圏での掘削を阻止しようとすることであるかもしれません。同じことを北極の海でする人もいる。すべては同時におこなわれているのです。

もちろん、私たちはもっと速く、もっと多くのことをする必要がある。でも、世界への責任はひとりの肩に懸かっているのではないのです。あなたの肩でも、ゾーイの肩でも、私の肩でもありません。それは何百万人もの人々がすでにかかわっている、変革のプロジェクトの底堅さに懸かっています。

つまり、私たちは、自分たちの存在を持続させることに資する活動を自由におこなえばいい。そうすることで、この運動を長く持続することができる。そして、それこそが私たちに必要なものなのです。

7　ラディカルな教皇庁？

信仰をもつ人々、とくに伝道宗教の信者は、宗教的でない人々の多くには確信のもてないことを心の底から信じている。それは、すべての人間には根本的に変わる能力があるという信念だ。……つまるところ、それが「改宗」の本質なのだ。

『ニューヨーカー』二〇一五年七月一〇日

二〇一五年六月二九日　旅支度

ローマ教皇フランシスコが最近発表した気候変動についての回勅「ラウダート・シ」[1]に関する教皇庁の記者会見で、なんと私に発言の依頼がきた。はじめ私は、どうせすぐに撤回されると確信していた。だが、もうあと二日でその記者会見がやってくる。それに続いて、回勅をめぐる二日間にわたるシンポジウムも企画されている。ほんとうに実現するのだ。

ストレスの大きい旅行に出る前にはいつもそうだが、私はすべての不安をワードローブに転嫁した。七月第一週のローマの天気予報は、最高気温三五℃という酷暑だ。ヴァティカンを訪れる女性は控えめな服装をすることになっており、脚や上腕を露出してはいけない。となると、ゆるやかな長めのコットンドレスが自然な選択になるが、ひとつだけ問題がある。私は服装に関しては、ヒッピー風の臭いがするものは大嫌いなのだ。

もちろん、教皇庁のプレスルームにはエアコンがある。だがここでも問題が生じる。「ラウダート・シ」では、とくにエアコンを取り上げて「減少するどころか拡大する一方の、多数の有害な消費習慣」のひとつと同定しているのだ。教皇庁幹部は、この記者会見のためだけにでも、あえて空調装置を止めてみせるだろうか。それとも稼働させたままにして矛盾を甘受するのか？　私だって同じように矛盾を抱えている。気候危機への対処が、いかに現在の成長主導型の経済モデルの抜本的な変更を要求するかを論じる、教皇の大胆な文章を支持する一方で、それ以外の多くのことについては彼に同意しないのだから。

こんな面倒なことに、どんな値打ちがあるのかを確認するため、回勅の一部を読み返してみた。するとそこには、気候変動の現実が明確に説明されているだけでなく、かなりのページを割いて、後期資本主義の文化がどのように特異な障害となって、この文明の脅威に対処はおろか、集中することさえ難しくしているかが考察されていた。「自然は愛の言葉で満たされています。しかし私たちは、どうしたらそれを聴くことができるでしょう。絶え間ない雑音、際限なく気を散らす刺激、外見の崇拝に取り巻かれているのですから」とフランシスコは書いている。

私は、散らかったクロゼットの中身を眺めやって恥じ入った。

（でもね、どこに行くにも同じ白の衣装でまかり通るわけじゃない人もいるのです）

七月一日　禁句のFワード

私を含め四人が、教皇庁での記者会見で話すことになっていた。その中には国連の気候変動に関する政府間パネル（ＩＰＣＣ）のワーキンググループ座長のひとりもいた。私の他はみなカトリック教徒だ。冒頭で、発表者を紹介した教皇庁の広報室主任フェデリコ・ロンバルディ神父は、私のことを「世俗主義のユダヤ人フェミニスト」と説明した。私自身が用意した原稿で使った言葉だが、それを彼がそのまま口にするとは予想していなかった。ロンバルディ神父の他のすべての発言はイタリア語だったが、この三つの単語だけは英語で、ゆっくりと発音された。まるで異国性を強調するかのように。

私への最初の質問は、「レリジョン・ニューズ・サービス」のロージー・スカメルからのものだった。「カトリック教徒の中には、この催しにあなたが参加していることを気にしている人たちがいます。彼らはあなただけでなく、カトリックの特定の教えに同意しない人たちがここにいることに気を揉んでいるのです。このことについて、どう思われますか？」

この質問者が言及しているのは、一部の伝統主義者が、回勅の出版に向けて準備が進んでいた時期に、国連事務総長の潘基文《バンギムン》や多数の気候学者たちを教皇庁で見つけると、そのたびに、異教徒が教皇庁に出入りするのはいかがなものかと不満を漏らしていた事実だ。彼らが恐れているのは、地球規模の過剰な負荷について議論をすれば、きっと避妊や妊娠中絶に反対する教会の姿勢を弱めることにつながるからだ。イタリアで人気のあるカトリックのウェブサイトの編集者は最近、こんなふうに表現した。「教会が進もうとしている道がまさにこれだ。なにか別のことについて話しながら、こっそり人口のコントロールを容認するのだ」

私は先の質問に対して、自分は世俗主義の気候変動運動とヴァティカンの融合を仲介するために参加しているのではない、と答えた。しかし、もしも教皇フランシスコが言うように、気候変動に対処するためには現行の経済モデルの根本的な変更が必要だというのなら（そして、その意見は正しいと思うが）、そのような変化を要求するためには、桁はずれの広がりをもつ支持層に支えられた運動が必要だ。それは政治的な意見の相違を乗り越えることができる運動でなければならない。

記者会見の後、ある米国人ジャーナリストが私に、「ヴァティカンを取材して二〇年になりますが、あの壇上から〝フェミニスト〟という言葉を聞くことになろうとは思いませんでした」と語った。

記録のために言っておくと、エアコンはついたままだった。

英国とオランダの駐ヴァティカン大使が、会議の主催者と講演者のために晩餐会を主催した。ワインとグリルサーモンを食しながら、話題は予定されている教皇のアメリカ訪問の政治的影響に移っていった。この主題に一番熱心なゲストのひとりは、影響力のあるアメリカのカトリック団体の関係者だった。「教皇様は私たちに難題をふっかけます。米国より先にキューバを訪問するんですから」と彼は言う。

私は彼に、米国では「ラウダート・シ」のメッセージの伝道はうまくいっているかと聞いた。「タイミングが最悪でした」と彼は言う。「回勅が出たのと同じころに、最高裁判所が同性愛者の結婚を認めたため、それが他のすべてをかき消してしまったのです」。たしかにそうだ。アメリカの司教の多くは回勅を歓迎したが、そのために彼らが投じた努力は、一週間後に出た最高裁判決を非難するためにカトリック教会が費やした砲撃の破壊力には遠く及ばなかった。

この著しい反応の違いは、教皇フランシスコが、教会についての彼のビジョンを実現するまでの道のりがいかに長いかをはっきり気づかせてくれる。教会は、妊娠中絶や避妊や結婚相手について人々を非難することにかまけているより、この不平等で不公正な経済システムに踏みにじられた犠牲者たちを救済することにもっと時間を割くべきだと教皇は考えている。しかし、同性婚への非難と放送時間を取りあうはめにおちいったとき、気候正義はとうてい勝てる見込みはなかったのだ。

ホテルに戻る途中、サン・ピエトロ大聖堂のライトアップされた柱とドームを見上げているとき、はっと思い至った。この意志の闘いこそが、この世間から隔絶された世界の内部に、このように多様なアウトサイダーたちを招じ入れた理由なのかもしれない。私たちが招待されたのは、教会内部の有力者の多くが、大変革を求める教皇フランシスコの気候メッセージを擁護するとは期待できないからなのだ。むしろ、そんなメッセージなど、できれば他の多くの秘密もろとも、この壁に囲まれた一画に埋葬されてしまえばよいと思う者もいるのだろう。

寝る前に、もう少しの時間を「ラウダート・シ」を読んで過ごした。すると、そこからあるものが飛び出してきた。最初の段落で教皇フランシスコはこう書いている。「私たちの共通の家は、私たちの姉妹のようなもので、私たちは生活をともにし、また腕を広げて私たちを抱きしめてくれる美しい母を共有しています」。彼はアッシジの聖フランシスコの「被造物の賛歌」[2]を引用し、「わが主よ、われらの姉妹、母なる大地を通じてあなたに讃えあれ。大地はわれらを養い、われらを治め、色とりどりの花やハーブとさまざまな果実を生み出す」と述べている。

数段落先には、聖フランシスコが「すべての創造物と心を交わせ、花にさえ説教して、『主を賛美するように誘った。まるで花にも理性があるかのように』」と書いている。聖ボナヴェントゥラ[3]によれば、この一三世紀の修道士は「どんなに小さくても、生き物には〝兄弟〟または〝姉妹〟の名前で呼びかける習慣があった」と回勅は記している。

回勅の後段で、教皇フランシスコは、聖書の中には人間に食物や労働力を提供してくれる動物を気遣うように教えるさまざまな訓示があると指摘し、その後で「聖書には、他の生き物のことを気にかけない専制的な人間中心主義の入り込む余地はない」という結論を下している。

人間中心主義に異議を唱えることは、環境保護論者にとっては何をいまさらのことだろうが、カトリック教会の頂点に立つ者にとってはまったく違う。神がこの世界を創造したのはアダムのすべての必要を満たすためだったとする、ユダヤ＝キリスト教に強固に残る解釈ほど人間中心的なものはない。私たちは他のすべての生き物と同じ家族の一員であり、地球は私たちに生命を与える母親であるという考えについても、環境保護論者の耳にはおなじみのものだろうが、カトリック教会からそれが出てくるとは驚きだ。「母なる地球」を「父なる神」に置き換え、自然界からその神聖な力をすべて吐き出させることが、ペイガニスム（多神教）やアニミズム（自然崇拝）や汎神論を撲滅することの意味だったのだ。

自然はそれ自体に価値があると主張することで、教皇フランシスコは、何世紀にもわたる神学的解釈をひっくり返そうとしている。すなわち、自然界に対し剝き出しの敵意を込めて、超越すべき悲惨の原因、抵抗すべき「誘惑」とみなしてきた解釈をである。もちろんキリスト教の中にも、自然は価値あるものであり、世話をし保護すべきものだ（さらには祝福すべきものですらある）とする考えも存在するのだが、それは主に人間を維持するための、一式の資源としてであった。

フランシスコは、環境問題について深い懸念を表明した教皇としては最初ではない。ヨハネ・パウロ二世やベネディクト一六世も同じく懸念していた。しかし、この教皇たちが地球のことを私たちの「姉妹、母」と呼んだり、シマリスやマスは私たちのきょうだいだと主張するようなことはなかったのである。

七月二日　荒野から戻る

サン・ピエトロ広場では、みやげ物屋に教皇フランシスコのマグカップやカレンダー、エプロンが並び、複数の言語版で出版された「ラウダート・シ」の束が積み上げられていた。ショーウィンドウのバナーが派手に宣伝している。一見すると安っぽい教皇グッズのひとつのようで、カトリック教会の教義を変えてしまう可能性のある文書のようには見えない。

今日の午前中は、「ラウダート・シ」をもとに行動計画を練り上げる、二日連続の集会「人々と地球がファースト――方向転換は避けられない」のオープニングだ。主催は国際カトリック開発機構連盟（ＣＩＤＳＥ）と、ヴァティカンの正義と平和評議会である。講演者の中には、アイルランドの元大統領で現在は国連の気候変動特使のメアリー・ロビンソンと、海面上昇により存続が脅かされている島国ツバルの首相エネル・ソポアガがいる。

バングラデシュ出身の柔らかな口調の司教が開会の祈りを主導し、回勅の発布を実現させた功労者ピーター・コドウォ・アッピア・タークソン枢機卿が最初の基調講演をおこなった。六六歳のタークソンは、こめかみのあたりがグレーになっていたが、丸みのある頬はまだ若々しい。多くの人が、この人物が七八歳の教皇フランシスコの後継者となり、最初のアフリカ出身の教皇になる可能性があると考えている。

タークソンの講演のほとんどは、「ラウダート・シ」の先駆けとして、それ以前に出された歴代教皇の回勅を引用することに捧げられていた。彼のメッセージは明白だ。これはひとりの教皇だけの考えではない。地球を神聖なものとみなし、人と自然のあいだの「契約」(単なるつながりではなく)を認めることは、カトリックの伝統の一部なのだ。

タークソン枢機卿はまた、今回の回勅には「管理(stewardship)という語は二回しか登場しない」が、ケア(世話)という語は何十回もあらわれる、と指摘している。彼によればこれは偶然ではない。「管理」とは義務に基づいた関係のことであるが、「ケアは、情熱と愛をもっておこなうものです」

自然界に対するこの愛着は、「フランシスコ・ファクター」と呼ばれるようになったものの一部であり、それは明らかにカトリック教会内の地理的権力配置の変化に由来する。フランシスコはアルゼンチン出身、タークソンはガーナ出身だ。回勅の中でとくに鮮烈な一節、「海洋の驚異の世界を、色も生命もない水中の墓地に変えたのは誰ですか?」は、フィリピンのカトリック司教団の声明からの引用だ。

これは、グローバルサウスの大部分においては、キリスト教の教義における人間中心的な傾向は、決して全面的に定着しなかったという現実を反映している。とくにラテンアメリカでは先住民が多いため、生命体としての聖なる大地を中心とした宇宙論を、カトリックが完全に排除することはできなかった。その結果として、キリスト教と先住民の世界観を融合させた教会が生まれることが多かった。「ラウダート・シ」によって、この融合がとうとう教会の最上層にまで到達したのだ。

それでもタークソンは、ここに集まった人々に、夢中になりすぎて我を忘れないようにと穏やかに警告しているようだった。アフリカの文化の中には自然を「神格化」するものがあるが、それは「ケア」と同じではないと彼は言う。大地は母かもしれないが、それでもボスは神なのだ。動物は親戚かもしれないが、人は動物ではない、と。だが、たとえそうであっても、ひとたび教皇の公式の教えが、人間が地上の支配者だというカトリックの中心的な教えに異を唱えてしまったならば、次に何が起こるか制御することがほんとうにできるのだろうか?

この点を力説したのは、アイルランドのカトリック司祭で神学者のショーン・マクドノーだ。回勅の起草段階からかかわっていた人物だ。会場からとどろく彼の声は、回勅に埋め込まれた自然への愛の教えは深層に達するものであり、伝統的なカトリック教義からの急進的な転換であるという事実から逃避するな、と訴える。「私たちは新しい神学に移行するのです」と彼は宣言する。

それを証明するためにマクドノーは、かつて待降節の聖体拝領の後で一般的に朗唱されていたラテン語の祈禱を翻訳して聞かせた。「地上のものごとを蔑み、天上のものごとを愛することを教えたまえ」。何世紀にもわたる物質的世界への嫌悪を克服するのは容易なことではなく、この先に控える大きな仕事を小さく見せることは、何の助けにもならないとマクドノーは主張する。

このような急進的な神学上の論争がたたかわされるのを、聖アウグスティヌスにちなんで名づけられた講堂の湾曲した木造の壁の内部で目撃するのは、なかなかスリリングな体験だ。聖アウグスティヌスは、身体や物質世界への懐疑論によって、カトリック教義の形成に根本的な影響を与えた神学者なのだ。しかし最前列に座る黒いローブの男たちは、めだって沈黙している。この建物で学び教えている彼らにとっては、少しばかり恐ろしい事態でもあるのだろう。

今夜の晩餐会は、これに比べるとずっとインフォーマルだった。場所は町中の大衆料理店で、参加したのはブラジルと米国からの少数のフランシスコ修道会の会員と、同会の名誉会員として扱われているマクドノー神父だ。

私とテーブルを囲んだのは、長年カトリック教会内部の最大のトラブルメーカーとなってきた、イエスの原社会主義的な説教を真剣に受けとめている人たちだ。そのひとりがパトリック・キャロランで、ワシントンDCを本拠とする「フランシスコ会アクションネットワーク」の事務局長だ。彼は大きな笑顔をつくって私に言った。ウラジーミル・レーニンは、人生の最晩年になって、おそらくロシア革命がほんとうに必要としたのはボルシェビキを増員することではなく、一〇人のアッシジの聖フランシスコだった、と言ったそうだ。

いま突然にして、彼らのようなアウトサイダーたちが、みずからの見解の多くを、世界で一番有力なカトリック教徒、一二億の信徒を率いる人物と共有しているのだ。この教皇がみなを驚かせたのは、就任に際してフランシスコという、これまでのどの教皇も使わなかった名前を名乗ったことだけでなく、フランシスコ会のもっともラディカルな教えを復活させようと決意しているらしいことだ。フランシスコ会の木製の十字架を身に着けていた、ブラジルの有力な社会運動指導者モエマ・デ・ミランダは、「ようやく私たちの声が聞かれたかのように感じます」と語っている。

マクドノーにとっては、ヴァティカンの変化はいっそうの驚きだった。「前回に教皇の一般謁見[4]に出席したのは一九六三年でした」と、彼はスパゲッティ・ボンゴーレを食べながら私に言った。「その後の三代の教皇の一般謁見には出席しなかったのです」。でも、いま彼はローマに戻ってきた。大いに話題をさらった、忘れがたい回勅の起草を手伝うためだった。

キリスト教の神をどうやって神秘的な地球に調和させるか考えついたのは、ラテンアメリカの人々だけではないとマクドノーは指摘している。アイルランドのケルト人の伝統も、「自然界の神性という観念を維持することができていました。彼らは水源に神性を認め、樹木にも神性を認めていました」。しかし、それ以外のカトリック圏のほとんどでは、こうしたものは一掃された。「私たちはものごとに連続性があるかのように提示していますが、連続性などなかったのです。そうした神学は機能を失いました」（そんな小手先のごまかしを、多くの保守派は見逃さなかった。右翼オンライン雑誌『フェデラリスト』の最近の大見出しには、「教皇フランシスコよ、大地は私の姉妹ではない」とある）。

マクドノーについていえば、彼は回勅をとても喜んでいるが、できればもう一歩踏み込んで、地球は人間への贈り物として創造されたという考えに異議を唱えることができたらよかったと思っている。地球は人類が登場する何十億年も前から存在したのに、どうしてそんなことがありえようか？

聖書は、これほど多くの根本的な疑義をどうしたら乗り越えられるのか。ある時点ですべてがバラバラに分解したりしないか？　そう私が尋ねると、彼は肩をすくめて、聖典は常に進化しており、歴史的な文脈で解釈されるべきだと答えた。もし創世記に前編が必要だとしても、たいした問題ではない。たしかに、彼は喜んでその起草委員会に参加しただろう。

七月三日　教会よ、汝自身に福音を説け

スタミナについて考えながら目を覚ます。パトリック・キャロランやモエマ・デ・ミランダのようなフラン

シスコ会員は、彼らの深い信念や価値観の多くを反映しない組織の中で、なぜこれほど長きにわたって我慢し続けたのだろうか。最後になって突然の変化が起こるのを見ることになったが、それを説明するのに、この場の多くの人々は、なにか超自然の力の働きをほのめかすことしかできなかった。キャロランは、彼が一二歳のときに、ある司祭から虐待されたと私に明かした。その問題についての組織ぐるみの隠蔽工作に彼は激怒していたが、それでも信仰を永遠に捨てるには至らなかった。何が彼らを引きとどめているのだろう?

私はこの問いをミランダに投げかけた。メアリー・ロビンソンの講演の後で、彼女を見かけたときのことだ(ロビンソンは、人間開発における女性と少女の役割を十分に強調していないとして、この回勅をやんわり批判していた)。

ミランダは、自分は生涯のほとんどについて我慢してきたのではないと言って、私の問いを訂正した上で、こう説明した。「実は長いあいだ私は無神論者でした。共産主義者、毛沢東主義者だったのです。三三歳になって改宗したのです」。彼女はそれを、純粋な悟りの瞬間として説明した。「おお、神は存在する。そして、すべてが変わりました」

何がそれを引き起こしたのかと尋ねると、彼女はためらい、少し笑って教えてくれた。彼女が人生の中でも非常に苦しかった時期に、とある女性グループに出会った。その女性たちは「苦しんでいるときも、何か違ったものを持っていました。そして、彼女たちが人生の中での神の存在について語りはじめると、私はついつい耳を奪われました。そして、それは突然やってきました。ただ神がそこにいるのです。あるときまでは、それは考えられないことでした。そして別の瞬間には、そこに存在したのです」

回心だ——そのことを忘れていた。でも、これが「ラウダート・シ」の威力と潜在力を理解するカギになるかもしれない。教皇フランシスコは、回勅の一章をまるごと使って、キリスト教徒の「エコロジー的回心」の必要性を説いている。「それを通じて、彼らがイエス・キリストと邂逅したことの影響が、彼らのまわりの世界との関係性の中に顕在化します。神の仕業を守護する者としての召命を私たちがまっとうすることは、善をもって生きるために欠かすことができません。それは、キリスト教徒としての体験のなかでも、任意的なものや二次的なものではありません」

そこで気がついた。「エコロジーの伝道」こそが、ローマで過ごした三日間のあいだに目の前で形をあらわしてきたものなのだ。「回勅の福音を広めること」について、「教会の教えを広める」ことについて、地球のための「民衆の巡礼」についての話題の中でも、またミランダが説明したような、ラジオ広告、オンライン動画、教区の研究グループで使うパンフレットなどを通じて、ブラジルで回勅を広める計画の中でも。

非キリスト教徒を改宗させるために設計された千年前からの装置が、いまその伝道の熱意を内側へと向ける用意をしている。すでに信仰を持つ者たちに対して、この世界における人間の位置づけに関する彼らの基本的な信念の正当性を問い、改心させるためだ。閉会の集まりでマクドノー神父は、この相互の関係性とインテグラル・エコロジー[5]に基づく新しい神学について、教会員を教育するための「回勅をめぐる三年間の教会会議」を提案する。

「ラウダート・シ」が、いま現在についてすさまじく批判的でありながら、同時に将来については恐ろしく希望に満ちていることに、多くの人は戸惑っている。教会が理念の持つ力を確信していることと、世界中に情報を広めるとてつもない能力を持っていることは、この緊張関係を説明するのに大いに役に立つ。信仰をもつ人々、とくに伝道宗教の信者は、宗教的でない人々の多くには確信のもてないことを心の底から信じている。

それは、すべての人間には根本的に変わる能力があるという信念だ。議論と感情と経験の正しい組み合わせが揃えば、人生を変えるような変容に導くことも可能であると彼らは確信し続ける。つまるところ、それが「改宗」の本質なのだ。

このような変化の能力のもっとも有力な例は、教皇フランシスコが率いるヴァティカンだろう。そして、それが手本となるのは教会だけではない。なぜなら、もしも世界でもっとも古く、もっとも伝統に縛られた機構のひとつが、フランシスコが試みているように、その教えと実践を根本的かつ迅速に変化させることができるのであれば、きっとあらゆる種類の、より新しく弾力性のある諸機構も変わることができるはずだからだ。

もしそれが起こったならば、そして、もし変化がここで見たように伝播しやすいものであるならば、気候変動を食いとめるチャンスもあるかもしれない。

追記

本書に収めた論考を読み返すなかでも、本章の再読が一番やっかいだった。教皇フランシスコが勇気をもって世界各国の政府に呼びかけ、彼らのエコロジー的な責務の怠慢や、難民の生命の露骨な軽視に対して注意を喚起したものの、ヴァティカンはいまだに自分たちの指導層に対し、子どもや修道女たちへの組織的な性的虐待をおこない、そうした犯罪行為を意図的に隠蔽したことについての責任を問うことができていない。この問題についての正義の否定が、多くの教会信者たちを苦しめ、教皇フランシスコが他の問題への取り組みを主導するための道徳的権威を毀損している。気候危機への取り組みもそのひとつだ。少なくとも、このことは、社会政治的な変化に対する多分野からのアプローチが緊急に必要であることを思い出させる。もしも私たちが、さまざまな緊急の危機の中から一部だけを選び出して真剣に取り組むことにしたならば、結果的にそれらの危機のいずれにも影響をもたらすことができないだろう。どんな課題も他の課題のために犠牲にすることのない、恐れを知らないホリスティック（全体論的）なアプローチだけが、私たちが必要とする根本的な変革をもたらすのだ。

8　奴らは溺れさせておけ —— 温暖化する世界における他者化の暴力

黒や褐色の肌を持つ人の命にほとんど価値を認めず、彼らが波にのまれて消えたり、収容所で焼身自殺を図ってもなんとも思わないような文化は、黒や褐色の人々が住む国々が波にのまれて消滅したり、乾燥と熱気で干からびても、少しも気にしないだろう。

エドワード・W・サイード・ロンドン・レクチャー[1]　二〇一六年五月四日

エドワード・サイードは「木を抱く人々《ツリー・ハガーズ》」[2]（環境保護活動家）とは縁遠い人だった。この偉大な反植民地の知識人は、貿易商と職人と専門職の家系に生まれ、自分のことを「土地との関係が基本的に比喩的でしかない、都市パレスチナ人の極端な例」と表現したことがある。『パレスチナとは何か』[3]は、ジャン・モアの写真をもとにした彼の随想をまとめた書物だが、その中で彼は、パレスチナ人のもてなしのよさやスポーツから自宅の飾りつけに至るまで、生活のもっとも親密な側面について考察している。被写体の微細なディテール（額縁の配置、ある子どもの反抗的な姿勢など）が引き金になって、サイードの洞察が激流のようにほとばしりだす。しかし、パレスチナの農民の写真（家畜の群れを世話する人や畑仕事をする人）に向きあったとき、途端に具体性が消え去ってしまう。どんな作物が栽培されていたのか？　土壌の状態は？　水はどれほど利用できるのか？　何も出てこない。「私はずっと、貧しく、虐げられ、たまに精彩を放つだけの農民たちのことを、変わることのない集合的な存在とみなしています」と彼は告白した。そのような認識は「根拠のない神話だ」と彼は認めているが、それでも残っているのだ。

農業がサイードにとって別世界だったとすれば、大気汚染や水質汚染のような問題に一生懸命になっている人々はまるで異星人だった。サイードは、コロンビア大学の当時の同僚ロブ・ニクソンとの会話の中で、環境保護主義を「ちゃんとした大義のない、甘やかされて育った環境保護活動家たちの道楽」と表現したことがある。しかし中東の環境問題は、サイードのようにその地域の地政学に深くかかわっている者にとって、とうてい無視できるものではないはずだ。この地域は高温と水不足、海面上昇、砂漠化の影響にきわめて脆弱なのだ。『ネイチャー気候変動』に掲載された最近の論文の予測では、排出量の徹底した削減を早急におこなわない限り、中東地域の大部分は「人間が耐えられないような気温レベル」を今世紀末までに経験する可能性が高い。これは気候科学者として、これ以上ないほどの率直な意見だ。それでも、この地域の環境問題は副次的なもの、あるいは贅沢な要求として扱われる傾向がいまだに強い。その原因は無知でも無関心でもない。単に心の余裕の問題だ。気候変動はたしかに重大な脅威だが、もっとも恐ろしい影響が訪れるのは数年先のことだ。目下のところは、もっと差し迫ったいろいろな脅威に取り組まなくてはならない。軍事占領、空襲、構造的な差別、経済封鎖、等々。これと優先順位を競えるものなどありえないし、競わせること自体がおかしい。

環境保護主義が、サイードの目にはブルジョアのお遊びに映る理由は他のところにもある。イスラエルという国は長年、その国家建設プロジェクトにグリーンの化粧を施してきた。それは「土地に帰る」というシオニストのパイオニア精神の根幹部分だった。この文脈においては、とくに樹木が、土地を奪い占領するためのもっとも効果的な武器のひとつだった。入植地やイスラエル人専用の道路を建設するために根こそぎ伐採されているのは、数知れぬオリーブやピスタチオの樹だけではない。果樹園や、パレスチナ人の村に植樹されてきた広大なマツ林やユーカリの林も犠牲になっている。こうした行為で悪名高いのは、ユダヤ国民基金（ＪＮＦ）である。この団体は「砂漠を緑に変える」というスローガンのもとに、一九〇一年以来、二億五〇〇〇万本の樹木をイスラエル国内に植えたことを誇っている。その樹木の多くは現地の固有種ではない。この団体はまた、ネゲブ砂漠も含め、イスラエル軍の主要インフラに直接資金を提供している。ユダヤ国民基金は広報資料の中で、森林と水の管理、公園、レクリエーションに関心を寄せるグリーンＮＧＯとして自己宣伝している。だが、この団体はなんとイスラエル国内で最大の民間土地所有者であり、数多くの複雑な訴訟を起こされているにもかかわらず、いまだにユダヤ人以外への土地の貸与や売却を拒否しているのだ。

私が育ったユダヤ人社会では、人生のあらゆる節目（誕生や死去、母の日、成人式など）に、ユダヤ国民基金が植樹した樹木を、祝われる人の名前で購入することが記念になった。大人になってようやくわかってきたのは、モントリオールの小学校の壁に張り出されていた証書が存在を証明する、はるか遠くの針葉樹は、満足感を与えてはくれるが無害なものではないということ。単に植林して、その後は守ってやるだけではないことだ。実はこれらの樹木は、イスラエルの国家公認の差別的制度の紛れもないシンボルのひとつであり、平和的な共存を可能にするためには排除しなければならないものだ。

ユダヤ国民基金は、いわゆる「緑の植民地支配」の極端な最近の例だが、この現象はちっとも目新しくない。

またイスラエル特有のものでもない。アメリカ大陸では、美しい原野が自然環境保護公園になり、その保護指定を盾にして、先住民が祖先伝来の領土に入って狩猟したり魚を獲ったり、あるいは単にそこで暮らすことを妨害してきた長い悲惨な歴史がある。そういうことは何度もくりかえされてきた。この現象の現代版がカーボン・オフセットだ。ブラジルからウガンダまで、もっとも侵略的な土地の奪取が、自然保護団体の手でおこなわれていることに先住民は気づいている。ある森林が突然、カーボン・オフセットにブランド変更され、先祖代々そこに住んでいた住民は立ち入り禁止になる。その結果、カーボン・オフセット市場はまったく新種の「緑の人権侵害」を引き起こしている。農民や先住民がこれらの土地にアクセスしようとすると、公園保護官や民間警備隊から暴行を受けるのだ。ツリー・ハガーズ（木を抱く人々）に関するサイードのコメントは、この文脈で理解されるべきだ。*1

まだ他にもある。サイードの人生の最後の年に、イスラエルはいわゆる「分離壁」の建設に取りかかった。これはヨルダン川西岸地区の広大な一帯を強奪し、パレスチナ人労働者を仕事場から切り離し、農民を農地から切り離し、患者を病院から切り離すものだ。家族も残酷に引き裂かれる。人権的な見地からは、この分離壁に反対する理由にはこと欠かない。それなのに当時、イスラエルのユダヤ人の中でもっとも声高に体制批判をした人々は、こうしたことに注目しなかった。むしろ、当時のイスラエル環境相イェフディット・ナオトのほうがもっと心配していたくらいだが、それは、彼女に上がってきた報告書に「分離壁は……景観や動植物、生態系の回廊、小川の排水に悪影響を与える」とあったからだ。

「もちろん、分離壁の建設を止めたり遅らせたりするつもりはありませんが、それが引き起こす環境被害が気になります」と彼女は言った。パレスチナ人の活動家オマール・バルグーティがのちに記録したところでは、ナオトの「環境省と国立公園保護局は、骨の折れる救済措置を発動し、影響を受けた自然保護区のアイリスを別の保護区に移植した。また、小動物のために〔壁を通り抜ける〕小さな通路を作ったりもした」。

おそらくこれが、グリーンな運動についてのサイードの皮肉な言葉の背景にあるものだ。自分の命が草花や爬虫類よりも尊重されていないとき、人は気を悪くするものだ。それでもサイードの知的遺産には、世界の生態学的危機の根本的な原因に光をあて、明確化するものがあふれており、現在のキャンペーンモデルよりもずっと包括的な対処法を指し示すものがたくさんある。それは、戦争や貧困、構造的な人種差別に苦しんでいる人々に対し、彼らが抱える問題は棚上げして、まずは最初に「世界を救う」ように頼んだりするのではなく、その代わりに、これらすべての危機がどのように相互に関連しており、どのような解決策がありうるかを示すということだ。端的に言って、サイードにはツリー・ハガーズに割く時間はなかったかもしれないが、ツリー・ハガーズたちはぜひともサイードに時間を割き、他の多くの反帝国主義、ポストコロニアルの思想家にも時間を割かねばならない。なぜなら、この知識を抜きにしては、私たちがどうしていまこんな危険なところに来てしまったのかを理解することができないし、もっと安全なところに行くために、どんな変化が必要かも把握できないからだ。そういうわけで、この温暖化する世界の中でサイードを読んで学びうることについて、決して完全ではないが、いくつかの考えを述べてみたい。

＊1　この文脈は、現代のグリーン・ニューディールの設計と展開において、かならず心に留めておかなければならない。このような植民地パターンの複製になるのを避けるためには、先住民の知識や指導力が最初から組み込まれていなければならない。とくに、炭素の削減と大規模な暴風対策のためにぜひとも必要な、野心的な植林と生態系回復プロジェクトに関しては、そうだ。

エドワード・サイードは、故郷喪失と故郷への憧憬について、うずくように訴えるもっとも雄弁な理論家のひとりであり続けているが、サイードの望郷は、彼が常にはっきりさせていたように、徹底して改造され、もはや存在しなくなった故郷に対するものだった。彼の立場は複雑だ。彼はパレスチナ人が帰郷する権利を猛然と擁護したが、故郷を元に戻せとは決して主張しなかった。重要なのは、あらゆる人権を誰にも平等に尊重するという原則と、修復的正義を私たちの行動や政策に浸透させる必要性だった。この展望は、いまの時代にはきわめて意味深い。海岸線の浸食、海面上昇で姿を消す国々、多様な生物群を生息させているサンゴ礁の白化現象、温暖化する北極圏のこの時代に、劇的に変貌してしまった故郷、もはや存在しないかもしれない故郷への憧憬は、急速に、かつ悲劇的にグローバル化しているからだ。

二〇一六年三月、二本の重要な査読済みの研究論文が、海面上昇は以前に考えられていたよりもずっと速く発生する可能性があると警告した。最初の研究の著者のひとりは、おそらく世界でもっとも信望のある気候学者ジェイムズ・ハンセンだった。彼は、現在のまま排出量が推移すれば、「沿岸都市がすべて消滅することになる。つまり世界の大都市のほとんどが、その歴史とともに消え去るのだ」と警告した。それは数千年の未来ではなく、今世紀のうちにも起きるのだ。私たちが抜本的な変化を要求しないならば、世界中の人々が、もはや存在しない故郷を探しまわる世界が到来するのだ。

それがどんな世界か想像するのをサイードが助けてくれる。彼がたびたび引き合いに出す、アラビア語のスムード（sumud その場所でじっとしている、そのまま待つ）という言葉は、追い立ての試みに抗し、絶え間ない危険に取り囲まれてさえも、断固として自分の土地から去るのを拒絶することだ。この言葉でもっとも連想しやすいのは、ヘブロンやガザのような場所だが、今日ではルイジアナ州の沿岸地方の何千人もの住民にも同じように当てはまる。彼らは避難しなくてもよいように、家を高床式に持ち上げた。太平洋諸島の人々もそうだ。彼らのスローガンは「私たちは溺れていない、闘っているのだ」。マーシャル諸島、フィジー、ツバルなどの海抜が低い島嶼国の人々は、極地方の氷の融解による大幅な海面上昇がすでに確定しているため、自分たちの国に未来はなさそうだと考えている。それでも彼らは、移転のロジスティクスだけに関心を向けることを拒否し、たとえもっと安全な国々が国境を開いてくれたとしても、移住するつもりはない（とはいえ、気候難民が現状では国際法で認められていないことを考えると、そんな国があるかどうか大いに疑問であるが）。その代わりに彼らは積極的に抵抗している。オーストラリアから石炭を運ぶ船を、伝統的なアウトリガーカヌー（舷外浮材付きのカヌー）で阻止したり、気候問題の国際交渉の場に、主催者側には不都合な自分たちの姿を見せ、もっと徹底した気候アクションを要求して混乱させたりしている。パリ気候協定に少しでも賞賛に値するものがあったとすれば（残念ながら十分ではないが）それは、この種の信念に基づいた行動のおかげなのだ。それは気候のスムードだ。

しかし、これだけでは、温暖化する世界でサイードから学べることのほんの表層部分にすぎない。彼は「他者化」の研究における巨人である。一九七八年の彼の著書『オリエンタリズム』では、他者化は次のように表現されている――「異なる文化や異なる民族、異なる地理的地域から人間らしさを剝ぎ取り、無視し、本質に還元すること」。そして、いったん「他者性」が確立されてしまえば、暴力的な追放、土地の窃盗、占領、侵略などあらゆる犯罪行為への下地が整うことになる。なぜなら他者化の本質は、他者には自分たちと同等の権利がなく、同等の人間性もないという、区別する側の決めつけだからだ。

これが気候変動となんの関係があるのか？　おそらくすべてにだ。

私たちはこの世界をすでに危険なほど温暖化させてしまった。それでも私たちの政府は、この流れを止めるのに必要な行動をいまだに拒んでいる。かつては、知らなかったという主張も、多くの政府にとっては許された時代もあった。しかしこの三〇年間において、気候変動に関する政府間パネルが設置され、国際的な気候交渉が始まった以上、排出量の削減を拒否することは、それがもたらす危険を完全に承知した上でのこととみなされる。そしてこのような無謀さは、たとえ潜在的なものであれ、制度的な人種差別を抜きにしては、機能的に見てありえない。オリエンタリズムがなければ、すなわち有力な者が弱い者の生命を軽視できるようにする万能ツールがなかったならば、そんなことは不可能だっただろう。人間の相対的な価値に序列をつけるこうしたツールが、古くからの文化や民族を丸ごと無価値とみなすことを可能にする。そしてそもそも、こんなに大量に炭素を掘り出すことを可能にしたのも、このツールだったのだ。

＊　＊　＊

化石燃料だけが気候変動を引き起こすわけではない。工業型農業や森林伐採など他の原因もある。しかし化石燃料は最大の要因だ。そして、化石燃料が問題なのは、それらが本来の性質として汚なく有毒なため、犠牲になる人と土地を必要とすることだ。炭鉱労働のために肺と身体を犠牲にできる人々、彼らの土地と水を露天掘りや石油流出のために犠牲にしてもかまわない人々が要求される。一九七〇年代になってもまだ、米国政府に助言する科学者たちは「国の犠牲地帯（national sacrifice area）」に指定された国内の特定の部分について公然と言及していた。アパラチア山系の山々が、石炭採掘のためにダイナマイトで吹き飛ばされていることを考えてみてほしい。いわゆる「山頂除去方式」の露天掘りは、地下に坑道を掘るよりも安上がりなのだ。地形を丸ごと犠牲にするほどのことを正当化するには、他者化の理論が不可欠だ。そこに住んでいた人々は非常に貧しく時代に遅れているため、彼らの生活や文化は保護に値しないという理屈が必要とされる。ヒルビリー〔アパラチア奥地出身の無教養な山男の意〕のヒル（丘）など誰が気にするものか、というわけだ。

掘り出した石炭を電気に変えるためには、また別のレイヤーの他者化が必要になる。今度は都市部の、発電所や精製所に隣接する地区の住民が犠牲になる。北米では、こういう地区に住んでいるのは圧倒的に非白人、黒人やラテン系の人々であり、彼らはこの社会の集合的な化石燃料への依存症のために、有害物質の重荷を背負わされ、呼吸器疾患や癌の発生率が著しく高くなっている。気候正義運動が生まれたのは、この種の環境的人種差別との闘いの中からだった。

化石燃料の犠牲地帯は世界中に点在している。ニジェール・デルタを見てみよう。そこでは毎年、エクソン・バルディーズ号の原油流出事故に相当する量の原油が流出して付近一帯を汚染している。ケン・サロ＝ウィワ[4]は、政府によって処刑される前に、このプロセスを「生態系のジェノサイド」と呼んでいた。地元コミュニティの指導者たちが処刑されたのは、「すべてシェル石油のため」だったと彼は言った。私の国カナダでは、アルバータ州のタールサンドを採掘する決定をしたことにより、先住民と交わした条約が破棄された。それは英国国王が署名した条約で、先住民族が先祖代々の土地で引き続き狩猟、漁労をおこない、伝統的な暮らしを続ける権利を保障するものだった。破棄しなければならなかったのは、土地が冒瀆され、河川が汚染され、ヘラジカや魚が腫瘍だらけになっているとき、このような権利は無意味だからだ。そして状況はさらに悪化する。タールサンドによる経済活況の中心地となったフォート・マクマリー[5]は、多数の労働者が住み、稼いだ金の大半を落とす町だが、ちょうどいま〔二〇一六年五月〕、地獄のような火焔が市街地を焼き尽くし、多大な被害を出している。それほどの熱波と乾燥だったのだ。そしてその過剰な熱気は、その地に埋蔵された物質を採掘していることと関係している。

このような劇的なできごとがなくとも、この種の資源採掘はそれ自体が暴力の一種である。土地や水に大きなダメージを与え、古くからの生活様式に終焉をもたらし、土地と切り離せない文化をゆっくりと死滅させるからだ。先住民を彼らの固有文化から切り離すことは、かつてカナダ政府の国策であり、先住民の子どもたちを家族から強制的に引き離し、彼らの言語や文化的慣習を禁止し、身体および性的な虐待が横行するレジデンシャル・スクール〔寄宿学校〕[6]に放り込んだのだ。このような政策に関する真実和解委員会の最近の報告書では、それらは「文化的ジェノサイド」システムの一環であったとしている。

こうした幾層も重なる強制的な分離〔土地から、文化から、家族から〕のトラウマが今日、多くのファーストネーションズ〔カナダで先住民族コミュニティを総称する言葉〕のコミュニティを荒廃させている絶望の蔓延に直接関連している。二〇一六年四月のある土曜日のたった一晩に、〔オンタリオ州北部の〕アタワピスカットのコミュニティ〔人口二〇〇〇人〕では一一人もが自殺を企てた。一方で、デビアス社はこのコミュニティの伝統的な領土でダイヤモンド鉱山を運営している。すべての採掘プロジェクトの例にもれず、ダイヤモンド鉱山も希望と機会を約束していた。

「住民はさっさと退去すればいいじゃないか」と政治家や評論家は言う。実際、多くの者はそうするのだ。そのような退去の裏には、カナダで何千もの先住民の女性が殺害されたり行方不明になったりしていることも関係している。その多くは大都市で起きている。マスコミ報道は、女性への暴力と土地への暴力〔多くは化石燃料の採掘のため〕をめったに関連づけようとしないが、それは存在する。

政権が変わるたびに、新しい政府は先住民の権利を尊重する新時代の到来を約束する。だが、それは実現しない。なぜなら、「先住民族の権利に関する国連宣言」で定義されている先住民の権利には、資源採取プロジェクトを拒否する権利が含まれているためだ。たとえ、そのプロジェクトが国家の経済成長を促進するものであってもだ。そこが問題なのだ。なぜなら「成長」はわれわれの宗教であり、われわれの生き方なのだから。したがって、カナダの若く意識の高い首相ジャスティン・トルドーでさえ、新しい化石燃料プロジェクト〔新たな採掘坑、新たなパイプライン、新たな輸出ターミナル〕に関しては断固として推進する決意だ。たとえ先住民コミュニティが、水を危険にさらしたくない、これ以上の気候の不安定化に加担したくないと明確に意思表示をしているのを踏みにじってもだ。

肝心な点はこれだ——化石燃料を動力とするわれわれの経済は、犠牲地帯《サクリファイス・ゾーン》を必要とする。常に犠牲地帯をつくってきた。そして、生贄《いけにえ》となる場所や生贄となる人々があるのを前提としたシステムを構築することは、そうした犠牲が存在し永続することを正当化する知的な理論を抜きには、実現できない。それが「キリスト教徒による発見の教義」から膨張の天命《マニフェスト・デスティニー》、無主地《テラ・ヌリウス》、オリエンタリズムまでの一連の主張の役割であり、「遅れたヒルビリー」や「遅れたインディアン」が存在する理由だ。

気候変動を引き起こしたのは「人間の本性」だとよく言われる。人間という種族に固有の、生まれつきの貪欲さと、近視眼的な傾向のせいなのだと。あるいはまた、人間はこの大地をあまりにも大規模に、地球的な規模で変えてしまったので、いまや地質学的な人新世《じんしんせい》(7)〔アントロポセン、人類の時代〕が到来しているとも言われている。現在の状況を説明するこうした説には、ある特定の意味が言外にこめられている。それは、人間には単一のタイプしかなく、その本性は現在の危機を引き起こした特質に還元できるという主張だ。これにより、特定の人間たちがつくりあげ、他の人間たちは猛烈に抵抗したシステムが、完全に責任を免れるのである。たとえば資本主義、植民地主義、家父長制——そういう類いのシステムのことだ。

このような診断はまた、異なるかたちで生活を組織した人間のシステムの存在そのものを抹消する。そうしたシステムは、人間は七世代先までの将来を考えるべきである、善良な市民であるだけでなく善良な祖先でもなければならない、自分たちが必要とする以上に資源を採らず、土地に還元して、自然の再生サイクルを保護し増強しなければならない、と主張する。こうしたシステムはかつて存在していたし、多くの困難にもかかわらず、いまも存続している。だがその存在は、気候の変調は「人間の本性」が招いた危機だ、現在は「人間の時代」だと発言されるたびに消去される。[*2] そして、ホンジュラスのグアルカルケ川の水力発電ダム建設のようなメガプロジェクトが推進されるときには、彼らに現実の攻撃がしかけられる。このダム建設プロジェクトでは、先住民の土地を守る活動家ベルタ・カセレスの命が奪われた。彼女は二〇一六年三月に暗殺された。

そこまでひどいことをする必要はない、と主張する人たちもいる。資源採取をもっときれいなやり方にすればよい。ホンジュラスやニジェール・デルタ、アルバータ州のタールサンドで使われてきたような手法を用いる必要はない、と。しかし、そんな主張ができるのは、安価で簡単な方法で入手できる化石燃料が枯渇していない世界での話だ。現実には、そうした資源の枯渇が、フラッキングや深海掘削、タールサンド採掘を増加させたそもそもの原因なのだ。このことは逆に、工業化の時代の幕を開いた「ファウスト博士の悪魔との契約」に疑問を投げかけている。すなわち、最大のリスクはアウトソーシングして他者に肩代わりさせればよい、外国や自国内の周辺的な地域に背負わせようという考え方のことだ。それは、どんどん維持が難しくなっていく悪魔の契約なのだ。犠牲ゾーンが拡大するにつれ、フラッキングは英国のもっとも美しい場所のいくつかを脅かし、自分たちは安全だと想像している、あらゆる種類の場所をのみ込んでいく。したがって、これはアルバータ州の広大な鉱滓集積地がいかに醜いかに息を飲むというだけの話ではない。化石燃料を動力源とする経済を運営するための、クリーンで安全無害な方法はないと認めることの問題なのだ。そんなものは、あったためしがない。

＊2　気候変動は均質な塊としての人類の行為が引き起こしたものではなく、特定の帝国主義的プロジェクトの結果だという考えに対し、二〇一九年のはじめに強力な歴史的な援軍があらわれた。ロンドン大学ユニバーシティカレッジの科学者チームは、*Quaternary Science Reivews*誌に発表した論文で、一五〇〇～一六〇〇年代に起こった「小氷期」として知られる地球規模の寒冷期は、ヨーロッパ人との接触の後で起きたアメリカ大陸先住民のジェノサイドが一因であるとする、説得力のある主張を展開した。何百万もの人々が病気と虐殺で死亡し、それまで農業に使用されていた広大な土地に野生の植物や樹木が生い茂り、炭素が隔離されたことにより、惑星全体が冷却されたのだと、この科学者たちは主張している。「アメリカ大陸の先住民の大量絶滅は、結果として生じた広大な土地の放棄が、大気中のCO_2の量にも、地表の大気の気温にも、検出可能な影響を与えるほどの地中への炭素の取り込みにつながった」と論文は述べている。共著者のひとりマーク・マスリン教授はこれを「ジェノサイドによって生じたCO_2の低下」と冷酷に表現している。

また、平和的な方法もないという証拠も山積みだ。問題は構造的なものだからだ。化石燃料は、風力や太陽光などの再生可能エネルギーのように広く分布してはおらず、きわめて限られた場所に集中している。そして、その場所は困ったことに、たいていは他の人々の国にあるのだ。とくに、もっとも強力で貴重な化石燃料である石油がそうだ。これこそが、アラブ人やイスラム教徒を他者化するオリエンタリズムのプロジェクトが、当初から石油依存経済の沈黙のパートナーであった理由だ。そして、それゆえに、化石燃料依存へのしっぺ返しである気候変動とも切り離して考えることができない理由なのだ。

もしも、ある国や民族が他者——サイードが一九七〇年代に例証したように、エキゾチックで原始的で、血に飢えた別の生き物——とみなされるなら、この人々が自分たちの石油を、自分たちの利益のために支配すべきだという「おかしな考え」に取り憑かれた場合、戦争やクーデターをしかけることがずっと容易にできるようになる。一九五三年に英国と米国が協力して、民主的に選出されたイランのモハマド・モサデク政権を倒したのは、モサデク首相がアングロ・イラニアン石油会社[8]（現在のBP）を国有化した後のことだった。それからちょうど五〇年後、二〇〇三年にイラクへの違法な侵略と占領をおこなったのも、英米の新たな共同事業だった。この二つの干渉による残響が、いまだに私たちの世界を混乱させている。首尾よく彼らからもぎ取った石油を燃やし続けていることも、同じように世界を混乱させている。中東は現在、化石燃料の追求が引き起こした暴力と、その化石燃料を燃やすことによる影響との、二つの圧迫要因によって挟み撃ちにされている。

イスラエルの建築家エヤル・ワイツマンは、著書『紛争の汀線（*The Conflict Shoreline*）』で、この二つの力がどのように交差しているかについての画期的な考察を披露した。彼によれば、中東と北アフリカの砂漠の境界線を私たちが理解する主な方法は「乾燥ライン」と呼ばれるもので、年間降水量が平均七・八インチ（二〇〇ミリメートル）の境界を示している。この降水量は、灌漑なしで大規模に穀物を栽培するための最低限の量と考えられている。この気象的な境界は固定されたものではない。イスラエルが「砂漠を緑に」する試みで一方向に押し広げたり、周期的な干ばつが砂漠を別の方向に拡大したりと、さまざまな理由で変動する。そして現在、気候変動によって激しくなった干ばつが、乾燥ラインに沿って、さまざまな影響を与える可能性がある。

ワイツマンは、シリア南部の国境の町ダラア[9]が乾燥ラインの上に位置していることを指摘する。ダラアでは、シリア内戦が勃発するまでの数年間に、シリア史上最悪の干ばつによって大勢の農民が避難民となって押し寄せており、そんな中で二〇一一年に、内戦のはじまりとなる反政府蜂起が起きた。もちろん干ばつだけが緊張を沸点まで高めたわけではないが、干ばつの影響でシリア国内に一五〇万人の避難民が発生したという事実は、明らかに一定の役割を果たしている。

水不足や酷暑によるストレスと紛争との関係は、乾燥ラインを貫いてくりかえし発生し、強まっていくパターンを示している。このラインに沿って干ばつ、水不足、気温上昇、軍事紛争などが発生した場所が点在している。リビアからパレスチナ、そしていくつかの凄惨な戦いがあったアフガニスタン、パキスタン、イエメンの戦場。

それで全部ではない。

ワイツマンは他にも「驚くべき偶然」を発見した。中東における西側諸国のドローン爆撃の標的をマッピングすると、「南ワジリスタン〔パキスタン北西部〕からイエメン北部、ソマリア、マリ、イラク、ガザ、リビアに至るまで、こうした爆撃の多くが二〇〇ミリの乾燥ラインの真上、または近いところを狙っている」のがわかるというのだ。

地図〔次頁〕上の太い線は乾燥ラインを示している。地図上の円は空爆が集中するエリアの一部をあらわしている。これは、気候変動危機の残忍なランドスケープを視覚化する、これ以上なく明瞭な試みだと私には思える。

このすべては一〇年前に、海軍分析センターが公開した米軍の報告書で予告されていた。「中東は常に二つの天然資源に関連づけられてきた。石油（豊富であるため）と水（不足しているため）である」と報告書は述べ

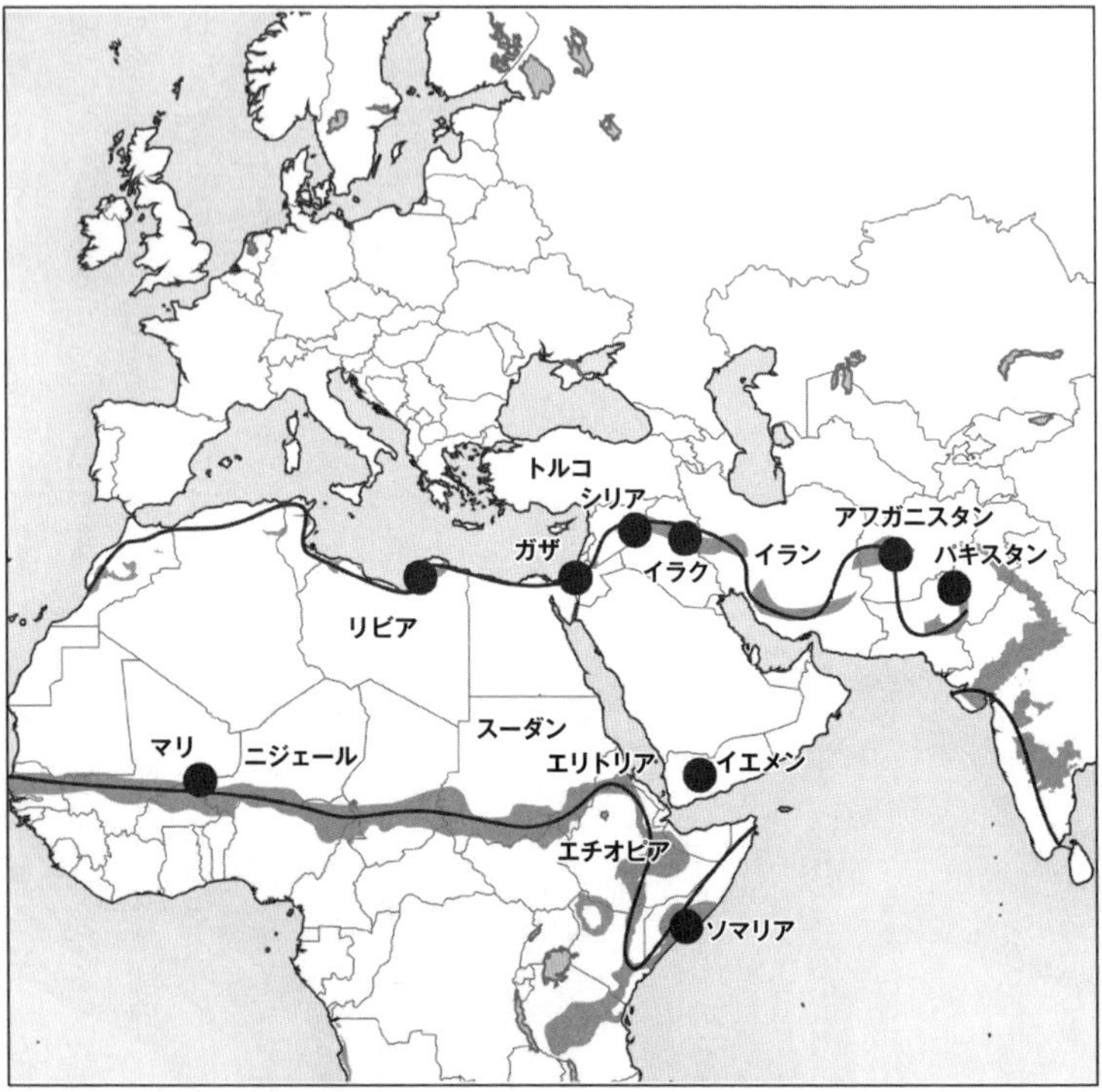

ている。その通りだ。そしていま、特定のパターンがきわめて明瞭になっている。最初は西側のジェット戦闘機が、その豊富な石油を追跡した。現在は西側のドローンが、水が不足する地帯に沿って頻繁に飛び交っている。干ばつが紛争を激化させるからだ。

　爆弾が石油の後を追い、ドローンが干ばつの後に続くように、ボート（船）はどちらの後にもついてくる。戦争と干ばつで荒廃した乾燥地帯の故郷から逃れてくる難民を満載したボートだ。爆弾やドローンを正当化したのと同じ、他者を人間扱いしない能力がこれらの越境者にも向かい、彼らの安全への希求が私たちの安全への脅威として映し出され、彼らの死にもの狂いの逃避は、まるで侵略軍のように描かれるのだ。ヨルダン川西岸地区や他の占領地域で磨きをかけられた戦術が、いまや北米とヨーロッパでも展開されている。ドナルド・トランプ大統領は、メキシコとの国境に壁を建設するプランを売り込む際に「イスラエルに聞いてみるといい。壁は効き目がある」と好んで言いたがる。フランスの町カレーでは、難民であふれた一群のキャンプがブルドーザーで取り壊されている。地中海では毎年、何千人もの難民が溺死している。[*3] オーストラリア政府は、戦争や暴政から逃れてきた人々をナウルやマヌスの離島の収容キャンプに勾留している。ナウルの収容所はあまりに劣悪な状況にあるため、先月、イランからの難民が世界の注目を集めようと焼身自殺をした。もうひとりのソマリア出身の二一歳の女性の難民も、数日後に焼身自殺を図った。

マルコム・ターンブル首相は、オーストラリア人は「この事件について涙ぐむべきではない」、そして「私たちの国民的目標について、明確で断固としていなければならない」と警告した。英国の極右の解説者ケイティ・ホプキンスは昨年、こう言い放った。英国は「オーストラリア人を見習うべきだ。武装ヘリコプターを投入して、難民を彼らが出航した海岸に追い返し、ボートを燃やしてしまえ」[*4]。今度、マードック系列の新聞のコラムニストが同じことを言ったときのために、ナウルで起きたことをしっかり心に刻んでおこう。

もうひとつ象徴的なことは、ナウルが海面上昇に脅かされる太平洋の島嶼国のひとつだということだ。ナウルの住民は、自分の国がよそ者を収容する監獄になったのを見た後、おそらく自分たち自身も移住しなければならなくなる。明日の気候難民が、今日の収容所の看守として雇われているのだ。

ナウルでいま起きていること、そしてこれからナウルに起こることは、同じロジックの表出であることを理解する必要がある。黒や褐色の肌を持つ人の命にほとんど価値を認めず、彼らが波にのまれて消えたり、収容所で焼身自殺を図ってもなんとも思わないような文化は、黒や褐色の人々が住む国々が波にのまれて消滅したり、乾燥と熱気で干からびても、少しも気にしないだろう。それが起きたとき、人間の序列の理論、すなわち、まず自分たちの必要を満たすのが先だとか、難民は「私たちの生活様式」を破壊しに来るとかいう理屈が、このような醜悪な決定を正当化するために動員される。私たちはすでに、口にはしないものの、このような理屈で正当化している。気候変動は、最終的にはすべての人類にとって生存の脅威となるが、短期的にはたしかに差別的に作用する。ハリケーン・カトリーナに襲われたニューオーリンズ市で浸水した建物の屋上に取り残された人々や、アフリカ南部や東部の干ばつにより飢餓に直面している六〇〇万人（国連推計）のように、貧しい者が最初に最大の犠牲者となるのだ。

＊3　国際移住機関によると、この講演がおこなわれた二〇一六年には、地中海を渡ろうとして死亡した移民の数は過去最高の五一四三人に達した。

＊4　近年ヨーロッパではオーストラリアモデルを嬉しそうに採用している。イタリア政府は移住者を制限する取り組みのなかで、無法で悪名高いリビア沿岸警備隊に惜しみなく資金や訓練、後方支援、装備を与え、難民船がヨーロッパの海域に到着する前に彼らの手で取り押さえさせるようにした。この新システムのもとでは、生存者は（数千人がまだ溺れているなかで）強制的にリビアに連れ戻され、「強制収容所」と呼ばれる拷問やレイプなどの虐待が蔓延する場所に入れられる。一方、これまで海上で何千人もの難民を救ってきた国境なき医師団（ＭＳＦ）のような国際人道組織は犯罪者扱いされ、船の押収に直面している。二〇一八年の終わりにＭＳＦが救助船アクエリアス号の活動を中止せざるをえなくなったとき、ＭＳＦの総責任者ネルケ・マンダースは次のように述べた。「暗い一日となりました。ヨーロッパは捜索救助の能力を提供しなかっただけでなく、他の者の救命努力まで積極的に妨害したのです。アクエリアス号の活動が終われば、海で溺れ死ぬ人が増えることになり、目撃されることのない不必要な死も増加します」

これは緊急事態だ。いま現在の緊急事態であり、将来の緊急事態ではない。だが、私たちはそれにふさわしい行動をしていない。パリ協定は、温暖化の上限を二℃未満に抑えることを約束している。この目標は無謀どころではない。この目標が二〇〇九年にコペンハーゲンで発表されたとき、多くのアフリカ諸国の代表団はそれを「死刑判決」と呼んだ。海抜の低い島嶼国のいくつかは「生き残るためには一・五℃」をスローガンにした。土壇場でパリ条約に条項が追加され、「気温上昇を一・五℃未満に納めるための努力」を各国が追求することとされた。

この条項には拘束力がないだけでなく、そもそも嘘である。私たちはそんな努力をしていない。この約束をした国々の政府は現在、地球上でもっとも炭素排出の多い化石燃料のフラッキングや採掘を拡大する政策を推進している。そんなことをすれば一・五℃はもちろんのこと、二℃の温暖化上限でさえも守れない。こんなことが起こるのは、世界でもっとも裕福な国々のもっとも裕福な人々が、自分たちは大丈夫だと思っているからだ。最大のリスクを背負うのは他の誰かであり、たとえ気候変動が自分たちの足元に押し寄せたとしても、自分たちはなんとかなると思っているのだ。

それが間違いだということが証明されたときには、事態はさらに醜悪になる。そのような未来を鮮やかに垣間見せてくれたのは、二〇一五年一二月にイングランドで洪水が発生し、一万六〇〇〇戸が浸水したときだ。この地域の人々は、観測史上もっとも降水量の多い一二月という大災害に直面しただけではなかった。洪水被害の最前線で活動する公的機関や地方自治体に対し、政府が容赦ない攻撃を加えてくる事実にも対処しなければならなかった。したがって、理解できることだが、その失敗から話題を逸らしたいと願う人は多かった。彼らは尋ねる——われわれ自身が大変なときに、なぜ英国はそんなにたくさんの資金を難民や外国への援助に費やすのか？『デイリー・メール』紙は書いている。「国際援助はもういいから、国内援助はどうした？」「なぜ英国の納税者は、足元でお金が必要なときに、海外の洪水防災の費用を支払い続けなければいけないのか？」と『テレグラフ』紙の社説は要求する。なぜだろう。英国が石炭燃焼による蒸気エンジンを最初に発明し、化石燃料の工業規模の利用を地球上のどの国よりも長いあいだしてきたためだろうか。少し脇にそれてしまった。重要なのは、あのときこそ、私たち全員が気候変動の影響を受けており、みなで団結して行動を起こさねばならないと理解できた可能性があったということだ。だが、そうはならなかった。なぜなら気候変動は、単にそこらじゅうが暑くなり、湿っぽくなるだけのことではないからだ。現在の経済や政治の秩序のもとでは、そこらじゅうが卑劣になり、醜悪になるのだ。

これらすべてから学ぶべきもっとも重要な教訓は、気候危機への対処はテクノクラートに任せて、それだけ切り離して解決できるものではないということだ。それは緊縮財政と民営化、植民地支配と軍事拡張主義の文脈において捉えねばならないし、それらを維持するために必要になる、さまざまな他者化のシステムも考察する必要がある。それらのあいだの接触と交差は歴然としているのに、そうしたことへの抵抗は、非常にしばしば、高度にコンパートメント化されている。反緊縮派の人々が気候変動について話すことはめったになく、気候変動に関心のある人々が戦争や占領について話すことはめったにない。多くの人は、米国の都市の路上や警察の拘束のもとで黒人の命を奪っている銃器と、世界中の乾燥した土地や危険なボートで多くの黒人の生命を奪っている、もっと大きな武力との関係を結びつけて考えることができていない。

これらの断絶を克服し、私たちのさまざまな課題や運動を結びつける紐帯を強くすることは、社会正義や経済的正義に関心を持つ誰にとっても、もっとも差し迫った課題であると私は考える。収益性は高いが維持がますます難しくなる現状〔のシステム〕を守ろうとする勢力に対抗して、それを打ち負かすことができる堅固な対抗勢力を構築するには、それしかないのだ。気候変動は、既存の社会の病（格差、戦争、人種差別、性暴力）を加速するが、同時にまた逆の動きも加速する。すなわち、経済的正義や社会正義を推進する勢力や、軍事拡張主義に反対する勢力を強めることもあるのだ。実際、気候危機は多くの種の生存を危機に陥れ、私たちに科学に基づく厳然たるデッドラインを押しつけているので、そのことを契機として無数の強力な運動をひとつに結びつけることができるかもしれない。その軸となるのは、すべての人は生まれながらに価値があるという信念と、対象が人であれ場所であれ、「犠牲ゾーン」を作るという考え方を拒絶することだ。

私たちは、一度に多くが重なりあい交錯する危機に直面しているため、ひとつずつ順番に手当てしている余裕はない。だから統合されたソリューションが必要だ。それは、CO_2排出量を劇的に減らしながら、同時に膨大な数の優良で労働者の権利が保護された仕事を創出し、現在の採取型経済のもとで、もっとも虐げられ排除された人々に有意義な正義をもたらすソリューションである。

エドワード・サイードが亡くなったのは、イラク侵攻が始まった年だった。亡くなる前に、バグダッドの図書館や博物館が略奪され、その一方でイラクの石油省が忠実に守られるのを見る時間があった。こうした非道な行為がおこなわれるなかで、彼が希望を見出したのは、世界的に広がった反戦運動と、テクノロジーによって開かれた新しいかたちの草の根のコミュニケーションだった。サイードはこう記している。「世界中にオルタナティブなコミュニティが存在する。彼らはオルタナティブなニュースソースから情報を取得しており、環境や人権や自由主義への強い欲求が、この小さな惑星で私たちを結びつけることを痛感している」。そうだ、

「環境」もだ。彼のビジョンには、ツリー・ハガーズにさえ場所が与えられていた。

最近、イングランドの洪水について調査していたときに、この言葉を思い出した。責任転嫁や責任追及の嵐の中で、リアム・コックスという男性の投稿が目にとまった。彼は、メディアの一部がこの災害を利用して外国人への反感を煽るやり方に憤慨していた。そして、こう書いた。

ヨークシャー州のヘブデンブリッジに住んでいる者です。ここは洪水の被害がもっともひどかった地域のひとつです。ひどいものです。何もかもずぶ濡れだ。それでも……私は生きてるよ。私は無事だ。家族も無事です。怯えながら生きているわけではないし、自由だ。弾丸が飛び交っているわけでもない。爆弾が爆発することもない。自分の家から逃げ出さなきゃならなかったり、世界一裕福な国から拒絶されたり、その住民から批判されることもない。

外国人恐怖《ゼノフォビア》を吐き出すおバカたちは「われわれのニーズのため」だけにお金を使うべきだと言うが、鏡で自分の姿をよく見たほうがいい。そして自分に問うてほしい。とても大事な質問だ――私は善良で、立派な人間か？　故郷は英国だけではないんだよ。故郷は、この惑星の至るところにある。

これが、この章を締めくくるにふさわしい言葉だろう。

9 「リープ」がめざす飛躍――「無限の神話」を終わらせる

いまの私たちのように、軌道からひどく外れてしまったときは、中途半端な行動は中途半端な結果をもたらさず、危険なほど過激な結果をもたらすのです。

ラフォンテーヌ＝ボールドウィン講演、トロント　二〇一六年九月一九日

カナダ人として、あまり知られたくない秘密をお話しします。この会場からつまみ出さないでほしいのですが。それは、実は私がアメリカ人だということです。それを証明するパスポートもあります。もちろんカナダのパスポートもありますけれど。法的には、私がアメリカへ入国する際には、鷲のマークがついたアメリカのパスポートを見せ、トロントの自宅に戻るためにカナダに入国するときは、さまざまなイギリス風な物が入った紋章（と、ほとんど見えないほど小さいカエデの葉）が描かれたカナダのパスポートを見せることになっています。

二つのパスポート〔二重国籍〕を持つことになった理由を説明させてください。私の両親は二人ともアメリ

カ生まれのアメリカ人なので、当時子どもたちは国外で生まれても事実上アメリカ国籍が与えられました。私はモントリオールで生まれたカナダ人で、[1]五歳になる前の数年間を除いて人生のほとんどをカナダで過ごしてきました。二〇代から三〇代にかけて、法的にはアメリカ人であっても、それが自分のアイデンティティだと思ったことはありません。親しい友人にさえも、そのことについて話したことはありません。公的な書類には常に国籍は「カナダ」と記し、空港ではカナダ人用の列に並びました。アメリカで講演をしたりインタビューを受けたときには、アメリカ政府は常に「皆さんの国の政府」であり、「わが国の政府」と言ったことはありません。両親は、私がアメリカのパスポートを取得する権利があることを教えてくれていましたが、申請したことはありませんでした。自分がアメリカ人であると証明するものを持っていないことを、好ましいと私は思っていたのです。

なのに、何が変わったのか？　二〇一一年、私はワシントンDCでキーストーンXLパイプライン建設計画への抗議活動に参加していました。もし建設されれば、このパイプラインはカナダのアルバータ州からアメリカのメキシコ湾岸地域まで、タールサンド・ビチューメン〈粘度の高い原油〉を運ぶことになります。[*1]この抗議活動は数千人による市民的不服従行動で、二週間にわたりホワイトハウス正面の敷地に非暴力的に不法侵入し、逮捕されるというものでした。外国人がアメリカで逮捕されると、再入国が難しくなるという深刻な事態を招く可能性があるため、外国人はこの抗議活動に参加しないことになっていました。

しかしその日、ワシントンDCでちょっとしたハプニングがありました。原油とガスの開発で彼らの先祖伝来の領土が大きく破壊された、カナダの北アルバータ州の先住民族の代表たちが、リスクを取って逮捕されるという選択をしたのです。私はとっさに、夫のアヴィに知らせることなく〈知らせるようにいつも言われているのですが）、彼らと一緒に逮捕されることを決めました。

それは素晴らしい一日でした。逮捕された後の囚人護送車の中で、そしてその後に立ち寄ったバーでも、素晴らしい人たちに出会いました。全員が釈放された後、これでアメリカのパスポートは取れないだろうなと、ふと思いました。取れなくてもまったく問題はなかったのですが、申請したらどうなるのか知りたくなりました。驚いたことに、パスポートは問題なく取得できたのです。こうして、四〇代になってはじめて私はアメリカのパスポートを持つことになったわけです。

これで、私がいかにしてアメリカ人になったかは説明しましたが、そもそも私の家族がなぜカナダに来たかは説明していません。まったく別の話ですが、やはり刑務所が関係します。一九六七年、私の父は医科大学の卒業を間近にしていました。当時、私の両親は二人ともベトナム戦争に反対する運動に積極的にかかわっていました。多くの仲間がそうであったように、私の父も徴兵を避けるためにできるだけのことをしました。良心的兵役拒否者の身分を申請する、兵役の代替となる別の奉仕活動を探すなど、考えられることはすべてしたのです。しかし、すべてダメでした。父に残されたのは、ベトナムに行くか、刑務所に行くか、それともカナダに行くかという選択肢だったのです。その結果……私たちはここにいるのです。

子どものころ、車で家族旅行をしたときなどに、両親はその逃避行の話をスリル満点の物語のように話して私たちを楽しませてくれました。軍からの招集令状、電撃結婚、まわりの人々を巻き込まないための秘密裡の行動など。両親が深夜便に乗って真夜中にモントリオールに着いた話も聞きました。この便を選んだのは、カナダの国境管理庁には反米感情を持つフランス語系の職員がいて、その時間帯に勤務していると聞いたからです。そして、税関を通るよう手で合図され（やれやれ）、二人は入国しました。そのときのことを父が話すと、こんな感じになります。「たったの二〇分で、僕たちはカナダの国籍を得る権利がある、永住許可を持つ移民となったのさ」

カナダで、左派的思想を持つアメリカ人の両親に育てられた私にとって、カナダはバラ色の未来を持つ素晴らしい国でした。両親がアメリカを去った理由はたくさんあり（軍国主義、好戦的な愛国主義、何百万人もの人々が医療保険に入れないことなど）、彼らがカナダに魅力を感じここにとどまった理由もたくさん聞かされました。カナダの元首相ピエール・トルドーが、この国を「軍国主義からの避難所」であり、国民皆保険があり、メディアや芸術を支援する国であると宣言したのと同じです（私の母は、カナダ国立映画制作庁に雇用されて、フェミニズムについての反体制的なドキュメンタリー映画を制作し給料をもらっていました）。いま振り返ってみると、カナダをユートピアのように見せるマイケル・ムーアの映画の世界で育ったようなものです。

つまり、私の両親にとってカナダは「アメリカがそうあるべき姿」であったということです。カナダでは誰もドアに鍵をかけないし、誰も銃撃されないし、医者に診てもらうための待ち時間もない。そして誰もがお互いに対して、いつでも非常に親切だと。

現実はそれほど単純ではなく、私の子ども時代と自国への誇りを形成した、このようなアメリカ人の目を通して見たカナダ像には、多くの見逃された要素がありました。たとえば、カナダ人は自国がベトナム戦争に参加せず、アメリカの兵役拒否者を受け入れたことを正しかったと思っています。しかし、カナダ企業は何十億ドルもの武器やその他のアメリカの戦闘活動に必要な材料を売り、その中にはナパーム弾や「エージェント・オレンジ」と呼ばれる枯葉剤も含まれていたことは、いまでは私も知っています。「両天秤にかける」のはカナダの軍事的伝統のようなものです。カナダは二〇〇三年にも同じことをしました。イラクへの侵攻について、国連の承認がないという理由でかなり公然と不参加を表明しましたが、その後の占領では、交換将校や船舶を送るなどして支援しました。しかし、それはかなり目立たないかたちでおこなわれました。

自分たちを気持ちよくさせる物語を精査するのはつらいものです。それが、みずからのアイデンティティを形成した本質にかかわるものであればなおさらです。これについては私もまだ悪戦苦闘しています。わが国の医療システム、そして公共メディアと芸術への支援は、カナダがアメリカと異なる部分だと思っています。それについて私は両親と同じ意見です。しかしこれらのシステムや伝統は、長年放置されたため、かなり衰えてしまったことも事実です。私の父は退職後の日々を、わが国の公共医療システムをアメリカ式の民営化の波から守るために費やしています。

私のカナダ人としてのハッピーな人生には、他にも突っ込むべき箇所があります。空港で問題なく税関を通過できたこと、二〇分で移民の権利を得たこと。これは私の両親が（他の兵役拒否者と同じように）白人の中産階級の出身で、大学教育を受けていたことと無関係ではないでしょう。この時期にカナダは、私の両親のような人だけでなく、六万人のベトナムからの難民も受け入れていました。しかし、この寛容な窓が開かれていたのは比較的短い期間で、第二次世界大戦中にユダヤ人難民の受け入れを拒否したという、恥ずべき行為への反省からという意味合いも含まれました。ここ数十年、わが国が武器や兵士を送って支援した戦争を含む違法な戦争で爆撃を受け、カナダにたどりついた黒や褐色の肌の人々が、空港に着陸後わずか二〇分で移民として受け入れられ、次の月曜日の朝から仕事を始めるなどということは、まずないと言ってよいでしょう。何千人もの人が、何の罪も犯していないのに、何年も抑留されているのです。その多くは、厳重警備の刑務所に収容され、いつ釈放されるかもわからない状況に置かれています。この慣行は、国連からもくりかえし批判されています。

自国の国としてのあり方を語るとき、国を定義する私たちの価値観についての物語は不変ではなく、事実が変われば物語も変わるものなのです。社会の権力のバランスが変われば物語も変わります。だからこそ、政府だけでなく一般の人々が、自国の集合的な物語や象徴、歴史を自分たちの言葉で語りなおし（再話《リテリング》）、考えなおす（再考）プロセスに積極的に参加すべきなのです。

そしてそれは実際に起こっています。たとえば、ここトロントの周辺では「オギマア・ミカナ」プロジェクトによって、公式の道路標識がアニシナベ族の言語の標識に置き換えられています。私が住んでいる地域でも大きな看板が設置され、高級化《ジェントリフィケーション》著しいこの地区が、かつて先住民族どうしが土地と水を平和的に共有するために合意した条約「ディッシュ・ウィズ・ワン・スプーン・ワンパム・ベルト条約」〔2〕の対象であったことを思い出させてくれるのです。これは、集合的な物語を変えようとする公の場での試みです。もっと正確に言えば、毎日大音量で押し寄せる新しい情報の中に通常は埋もれてしまっているけれど、まだ生きている古い物語を表に出そうという試みです。

長いあいだ当たり前だと思っていた物語、とくに自分にとって心地良い物語を精査することは健全なことです。物語と神話が役に立つものであり、真実であると感じたとしても、その理想に近づこうとさらに努力することは健全です。しかし、それらがもはや役に立たなくなっているなら、また私たちの行く手を妨げるようになったなら、そこから離れて別の物語をつくる意志が必要です。

＊1　ドナルド・トランプ大統領は、八〇億ドルをかけたこのパイプラインの建設を、大統領令を発動することでなんとか押

し通そうとしたが、この本の出版時点（二〇一九年九月）ではまだ法廷で争われている。

「リープ」

それを念頭に、物語を集団的に再話《リテリング》する試み——そしてそれが、世界的な生態系危機の中心にある、権力ある国の物語といかに対立するか——についてお話ししたいと思います。これは「リープ・マニフェスト」という、私がかかわっているプロジェクトの話です。多くの皆さんはこれをご存じのことと思いますし、皆さんの中の何人かは、これに署名してくださったと思います。しかし、「リープ（Leap）」の背景にある物語はあまり知られていません。*2

「リープ」は、二〇一五年五月にトロントで開催された、ある会議の結果生まれたものです。これは全国から労働、気候、信仰、先住民族、移民、女性、反貧困、反投獄、食の正義、住居の権利、交通・輸送、グリーン・テクノロジーなど、さまざまな分野の運動を代表する六〇人のオーガナイザーや研究者が参加した会議でした。この集まりのきっかけとなったのは、原油価格が急落し、高価格の石油の輸出に依存していたカナダ経済に衝撃を与えたことです。会議の目的は、この経済的ショックを、再生可能エネルギーを基礎とした経済に急速に移行するために、どのように活かすことができるかを探ることでした。こんなに価格変動が激しい資源に自国の運命を託すことが危険であることは明らかですから。長いあいだ私たちは、健全な環境か、強い経済かのどちらかを選択しなければならないと教えられてきましたが、原油価格が暴落したときにはその両方を失ったのです。石油に依存した経済モデルとは抜本的に異なるモデルを提案する好機に思えました。

会議を開催した当時、カナダではちょうど連邦総選挙が始まったばかりでしたが、その時点ですでに、主要政党はどれも脱炭素経済への急速な移行を選挙公約に掲げていないことが明らかでした。与党保守党から政権を奪おうと競いあっていた自由党と新民主党（NDP）はどちらも、政権奪取をめざして「本気」であり、実用的でもあることを示すには、少なくともどれかひとつの石油パイプライン新設計画を選んで支援する必要があるという、選挙の常套戦略に従っていました。気候変動対策については、漠然とした公約が提示されていましたが、科学的な根拠から導かれたものではなく、仕事が必要な人たちのために何十万もの良質な雇用を創出できる、グリーン経済への移行を提示するような公約ではありませんでした。

そこで私たちは、どの党の公約にもないけれど、自分たちが投票したくなるような政策として「市民からのマニフェスト」のようなものを作成し、この討論にかかわることにしました。二日間、輪になってお互いに目を合わせて討論したとき、私たちはこれが現代の社会運動の新しい領域であると気づいたのです。ここに集まったメンバーのほとんどは、とくに不評な政治家の緊縮政策や、不必要な貿易協定や違法な戦争などに反対するため、以前から広範に連携して闘ったことがありました。

しかし、これらはすべて「ノー（反対）」と言うための連携でした。だから今回は、目先を変えて「イエス（賛成）」と言うための連携にしよう、ということになりました。そのためには、私たちが実現したい世界について一緒に夢を見るという、まだやったことがないことをする場をつくる必要があったのです。

私を「リープ・マニフェスト」の創案者だと言う人がいますが、それは違います。私の役目は耳を傾け、共通のテーマに気づくことでした。もっとも明快なテーマのひとつは、私たちには自然界から限りなく資源を採取できる、神から授かった権利があり、それが限界に達することはないという、子どものころからなじんできたこの国の物語《ナラティブ》から脱却する必要があるということでした。私たちがしなければならないのは、その物語を脇に置いて、ケアする義務に基づいた別の物語を伝えることです。つまり、土地、水、空気のケアをし、お互いをケアしあうことです。

その場に集まった人々の多様性によるところが大きいのですが、真に広範な「イエス」連合をつくろうとするなら、懐古的で時代遅れのビジョンに戻らないことが大事だということも、私たちは意識していました。無垢な七〇年代世代が熱望していたビジョンは、先住民の主権を尊重せず、多くの非白人コミュニティの声を排除していました。それは中央集権国家に信頼を置きすぎ、環境の限界を考慮しませんでした。ですから、過去を振り返るのではなく、最終的に行き着きたい場所を示すことから、プラットフォームづくりを始めたのです。それは次のようなものです。

「私たちはすべてが再生可能なエネルギーで動き、誰でもアクセスできる公共交通手段でつながれている国に住むだろう。そして、そんな国への移行《トランジション》を実現するための仕事や機会が、人種や性別による体系的な格差がないように設計されている。人間どうしのケアや地球のケアに携わることが、経済の中でもっとも急速に成長する部門となる。より多くの人々が、より高い賃金の仕事に就き、いまより短い労働時間で生活できる。だから、愛する人たちと過ごす時間を楽しみ、コミュニティ活動にいそしむ時間も十分に持つことができる」

このやり方では、まず私たちが望む将来像をはっきりさせること。それから、そこに行き着くためにはどうしたらよいかという肝心な問題に入っていくのです。しかし、詳細を説明する前に、公式の物語に異議を唱えることについての話に戻りたいと思います。

リープ（飛躍）とは大きく急速な変化を意味します。だから、それをプロジェクトの名前として選んだのです。なぜなら、私たちは気候変動に関しての問題を先送りにしてきたため、いまでは問題が悪化しすぎて、小さなステップでは（たとえ方向性は正しかったとしても）泥沼から抜け出せないからです。しかし、これを、徐々に進む「漸進（incrementalism）」ではなく「変革（transformation）」と位置づけることは、この国の有力な利権者たちが大切にしている物語《ナラティブ》と正面衝突することになります。彼らが好む物語は、「カナダ人は穏健で堅実な国民であり、国境の南の性急な隣人と違って、意見が異なるときは妥協して中道を選択することを好む。急激な動きはダメ、飛躍などとんでもない」ということになるわけです。

それは素晴らしいシナリオであり、節度はどんな状況においても大切な長所です。たとえばお酒やチョコレートサンデーの消費などには、節度はよいアプローチと言えます。しかし困ったことに、気候変動に関しては、漸進的、穏健なアプローチはそれ自体が大きな問題となるのです。それが、私たちがあまり穏健でないプロジェクト名を選んだ理由でもあります。生ぬるいアプローチは、皮肉にも、地球を極端に暑く、残酷な未来へと導くからです。いまの私たちのように、軌道からひどく外れてしまったときは、中途半端な行動は中途半端な結果をもたらさず、危険なほど過激な結果をもたらすのです。

常にそうだったわけではありません。気候危機の問題と、先進工業国が排出量を削減する必要性について話しあう最初の政府間会議は一九八八年に開催されました。開催国はカナダで、この街トロントでおこなわれました。その会議では素晴らしい提案がなされたのです。そのときに彼らの意見に耳を傾けていたら、そして排出量の削減を三〇年前に始めていたなら、ゆっくりと穏やかな道をとることもできたでしょう。二酸化炭素排出量を毎年二％程度徐々に減らす、穏やかで段階的な、中道派好みの削減もできたのです。

しかし私たちはそうしなかった。わが国だけでなく、ほぼすべての裕福な国や、急速に成長する国がそうはしなかったのです。実際、政府間会議は毎年のように開催され、排出量の削減について話しあってきましたが、実際には排出量は全体で四〇％以上も上昇しました。カナダは巨大な化石燃料開発プロジェクトを開始し、地球上でもっとも炭素排出量が高い原油採掘の技術を開発しました。気候変動の原因となるものから手を引くのではなく、それへの投資を倍増させたのです。穏やかどころか、とても過激な行動でした。

そのため、いままでは問題がはるかに悪化し深刻になっています。炭素の排出量が爆発的に増えたため、安全なレベルに達するにはもっと多く削減しなければならなくなったのです。さらに悪いのは、削減するための時間が残されていないということです。いますぐ始める必要があるのです。難題への対応を先延ばしにすることをくりかえした結果こうなったのです。同じ道をこれ以上進むことはできません。

ですから、ほんとうに過激な行動を取らなければならなくなったのです。急激で圧倒的な行動が必要です。それが、くりかえし語られてきたカナダ人の中道の精神と相容れるかどうかは気にすることはありません。「グリーン・ニューディール」、「偉大なる変革」、「地球のためのマーシャルプラン」、何とでも好きなように呼んでください。しかし間違えないでもらいたいのは、これは政府の「やることリスト」に付け加える新たな一項目ではないし、特定の利益集団を満足させることでもないということ。いま必要とされている大変革は、カナダを含む地球上のすべての主要経済国が、文明の使命として扱わなければ達成できるものではありません。

「リープ・マニフェスト」の草案を作成したとき、私たちが強く意識していたことのひとつは、緊急事態は権力の乱用につながりやすいということです。それについては進歩派も例外ではありません。環境保護運動にも長く苦々しい経験があります。活動家の中には、「環境保護問題はきわめて重大で緊急な課題であり、すべての人や事象にかかわるものであるため、どんなことよりも、どんな人よりも優先されるべきだ」といったメッセージを、暗示的または明示的に発信する人がいるのです。その行間を読めば、「まずは地球を救うべきで、その後に貧困や警察による暴力、性差別や人種差別の問題に取り組めばいい」ということです。

実際、このようなやり方は、小さく弱い、同質の者だけの運動を構築するにはよい方法です。しかし、貧困、戦争、人種差別、性暴力はすべて、それに直面する個人やコミュニティにとっては生存を脅かす脅威なのです。そこで私たちは、世界中で拡大していた気候正義運動に触発されて、別の方法を試してみました。気候の大惨事を目の当たりにして、地球をもっとよい環境にするために私たちの経済を根本から変えるつもりなら、この機会をうまく捉えて、これら異なる分野のすべての問題に対して公平に取り組むことを決意したのです。こうすることで、誰にとっても、どの生存の脅威がもっとも重大かを選択する必要がなくなります。いくつか例を挙げてみましょう。

当然のことながら、気候に焦点を当てた文書なのですから、私たちは再生可能エネルギー、エネルギー効率、交通や輸送手段、高速鉄道などグリーン・インフラへの大規模な投資を求めています。すべては今世紀半ばまでに持続可能な経済を実現し、それよりずっと早くに再生エネルギー一〇〇%を実現するためです。このようなインフラ投資は大きな雇用を創出することがわかっています。同額を石油やガスに投資するよりも、六～八倍多くの雇用を生み出します。私たちは、石油やガスの採掘現場の職を失う労働者を、公的資金を使って再訓練し、彼らが次世代の経済で働く準備ができるようにすることを要求しています。労働組合関係者は、その再訓練の制度設計は、労働者が関与して民主的になされることが重要だと主張しました。「リープ・マニフェスト」には、それらすべてが含まれていて、正義に基づく移行の基本原則となっています。

しかし、私たちはもっと多くを望んでいました。私たちが「グリーン・ジョブ」について語るとき（その機会はしばしばあります）、一般的にはヘルメットをかぶって太陽電池パネルを設置している男の姿を思い浮かべます。それはたしかにグリーン・ジョブのひとつではありますが、グリーン・ジョブは大量に必要なのです。ましてや、低炭素の仕事はすでにたくさんあります。たとえば、高齢者や病人の世話をすることは、多くの炭素を消費しません。芸術作品の制作も同様です。子どもたちを教育することも低炭素です。保育園や介護施設で働くことも低炭素です。しかし、圧倒的に女性が担っていることが多いこれらの仕事は、過小評価されており、低賃金で、しばしば政府による歳出削減の対象になります。そこで私たちは意図的に、グリーン・ジョブの通常の定義を「化石燃料を大量に消費せず、コミュニティにとって有用で、それを豊かにする仕事」に拡大することにしたのです。ある参加者は、「介護や看護は再生可能エネルギーだし、教育だって再生可能なエネルギーです」と言いました。さらに、この種の仕事はコミュニティを強くし、より人道的にするため、将来行く手を阻む気候破壊というショックに対処する上で役立つのです。

「リープ・マニフェスト」のもうひとつの主要項目は、「エネルギー民主主義」として知られているアイデアです。再生可能エネルギーは、可能な限り公営または地元コミュニティが所有し管理する。そうすることで、この新しい産業の利益や恩恵は、化石燃料と比べると中央集権化しなくなるのです。私たちはドイツのエネルギー転換からヒントを得ました。ドイツでは、数百もの都市や町が地元のエネルギー供給網の支配権を民間企業から取り戻しました。また、グリーン・エネルギー協同組合も爆発的に増えています。こうすることで、発電事業から得た利益がコミュニティにとどまり、必要な住民サービスへの原資となります。

しかし、私たちは「エネルギー民主主義」だけでは不十分であり、「エネルギーの正義」、さらには「エネルギーの賠償」も必要だという結論に達しました。ここ二世紀ほどにわたり、エネルギー産業やその他の高炭素産業が開発してきた方法は、もっとも貧しいコミュニティに、不釣り合いに大きな環境負担を強いる一方で、彼らには経済的な恩恵を非常にわずかしか与えてこなかった。だからこそ、「リープ・マニフェスト」には、「先住民やその他の汚染産業の活動による被害の最前線にいる人々が、真っ先に公的支援を受けて、彼ら独自のクリーン・エネルギー・プロジェクトを進めるべきだ」と書いてあるのです。

このような関連づけを嫌う人もいます。排出量削減だけでも非常に難しいのに、なぜ他の多くの問題を同時に解決しようとして、さらに難しくするのか？　それに対する私たちの答えはこうです。私たちが際限のない資源採取をやめ、自分たちと大地との関係を修復しようとするのなら、そのプロセスの中で、自分たちどうしの関係をも修復するべきではないか。非常に長いあいだ、私たちに提示されてきた政策は、環境危機を、それを引き起こしている経済や社会のシステムから切り離すものでした。これがまさに、結果を出せず失敗したモデルです。その一方で、ホリスティック（全体的）な変革が国家規模で試みられたことはないのです。

もうひとつ例を挙げましょう。「リープ・マニフェスト」は、カナダ政府の対外政策が、国を逃れて難民になり、他国に保護を求めざるをえない人々をつくり出すことに一役買っており、その政策はいまも続いていることをはっきり認めています。彼らは、わが国の政府が支援した自由貿易協定のせいで経済的打撃を受け、カナダの企業が建設した鉱山のせいで被害を受け、そしてカナダ政府が加担または資金援助した戦争のせいで、祖国を捨てざるをえなかった人たちです。

自由貿易協定、戦争、採掘、これらすべては世界の温室効果ガス排出量の上昇に大きく寄与しており、いまでは気候変動そのものが、人々に自分の土地を離れることを強いています。だからこそ私たちは、移民の権利を気候正義の問題として考えることにしたのです。もっと多くの移民や難民に国境を開放するべきであり、すべての労働者は、滞在資格に関係なく、完全な労働者の権利と保護を受けるべきだと、はっきり主張しています。これは慈善行為や私たちの良心の表現ではなく、気候変動がグローバル化した複雑さの中で起こり、私たちの運命が、いまも昔も相互に関連しあってきたことを教えてくれたからです。その根底にあるのは、集団としての私たちの行動が、地球に多大な影響を与えてきたことを否定できなくなっているなかで、私たちがどのような存在として生きていきたいのかという問題です。これは経済的および政治的な問題であり、道徳的かつ精神的な問題でもあります。

私たちのマニフェストに立ちはだかる最大の障害は、緊縮理論の力だろうとわかっていました。つまり「政府は常に財政危機状態にあるので、真に公平な社会などつくれるわけがない」という、私たちが何十年も聞かされてきたメッセージです。これを念頭に、エコノミストのチームと協力して、私たちの計画に必要な財源をどのように確保するかを具体的に示した補足文書を作成しました。

このマニフェストを一般に公開する前に、私たちは多くの組織や著名人に接触し、感想を聞きました。くりかえし聞こえてきた声は、「イエス。自分たちはこうあるべきだ」「政治家にプレッシャーをかけよう」と、カナダ人の慎重さなどものともしない答えが返ってきました。ニール・ヤングやレナード・コーエンなど国民的著名人たちが、躊躇することなく支持してくれました。小説家のヤン・マーテルは、これは「屋上から大声で叫ぶべきことだ」と返信してくれました。このマニフェストは、グリーンピース、カナダ労働会議（CLC）議長、ハイダ族のスポークスパーソンで有名な木彫りマスターであるグジャウのような先住民の長老たちが署名する、稀有な文書となりました。最終的には二〇〇以上の組織が署名しました。

＊2 「リープ」は多くの点でグリーン・ニューディール・プロジェクトの原型のようなもので、気候変動に対処する野心的な行動を、もっと公平で包括的な経済への移行と連携させる試みであった。私たちの試みの短所や長所は、他の国でグリーン・ニューディール・モデルを試みようとするときにも参考になると思われる。

バックラッシュ

当初は熱い歓迎を受けましたが、このマニフェストを広く一般に公開したときの反応には、正直驚きました。それは控え目に言っても「非難の嵐」でした。

まず、カナダの元首相ブライアン・マルルーニー[3]が、引退の身でありながら表に出てきて、リープ・マニフェストは「経済的ニヒリズムの新しい哲学」であり「抵抗して打倒せねばならない」と宣言しました。そして、新民主党〔NDP、野党第三党の社会民主主義政党〕が、このマニフェストの精神を支持し、その詳細について党内で議論することを決議すると、今度はカナダの三つの州の三つの異なる政党の現職知事が、マニフェストを非難する声明を出しました。ひとりは「何百もの町が地図上から消えるだろう。明日にも。そしてゴーストタウンになるだろう」と言い、もうひとりは「存続を脅かす脅威」と述べ、最後のひとりは、アルバータ州のNDPの（いまでは前知事となった）知事で、「裏切りだ」とコメントしました。

興味深いことに、こうした非難はどれも、草の根運動の人々には大きな影響を与えませんでした。引き続き多くの人がこのマニフェストに名を連ね、「リープ」プロジェクトの支部を次々とつくりはじめました。バックラッシュのピーク時におこなわれた世論調査では、緑の党、NDP、自由党の支持者の大多数がリープ・マニフェストの核となる考え方を支持していることがわかりました。保守党の支持者でさえも二〇％がリープ・マニフェストを支持していました。これはたいへん興味深い分離だと思います。さまざまな政治志向を持つ多くの人々が、リープ・マニフェストを読み、非常に賢明で、刺激的でさえあると思ったのに、エリートたちには、党派の違いに関係なく、この世の終わりのように見えたのです。

この隔たりをどう受けとるべきか？　この大きな「不満」の声の大半は、リープ・マニフェストの中の、たった一行が巻き起こしたものです。それは、「今後何十年にもわたり、採掘を継続することから逃れられなくなる化石燃料のためのインフラ」をこれ以上建設することはできない、とした「NOパイプライン」の一行です。

詳しく説明しましょう。科学的な観点から見れば、これにはまったく議論の余地がないのです。パリで開催された国連気候変動枠組条約締結国会議（COP21）で交渉された新たな協定で、各国政府は「平均気温の上昇を（産業革命前と比較して）二℃未満に抑えることを誓約し、それと同時に「一・五℃未満に抑えるよう努力する」という目標も掲げました（後半の、もっと野心的な文言を入れるために奮闘したのは、カナダのジャスティン・トルドー首相のチームでした）。

広い視野で見れば、人類が産業規模で石炭を使いはじめてから、地球の気温はすでに約一℃上昇してしまっているのです。ですから、一・五から二℃未満が目標なら、私たちに残された炭素予算《カーボン・バジェット》は非常に限られたものになります。その範囲内にとどめるためには、いまある炭素の埋蔵量は地中に残しておく必要があるのです。この点について科学者たちは非常に明快です。アルバータ州のビチューメンのように、とくに汚染度の高い高炭素の化石燃料の場合、現在確認されている埋蔵量の八五～九〇％は地中に残しておかなければなりません。

これは、総合科学ジャーナル『ネイチャー』に掲載された、専門家の査読を受けた研究論文に基づいており、その論文に異論は出ていません。

同じことは、フラッキングなどの技術を使った新しい化石燃料採掘プロジェクトにも言えます。そして、カナダの政治家はそれに異論を唱えていません。彼らは、現在の排出量削減目標では、パリ協定で合意した目標温度をはるかに超えてしまうことを認めているのです（これはカナダだけではありません）。現在の炭素予算では、平均温度上昇一・五〜二℃未満を達成できず、三〜四℃の上昇となってしまうのです。それも、もし現在の目標を達成できれば、の話なのです。そして、その「もし」には大きな疑問符がつきます。

地球の気温上昇が三〜四℃に達するのを防ぐために、要求されることは非常に難しい。だから、それを実行する価値があるのかについて議論することはできます（ちなみに気候科学者によれば、このような気温上昇のもとでは、文明社会と呼べるような秩序は存在しえません）。それは興味深い議論になることでしょう。でも、そのような議論はまだできていません。それどころか、科学的知見と、わがカナダ政府が公式に表明した目標に基づく議論をしようとすると、「黙れ」と言われ、国を破壊するのをやめろと言われるのです。

特異な論争への制限

これは世界中で起こっているわけではありません。他の国々は、科学が示した現実を実際に織り込んだ政策を進めています。たとえばドイツとフランスはフラッキングを禁止しました。両国とも、パリ協定の温度目標に沿った排出量の削減にはほど遠いのですが、少なくともヨーロッパでは、炭素を地中にとどめておくことを議論することへの嫌悪感がカナダほど強くはありません。そうなった原因は、カナダの石油とガス部門が多くの雇用を生んでいるからだけではありません。状況は他国も同じですが、彼らはカナダよりずっと先を行っています。正真正銘の石油国家であるアラブ首長国連邦でさえ、石油時代の終わりに備えて、石油から得た数百億ドルの富を再生可能エネルギーへの新しい投資に注ぎ込んでいるのです。

環境の限界について理性的な議論ができていないのは、カナダだけではありません。オーストラリアやアメリカでも同様です。多くの政治家やマスコミに登場する評論家が、科学を徹底的に否定しているからです。そうすればするほど、他の国々は尻込みするのです。このような地理的な差違はどこから来るのか考えてみたのですが、結局は自分たちの出発点に戻るようです。つまり、それぞれの国民に対し、自分たちが何者かを定義する価値観を告げる公式な「国民の物語《ナラティブ》」と、このような物語によって育まれ維持される権力構造の問題に戻るのです。

無限という神話

「リープ」を発表したとき、私たちの前に立ちはだかったのは、カナダのような若い国が建国される前から存在する、深層に流れる物語でした。それは、ヨーロッパ人の探検家が〔アメリカ大陸に〕到着したときから始まります。当時、彼らの母国は生態学的な限界に達していました。広大な森林はなくなり、大きな獲物は狩りで絶滅に追い込まれていました。

このような背景のもと、いわゆる「新世界」は、一種の予備の大陸として、交換部品のように使えるものだと想像されていました（ニューフランスとか、ニューイングランドと呼ばれたのは偶然ではないのです）。

それは素晴らしい部品でした！――魚、鳥、毛皮、巨大な樹木、そして、のちには金属や化石燃料などの鉱脈も発見された。まるで底なしの宝庫のようだったのです。北米大陸と、のちに入植が始まったオーストラリア大陸には、このような自然の富で覆われた非常に広大な土地があり、その境界がどこにあるのかもわからないほどでした。この国は果てしなく無限の資源を持つ土地でした。資源が足りなくなると、政府はフロンティアをさらに西の未開の地へと進めればよかったのです。

このような土地が存在すること自体が、神の啓示のようでした――生態学的な限界なんて気にするな。この替え玉のような大陸のおかげで、自然の恵みを使い果たすことはないと思われました。いずれカナダとなる土地についての、初期のヨーロッパ人の記述を振り返ってみると、探検家や初期の入植者たちは、物が不足する不安は永遠になくなったとほんとうに信じていたのです。ニューファンドランド島の沖の海は魚で一杯で、ジョン・カボット〔英国王の特許を受け北米大陸を発見した航海者〕の船の「進路をふさいだ」くらいだったのです。ケベック州のシャルルボワ神父は一七二〇年に、「〔タラは〕土手を覆う砂の粒と同じくらいの数だった」と記しています。オオウミガラスもいました。ペンギンに似たこの鳥の羽は、マットレス用に誰もが欲しがりました。とくにニューファンドランド島沖の岩だらけの島々には、膨大な数が生息していました。ジャック・カルティエ〔フランス出身の探検家〕は一五三四年に、これらの島は「野原や草原が草で覆われているのと同じくらい、鳥で一杯だった」と報告しています。

大陸東部のマツの森林、太平洋岸北西部の巨大なスギの林などについてもまた、「尽きることがない」そして「無限」という言葉が、魚のときと同様にくりかえし使われています。もうひとつ、よく反復される言葉は、自然の恵みは非常に大きいので、枯渇を防ぐためにこの宝の山を管理することは意味がない、というものです。あまりに自然が豊富であるため、無頓着になれるという壮大な自由がありました。「ダーウィンの番犬」として知られるイギリスの生物学者トマス・ハクスリーは、一八八三年の国際漁業展で、「タラ漁は……尽きることはありません。つまり、私たちが何をしようと、魚の数に深刻な影響を与えることはないのです。このような漁業を規制する試みは、結果的に何の役にも立たないでしょう」と述べました。

その後起こった事実を考えれば、彼らが残したこれらの有名な言葉は、明らかに言いすぎでした。一八〇〇年までにオオウミガラスは全滅しました。そのすぐ後、ビーバーの毛皮企業の株が東カナダで暴落しました。無尽蔵なはずのニューファンドランド島沖のタラは、一九九二年に「商業的に絶滅した」と宣言されました。尽きないはずだった原生林は、オンタリオ州南部では事実上全滅しました。バンクーバー島にある、最大で最長の原生林の九一％はなくなってしまいました。

もちろん、これはカナダに限ったことではありません。アメリカ経済も容赦ない採取をおこないました。[*3] しかし、そこには重要な違いがあります。米国南部の奴隷経済は、強制労働による搾取に基づいていました。これは急速に工業化していた北部の人口を養うため、土地を開拓して耕作するために使われたのです。カナダにも奴隷制度はありましたが、大西洋を横断する奴隷貿易におけるカナダの主な役割は、物資や食料を供給することでした。無尽蔵と考えられていたタラは塩漬けにされ、イギリス領西インド諸島（ジャマイカ、バルバドス、英領ギアナ、トリニダード、グレナダ、ドミニカ、セントヴィンセント、セントルシア）に出荷されたのです。裕福なプランテーションの所有者にとって、タラは奴隷のアフリカ人に食べさせる、非常に安価で貴重なタンパク源でした。

カナダの経済的得意分野は、野生動物と野生植物の両方を、貪欲にむさぼりつくすことだったようです。カナダは、国になる前はハドソン湾会社という毛皮貿易で資源を採取する会社だったのです。そしてこの事実が、この国のあり方を形成していたのです（私たちにはまだ直視できていないけれど）。そして、私たちのグループが次のような主張をしたとき、なぜ大きな不満の声が上がったのかを説明しています。私たちはこう言ったのです。「実際、人類は地球が耐えうる限界に達してしまった。どんなに儲かろうとも、資源は地下に残しておく必要がある。新しい物語と新しい経済モデルに切り替えるのは、いまだ」と。

北アメリカ大陸では、野生動物、原生林、埋蔵されている金属、そして化石燃料などを採取するだけで、莫大な富が築かれたのです。経済エリートたちは、自然の世界を天から与えられた食料庫とみなすことに慣れきってしまっていました。「リープ」の活動から私たちが発見したのは、誰か、あるいは何か（気候科学など）が経済エリートたちの習慣に異議を唱えた場合、それは受け入れにくい真実として受けとめられるのではなく、まるで存続を脅かす攻撃のように受けとめられるということです。

経済歴史家のハロルド・イニス（彼は、カナダが奴隷貿易で重要な役割を担ったことを認めていません）は、そのことを一世紀前から警告していました。カナダが天然原料資源の輸出に極端に依存していることで、カナダ経済の発展が「ステープル段階」[4]でショックを受けたと主張しました。これはアメリカ経済の大部分にも当てはまります。ルイジアナ州とテキサス州は石油、ウェストバージニア州は石炭に依存しています。原料資源に依存していることは、その国の経済を、独占と外部からの経済ショックに対して非常に脆弱にします。「バナナ共和国」[5]が誉め言葉でないのはそのためです。

カナダは自国がそうだと考えてはいないし、一部の地域は産業を多様化しましたが、私たちの経済史は別の物語を伝えていています。数世紀にわたってカナダは、大当たりの好景気からその破綻までを猛スピードで進みました。一八〇〇年代の後半にビーバー貿易は崩壊しました。ヨーロッパのエリートたちの嗜好が突然、生皮で作られた山高帽から滑らかなシルクハットへと移ったからです。昨年アルバータ州の経済は、原油価格の下落で急激に落ち込みました。かつては英国貴族の気まぐれに振りまわされましたが、いまではサウジアラビアの王子の気まぐれにです。それが進歩といえるかどうかは疑問です。

問題は、商品市場の浮き沈みが激しいことだけではありません。景気循環をくりかえすたびに、危険にさらされるものが大きくなるのです。タラを乱獲したことでこの種が絶滅の危機におちいり、タールサンド原油とフラッキングによるガス採掘は地球の崩壊を助長しています。

しかし、これだけ膨大な危機に直面していても、私たちは立ち止まることができないようです。資源商品への依存が、カナダ、アメリカ、オーストラリアのような入植植民地国家の政治体制をいまも構成しています。そのことが、この三つの国すべてで、先住民族《ファースト・ネーションズ》との関係を修復しようとする試みの前に立ちはだかっています。なぜならこの三国が、先住民の土地に埋蔵されている富に依存しているという基本的な権力構造が変わっていないからです。たとえば、北アメリカ大陸の北部で毛皮貿易が富の創造の根幹であったころ、先住民の文化と土地との関係が、採取への欲望に対する大きな脅威となりました（先住民の狩猟と捕獲スキルがなければ貿易が成り立たないことは無視して）。だからこそ、土地との関係を断ち切る試みは非常に組織的だったのです。同化政策を進めるため、先住民の子どもたちを強制的に収容した「レジデンシャル・スクール」（寄宿学校）はそのシステムの一部でした。毛皮貿易商たちとともにカナダに行き着いた宣教師たちも、先住民の宇宙論を罪深いアニミズムだと説教したのです。彼らが一掃しようとした世界観こそ、自然を使い果たすのではなく再生する方法について、私たちに非常にたくさんのことを教えてくれる観念だったのです。

今日、カナダの連邦および州政府は、これらの犯罪の「真実と和解」について多くを語っています。しかし、先住民でないカナダ人が「なぜ」自分たちがこんな人権侵害を起こしたのかを直視しなければ、残酷なジョークで終わってしまいます。レジデンシャル・スクールについての「真実和解委員会」の公式報告書によれば、その「理由」はシンプルです。「カナダ政府は、先住民への法的義務と財政的義務を放棄し、彼らの土地と資源をコントロールすることを欲したため、この文化的ジェノサイドを続行した」

つまり、政府の目標は常に、制約のない資源採取を妨げるものを取り除くことでした。これは古代の歴史ではありません。カナダ全国で、パイプラインから皆伐まで、地球を揺るがす資源採取に対する最大の阻害要因は、先住民族の土地に対する権利なのです。私たちはいまだに、彼らの土地とその地下にあるものを手に入れようとしています。国境の南側のアメリカでも、ダコタ・アクセス・パイプラインに反対する先住民族スタンディングロック・スー族の闘争など、同様のことが展開されています。これは二〇〇年前にもおこなわれていましたが、いまもおこなわれています。政府が「真実と和解」と言いながら、不要なインフラ・プロジェクトを推進しようとするときには、これを覚えておいてください。何世紀にもわたる虐待と土地略奪の背後にある「理由」を私たちが認めない限り、真実はありえないし和解もありえません。犯罪はまだ進行中なのですから。

古い物語について、真実を語る勇気を私たちが持ったときはじめて、新しい物語があらわれ、私たちを導いてくれるでしょう。それは自然界と、そこに住むすべてには限界があることを認識する物語であり、お互いを気遣い、その限界の中で命を再生する方法を教えてくれる物語です。そして、無限という神話に終止符を打たなければなりません。

＊3　歴史家のグレッグ・グランディンが、最近の著書『神話の終わり——アメリカの心にあるフロンティアから国境の壁まで（*The End of the Myth: From the Frontier to the Border Wall in the Mind of America*）』で、次のような議論を展開している。終わりなき開かれた開拓を通して発展するという約束は、アメリカの政治家が社会や環境問題への紛争を解決するためのもっとも重要な方法であった。無頓着な農耕のせいで土壌が劣化したとき、または貧しい（白人の）移民グループが公平さを要求したときには、暴力でアメリカ先住民から土地を奪い、領土を広げていったのだ。しかし、いまではそんな行動も壁にぶつかっている。地理的にも財政的にも、環境的にも、もう開拓はできない。ドナルド・トランプと彼の国境の壁は、開拓神話の崩壊への反応であると理解されるべきだ、とグランディンは主張する。つまり、征服する開拓地がないため、トランプは選ばれたグループのために米国の富を貯蓄することに全力を注ぎ、他のすべての人を締め出している。だからこそ、時代遅れの国民物語を静かに死なせることはできないのだ。それらは、私たちの知識がいかに進化し、私たちがどんな人になりたいのかを反映した、新しい物語によって挑戦されるべきである。さもなければ、それらは腐敗し、より危険なものになるだろう。

10 ホットな地球のホットテイク

私たちの文化は際限のない略奪の文化です。限界はなく、その結末も気にならないと言わんばかりの、つかみ取って去る、そういう文化なのです。そして、ついにこの「つかみ取って去る文化」が合理的な結論を導きだしました。地球上でもっともパワフルな国が、「最高略奪責任者」を選出したのです。

「シドニー平和賞」受賞講演、シドニー　二〇一六年一一月一一日

ここ二週間ほど、この講演のための草案を作っていました。

今週、アメリカの大統領選がおこなわれることはわかっていたのですから、「ヒラリー勝利」版と「トランプ勝利」版の二種類のスピーチを準備するべきであることはわかっていました。

でも、「トランプ勝利」版を書こうという気には、どうしてもなれなかったのです。タイプしようとすると、指がストライキを起こして止まりました。アメリカ大統領選の結果を知ってからわずか四八時間後に、皆さん

の前でスピーチをすることはわかっていたのですから、いま思えば私は職務を放棄していたことになります。ですから、このスピーチが急いで準備したように見えるなら、実際そうなのです。そのことについて謝罪します。最近は、しっかりとしたリサーチや分析をせず急いで書いた記事のことを「ホットテイク」と呼ぶようですが、このスピーチは「ホットな地球のホットテイク」です。

トランプの勝利から唯一学んだ重要な教訓があるとすれば、それは「憎しみの力」を決して過小評価してはならない、ということです。「他者」を支配しようとすることを直接アピールする力。これを決して過小評価してはならない。この場合の「他者」とは移民、イスラム教徒、黒人、女性のことです。とくに経済的に苦境に立っているときには気をつけるべきです。多くの白人男性たちが、みずからが怖れ、不安に感じていることに気がついたとき、彼らの多くは怒るのです。なぜなら、このような男たちは、すべての「他者」よりも自分たちの人間性のほうが上だという思想で構築された社会システムの中で育てられたからです。怒ること自体は何の問題もありません。世の中には、頭にくることがたくさんありますから。

しかし、体系的に一部の人々を他者よりも高い地位に置いている文化の中では、怒りはこのような男たち（そして女たち）の多くを、時のデマゴーグ〔煽動的民衆指導者〕の言いなりにさせてしまうのです。デマゴーグが、つかの間ではあっても、彼らによる支配を取り戻せるという妄想を提案しているからです。壁を作れ。牢屋にぶち込め。全員を国外に追い出せ。どこでも好きなところをつかめ、そして、どっちがボスなのか見せてやれ。

二日前に起こった、「トランプ大統領」が存在する世界に住むという現実から、他にどんな教訓を得ることができるのか？

教訓1。経済的苦痛は現実のものであり、そのまま続くということ。四〇年にわたる民営化、規制緩和、自由貿易、緊縮財政など、企業のための新自由主義政策がそれを可能にしたのです。

教訓2。新自由主義という失敗したコンセンサスを体現するリーダーたち（ヒラリー・クリントンや民主党の中道派たち）は、それをひっくり返してやると主張するデマゴーグやネオファシストに太刀打ちできる者たちではなかったということ。彼らは具体的な政策は何も提供しておらず、国民からは、この経済的混乱の原因の多くをつくったと見られています。これは正しい観察です。

大胆で、真に再分配ができる政策のみが、その痛みに寄り添い、それを生み出した者たちを糺《ただ》すという望みをもたらすのです。それは金で政治家への影響力を買い、公的財産を競売することで莫大な利益を得たエリートたち、そして土地、大気および水の汚染、金融業界の規制緩和などを推進した者たちです。

しかし、この選挙結果から早急に学ばなければならない、もっと深刻な教訓があります。私たちが、トランプの同類――どの国にもトランプのような者はいます――に勝ちたいなら、みずからの文化、運動、そして自分の中にある人種差別や女性軽視に向きあわなければなりません。それは行動を起こした後で考えたり、後から付け足して済むことではないのです。なぜならそれこそが、トランプのような者が権力を握るときの中心的シナリオだからです。多くの人が、トランプの人種差別や性差別の公言を好ましくないと思っていた。にもかかわらず、彼に投票したと言っています。彼らは、トランプが貿易政策で製造業の仕事を取り戻すと言ったこと、そして彼が「ワシントンのインサイダー」ではないことを、好ましく思っていました。

でも、それではダメなのです。人種、性別、身体能力について、憎悪に基づいた発言を公然とくりかえしている人に投票してはなりません。あなたがこれらの問題を重要ではないと考えているなら別ですが。そうでないなら、そんなことをしてはいけません。自分が欲しいと思う利益のために「他者」を犠牲にしてもよいと思っていないのなら、トランプのような人に投票してはいけないのです。

しかし、こうなったのは、トランプに投票した有権者と、彼らがみずからを納得させた理由だけが原因ではありません。この危険な状態にたどり着いたのは、政治的スペクトラムの中でも進歩派と呼ばれている人々の、「他者」についての考えのせいでもあるのです。たとえば、私たちが戦争や気候変動、経済的不平等と闘うとき、その闘いは黒人と先住民にもっとも利益をもたらすと考えている人がいます。いまのシステムから、もっとも被害を受けているのが彼らだから、と。

そんな考え方もよくありません。左派の経済的正義の運動には、非白人の労働者、先住民、女性の労働者を無視し続けた、非常に長く悔やむべき歴史があります。真に包括的な運動を構築するためには、真に包括的なビジョンが必要です。それは、もっとも残忍な扱いを受け、もっとも疎外されていた人々の主導で始めるべきなのです。カナダの偉大な作家であり知識人であるリナルド・ウォルコットは、白人のリベラル派や左派の人々への挑戦状を公開し、次のように書きました。

黒人たちが死にかけている。都市の中で、海の向こうで、自分たちが起こしたわけでもない資源戦争のせいで……実際、黒人の命は、使い捨てであることは明らかだ。しかも、世界中のどのグループとも根本的に異なる方法で捨てられる。

〔黒人が〕社会的に無視され続ける過酷な現実を鑑みて、北アメリカにおける政策提案は、私が「ブラック・テスト」と呼ぶテストに合格しなければならないことを提案する。「ブラック・テスト」は簡単だ。このテストが要求するのは、いかなる政策も、悲惨な状況にある黒人の生活を改善するという要件を満たすこと。政策がこのテストの要件を満たさない場合、その提案は最初から失敗した政策とみなすものとする。

これは真剣に考える価値がある提案です。私が過去につくった提案も、しばしばそのテストに合格していなかったと思います。だからこそ、平和、正義、平等について提案する私たちは、いままで以上にこの挑戦を受けて立たなくてはなりません。

気候変動政策には、低炭素政策の中心に正義（とくに人種ですが、ジェンダーと経済的正義も）を織り込まない限り、勝つために必要な力を構築できないことは明らかです。インターセクショナリティ（さまざまな抑圧は交差intersectしているという考え方）は、黒人のフェミニスト法学者キンバリー・クレンショーによる造語ですが、これは私たちが前進するべき唯一の道です。「私の危機は、あなたの危機よりも緊急だ」と言うべきではありません。戦争は気候問題に勝る《トランプ》し、気候問題は階級問題に勝る《トランプ》、階級問題はジェンダー問題に勝る《トランプ》、ジェンダー問題は人種問題に勝る《トランプ》、など。そうやって、どちらが勝るか〔trumpは〜に勝る／勝つという意味〕を争っているから、私たちは実際のトランプ（大統領）を戴くことになったわけです、皆さん。

誰もがその一員となれる未来の社会のために闘わなければ、私たちはこれからも負け続けるでしょう。まずはいま、不当な処遇を受け排除されて、もっとも虐げられている人々の問題から始めるべきでしょう。時間はあまりないのです。さらに、私たちがこのような問題（気候、資本主義、植民地主義、白人至上主義、そして女性軽視）のそれぞれを関連づけて考えるとき、ある種の安心感が生まれます。なぜなら、実際にこれらはすべて関連しあっている、同じ物語の一部だからです。

先週グレート・バリア・リーフを訪れたとき、私はこのことを非常に強く感じました。そこにはオーストラリアの『ガーディアン』紙と一緒に、海洋温度の上昇で死滅の危機にある、この自然の驚異についての短編映画をつくるために行きました。[*1] 白化現象が起こり死滅したたくさんのサンゴを見ているうちに、自分が四歳の息子トマのことを考えていることに気づきました。トマはまだ泳ぐことができません。彼が生きているあいだに、全盛期のサンゴ礁を見ることはないだろう、と思ったのです。

気候危機についての私のもっとも強い感情が、息子と彼の世代に関係していることは間違いありません。途方もない規模で、世代間の窃盗が進行しています。この世代の子どもたちに極端な気候を確実に残してしまうことについて、私は純粋なパニックを感じる瞬間があります。この恐怖よりもさらにひどいのは、彼らが知ることはないと思われることについての悲しみです。彼らは大量絶滅の中で成長し、急速に消滅する非常に多くの生命体が織りなす集合的な不協和音を聞く機会を奪われるのです。それはとても寂しいことです。

私が考えていたのは、それだけではありません。ポートダグラス沖の海に浮かんでいるとき、ジェイムズ・クック船長〔キャプテン・クック〕についても考えました。彼がＨＭＳエンデバー号でこの海を航海していたちょうどそのころ、すべての勢力が集結したということを。

オーストラリアの歴史に詳しい皆さんは、キャプテン・クックがクイーンズランドに到着したのは一七七〇年であることをご存じでしょう。そのわずか六年後の一七七六年、ワットの商業用蒸気エンジンの使用が始まりました。これは産業革命を大いに加速させた機械で、植民地での奴隷労働と、商業用蒸気エンジンに供給される石炭という、強力な組み合わせで動いていたのです。

同じ一七七六年には、アダム・スミスが『国富論』を出版しています。これは現代資本主義の基礎をなす著書で、アメリカ合衆国がイギリスから独立を宣言するのとちょうど同じタイミングで歴史に登場しました。一七七〇年からの六年のあいだに、植民地支配、奴隷制、石炭、資本主義、これらすべてが密接に結びつき、近代世界を形成したのです。

オーストラリアと呼ばれるこの国は、まさに化石燃料資本主義の夜明けに生まれたのです。私たちはこれらの点をつなげて考えるべきです。土地の略奪、気候を変えはじめた化石燃料、これらすべてを合理化した経済的および社会的理論は、すべてつながっているからです。私たちはみな、非常に現実的な意味で、キャプテン・クックがつくった気候のもとに暮らしている。少なくとも、彼の運命的な航海がその形成に中心的な役割を果たした気候です。

このスピーチのためのリサーチで、とくに印象に残ったことがあります。キャプテン・クックの帆船、HMSエンデバー号は、もともと天文学と生物学の謎を解き明かす使命をおびた海軍の科学調査船で、余った時間に（先住民族の同意なしに）英国王室のために広大な領土の所有権を主張するという命令を受けていたとされていますが、建造当初はそうではなかったのです。HMSエンデバー号は、一七六四年にイギリスの河川で石炭を運送するための船として建造されたのです。海軍がそれを購入したとき、この帆船は、キャプテン・クックとジョセフ・バンクスの航海に適するように大々的に（そして多額の費用をかけて）改造されなければなりませんでした。ニューサウスウェールズ州とクイーンズランド州の領有権を主張した船が、もともとは石炭運搬船として業務を始めたのは、なんとなくふさわしい経歴のような気がします。

オーストラリア政府がいまだに石炭に異常に惚れ込んでいるのも、当然という気がしませんか？　そして、世界遺産でもあるグレート・バリア・リーフが白化現象で壊滅的になっているのに、クイーンズランド州政府が石炭への依存を再考する気配も見せないのは不思議ではないと思いませんか？〔インドの〕物理学者で環境問題活動家であるヴァンダナ・シヴァ博士が六年前にこの「シドニー平和賞」を受賞したとき、私たちの危機の根源は「生態学的および倫理的な限界を尊重しない経済にある」と言いました。「限界」は私たちの経済システムにとって問題なのです。私たちの文化は際限のない略奪の文化です。限界はなく、その結末も気にならないと言わんばかりの、つかみ取って去る、そういう文化なのです。

そして、ついにこの「つかみ取って去る文化」が合理的な結論を導きだしました。地球上でもっともパワフルな国が、「最高略奪責任者」として、ドナルド・トランプを選出したのです。同意なしに女性の陰部をつかむことを公然と自慢する男、イラクへの侵略では「彼らの石油を奪うべきだった」と言ってはばからない男。国際法なんてくそくらえ！

もちろん、「つかみ取ること」はトランプだけがしているわけではなく、そこらじゅうに蔓延しているのです。つかみ取りの大流行です。土地を取り上げる。資源を横取りする。空さえもひったくる。大気をひどく汚染したため、貧しい人々が発展するための大気が残っていない。

そして、いま私たちは、これ以上取り上げることのできない、上限という壁にぶつかっています。気候変動がそれを教えてくれているのです。終わりのない戦争がそれを教えてくれているのです。トランプが勝利したことが、それを私たちに教えているのです。つまり、いまこそ私たちの持てるすべてを懸けて、限りない「テイキング」（略奪）の文化から、同意と「ケア・テイキング」（世話をする）の文化へと移行するときなのです。それは、地球をケア（保護）し、お互いをケアする（世話する・癒やす）ことです。

＊1　二〇一六年と二〇一七年に、海水温の上昇をきっかけに、グレート・バリア・リーフでは大規模なサンゴの白化現象が起こり、かつては宝石色の生命の宝庫だった場所が不気味な幽霊のような白い墓地に変わった。この期間に、広大なサンゴ礁の約半分が死滅した。二〇一九年四月に新しい研究結果が発表され、このサンゴ礁は回復していないことがわかった。『ニューサイエンティスト』誌によれば、「二〇一八年のサンゴ礁のサンゴの幼虫の量が八九％減少した。これは歴史的なレベルである。『死んだサンゴは繁殖できない』と、この研究を率いたオーストラリアのジェイムズ・クック大学のテリー・ヒューズ教授は語る」。

私の気候変動に関する活動が「シドニー平和賞」を授与されたと知ったときは、信じられないほど光栄に思いました。この賞は過去にアルンダティ・ロイ、ノーム・チョムスキー、ヴァンダナ・シヴァ、デズモンド・ツツなど私自身のヒーローや、その他の著名な人々に贈られた賞です。このグループの中に入れてもらえることは素晴らしいことです。

電話を受けたときは興奮しました。でも、その興奮が冷めた後、疑問がわきました。ひとつは、なぜ私なの？　という疑問。私の著作活動は、世界中の何千という気候正義の活動家の仕事の結果に基づいています。その多くは、私よりもはるかに長いあいだ、この問題に取り組んでいます。もうひとつの疑問は現実的なもので、汚染と闘うために自分ができることをしただけなのに、この賞を受け取るために、飛行機で旅行する際に発生するCO_2の排出量を正当化できるのか、という疑問です。正直、正当化できるかどうか、いまだにわかりません。

ただ、オーストラリアの友人や仲間に相談したときに、彼らが指摘したのは、オーストラリアは世界一の石炭輸出国であり、排出量がもっとも急速に増加している国々に直接販売しているということでした。そして液化天然ガスでも、同様の主導的役割を果たそうとしていること。

他の国々は石炭生産を凍結し削減しているのに、オーストラリアの首相は開き直っている。彼の計画は「今後何十年ものあいだ」石炭産業を維持することだといいます。パリ協定の目標が達成される可能性があるとしたら、世界中でこの汚い燃料を捨てなければなりません。今週はじめ、私はオーストラリアが世界に向けて中指を突き立てた〔反抗した〕ことで、ますます孤立を深めるだろうと発言しましたが、残念ながらその発言を修正しなければなりません。一月にドナルド・トランプがホワイトハウスに入居すれば、オーストラリア首相マルコム・ターンブル〔当時〕は仲間ができます。痛い話です。

私が相談したオーストラリアの友人は、この賞を受賞することは、世の中に向けて大きな発言力を持つことなので、彼らの重要な活動への支援に役立つだろうと言いました。彼らの活動とは、〔先住民の〕ワンガンおよびジャガリンゴウ族の領地に建設される、カーマイケル炭鉱など巨大な化石燃料企業の新しいプロジェクトを停止させること、そして、北部準州地域に建設予定のノーザン・ガスパイプラインを停止することです。このパイプラインは、オーストラリア北部の広大な地域で、工業用フラッキング技術を使った天然ガス採掘を可能にするのです。

この抵抗運動は世界的にも重要です。なぜなら、これらの巨大プロジェクトの用地には、いまでは「燃やせない炭素」と呼ばれる二酸化炭素とメタンガスが大量に埋蔵されているからです。これらが採掘され燃やされれば、オーストラリアの微々たる気候約定枠を超えるだけでなく、世界の炭素予算《カーボンバジェット》を破壊してしまいます。これに関する計算はたいへん明確です。パリ協定では、多数の国の政府（オーストラリア政府も含む）が「平均気温の上昇を〔産業革命前と比較して〕二℃未満に抑えること」を目標に定め、さらには気温上昇を「一・五℃

未満に抑える努力」をすることに同意したのです。

この目標は野心的なものであり、世界中のすべての人に炭素予算の範囲内で活動することを課しています。気温上昇抑制の目標を達成し、島嶼国に生きる人々に生き残る機会を与えたいなら、これが排出できる炭素の総量なのです。ワシントンDCにある「オイル・チェンジ・インターナショナル」の画期的な研究によって、現在稼働中の油田や鉱山に埋蔵されている石油、ガス、石炭をすべて燃やせば、地球の気温上昇は二℃を超える可能性が高く、一・五℃は確実に超えるということがわかっています。

どんな状況であっても私たちが「してはいけないこと」は、まさに化石燃料業界がやろうとしていること、オーストラリア政府が熱心に支援していることです。つまり新しい炭鉱を採掘すること、新しいフラッキングによる採掘開発、そして新しいオフショア掘削リグを沈めること。これはしてはいけない。いま地下に眠っている炭素は、地下にとどめておく必要があります。

その代わりに私たちがすべきことは明らかです。既存の化石燃料プロジェクトを徐々に縮小し、それと同時に再生可能エネルギーを急速に増やす。そして、それを今世紀半ばまで、世界全体の排出量がゼロになるまで続けることです。幸いなことに、それは既存のテクノロジーを使えば達成できるのです。また、再生可能エネルギー、公共交通機関、エネルギー効率の向上、既存装置の改良、汚染された土地や水の浄化など、脱炭素経済に移行することで、世界中で数百万もの高賃金の雇用を創出できるのです。

さらに嬉しいことは、私たちがエネルギーの生成方法を変革したり、移動手段を変更したり、食物の育て方や都市での生活の仕方を変えることで、あらゆる面でより公平で、誰もが尊重される社会を構築する歴史的な機会が生まれるということです。どのようにかというと、再生可能エネルギーは、可能な限りそのエネルギーを使用する地域のコミュニティが管理する事業者や協同組合から供給されるようにします。そうすることで、その地域の土地利用に関する決定が民主的におこなわれ、エネルギー生産から上がる利益は、その地域に必要なサービスの支払いに使うことができます。

過去二〇〇年あまりにわたって、汚れたエネルギーに依存してきたことが、もっとも貧しく、もっとも弱い立場にいる人々に、もっとも大きな犠牲を強いてきたのです。彼らは圧倒的に非白人で、多くは先住民族の人々です。彼らの土地は盗まれ、採掘による毒で汚染されたのです。そして都市部でも、もっとも汚染がひどい製油所や発電所は、貧しい地域に建設されるのです。

ですから、先住民族や犠牲の最前線にいるコミュニティが公的資金を受け取り、みずからのグリーン・エネルギー事業を所有し管理することが最優先されるべきであり、われわれもそれを強く要求すべきです。そうすることで、彼らのグリーン・エネルギー事業が生み出す雇用、利益、そして技術が、このコミュニティの中にとどまる。これが、非白人コミュニティの人々が主導する気候正義運動の主な要求です。こうした事業は、すでに個別に発生しはじめています。しかし、そのための資金調達は、すでに財政が逼迫しているコミュニティ自体がしなければならないケースが多すぎるのです。それでは本末転倒です。気候正義とは、これらのコミュニティに、膨大な賠償金のほんの一部として、公的資金を受ける権利があるということなのです。

気候正義はまた、正義に基づく経済の移行期には、炭鉱や石油精製所などの高炭素セクターで健康を犠牲にして働いた労働者たちが、完全かつ民主的に参加するということでもあります。指針となる原則は、「とり残される労働者はいない」ことであるべきです。

カナダで起きた、いくつかの例をお話ししましょう。アルバータ州のタールサンドで働いていた石油労働者のグループが、「アイアン・アンド・アース〔鉄と地球〕」という組織を設立しました。彼らはカナダ政府に、石油関連の仕事を解雇された労働者を再訓練して、学校など公共の建物を皮切りに、ソーラーパネルを設置する仕事で再就職を支援することを呼びかけています。それは素晴らしいアイデアであり、それを聞いたほとんどの人が支持しています。

一方で、カナダの郵便局の労働組合は、地域の郵便局を閉鎖して郵便配達を縮小し、さらには郵便事業全体をFedExに売却するという〔政府からの〕圧力に直面していました。いつものコスト削減・民営化政策です。しかし、彼らはこんなお粗末な政策のもとで交渉をする代わりに、自分たちのビジョンをまとめた計画を打ち出しました。それは、国内のすべての郵便局がグリーン経済への移行のハブ〔拠点〕となるというものです。郵便局が電気自動車の充電ステーションとなり、エネルギー協同組合を創設するための融資を、大手銀行の向こうを張ってみずから提供する。また、配送用車両にはすべてカナダ製の電気自動車を採用し、そればかりか、郵便物の配達だけではなく地元産の農産物の配達もおこない、近隣の高齢者にも目を配ります。

これは、正義に基づいた化石燃料からの移行のために、ボトムアップで民主的に構想された計画です。このような計画は、医療から教育、メディアに至るまで、あらゆる分野で開発され、世界中で拡大されるべきです。

お金がかかりそうだ、どうやって支払うつもりか、と思いますか？　幸運なことに、私たちは前代未聞の富が民間に蓄積された時代に生きています。まず、臨終間近の化石燃料産業の利益を、気候正義のために費やすべきです。たとえば、無料の公共交通機関と手頃な価格の再生可能エネルギーを助成するために。貧しい国々が、化石燃料を導入することなく一足飛びに再生可能エネルギーを導入し、それを拡大する援助をするために。石油をめぐる戦争、不利な貿易協定、干ばつ、気候変動によるその他の悪影響のせいで、あるいは採掘企業が土地を汚染したせいで、自分たちの土地を追われた移民たちを支援するために。これらの採掘企業は、私の国や皆さんの国のように裕福な国に拠点を置く企業なのです。

結論を言えば、クリーンな社会に移行するなら、それは公正な社会でなければなりません。それ以上に、クリーンな社会をめざすなら、私たちの国の建国時に起こした犯罪を償うことを始めるべきです。土地の略奪、ジェノサイド、奴隷制。そうです。もっとも受け入れがたいものです。私たちは気候変動への行動を先延ばしにしてきただけでなく、正義と賠償について、もっとも基本的な要求も先延ばしにし遅らせてきた。いまや、あらゆる面で残された時間がなくなってしまったのです。

そうすることは、正しく公正であるだけでなく、賢明です。現実的に考えれば、環境保護主義者たちは自分たちだけでは温室効果ガスを削減できないのです。この変革は個々の誰かが担うには荷が重すぎます。私たちの生活の仕方、仕事、消費の方法の全般にわたる革命であるべきなのです。

このような変化をもたらすためには、労働組合や移民の権利、先住民族の権利、住居の権利などを保護する団体、そして、交通機関、教師、看護師、医師、芸術家の団体など、あらゆる部門の改革派の強力な同盟が必要です。すべてを変えるには、全員の力が必要なのです。

そして、そんな同盟は、経済的正義、人種的正義、ジェンダー正義、移民への正義、歴史的正義など、正義に基づいたものでなければなりません。正義は同盟の原動力となる原則です。付け足すものではありません。そしてこの同盟は、〔不正義から〕最大の影響を受けた人々がリーダーシップを取ることによってのみ成り立つのです。カーマイケル炭鉱との闘争の中心にいる先住民族の若く素晴らしいリーダー、ムラワ・ジョンソンが、先日ここシドニーで、このことについて的確に表現しています。「人々は導かれることを学ぶ必要がある」

それはポリティカル・コレクトネス〔政治的に正しい――差別や偏見のないこと〕に沿っているからではなく、いま、正義こそが、全身全霊を闘争に込める民衆運動を動かす唯一の動機となるからです。それはデモ行進や請願書への署名のことではありません。もちろん、それらは必要ですが。私が言っている民衆運動は、毎日、持続的におこなう、長期にわたる社会変革のことです。そのような運動を構築するのは、正義――肉体が切に必要とする正義――への渇きです。

この闘いには戦士が必要であり、その戦士は大気中の炭素の蓄積そのものに反対して立ち上がるのではなく、安全な水、質の良い学校、切に必要な生活賃金を稼げる仕事、国民皆保険などへの権利のために、また戦争や残酷な移民政策で離れ離れになった家族を再会させるために、立ち上がるのです。

皆さんは、正義なしには平和はないことをすでにご存じです。それが「シドニー平和財団」の基本原則だからです。しかし、正義なくして気候変動への突破口もない、ということも理解していただく必要があります。平和を祝うこの催しで、闘いについて話すことは失礼かもしれません。しかし、これは闘いであり、切実に戦士の精神を必要としていることを明確にしなければなりません。これが人類にとって勝たねばならない戦争であるのと同様、化石燃料企業にとっては膨大な損失を被ることなのです。「燃やせない炭素」は彼らにとっては何兆ドルもの利益の源となるため、現在、埋蔵量が確認されている炭素だけでなく、彼らは毎年数百億ドルを費やして、新しい鉱床を探しているのですから。

そして、これらの利権と運命をともにする政治家も、失うものがたくさんあります。政治資金となる献金はもちろんですが、公的部門と採掘企業とのあいだで人材が行き来し、政治への影響力を維持する「回転ドア」と呼ばれる方法も失う可能性があります。しかし、もっとも重要なのは、考えもせず計画することもなく発生するお金、つまり掘るだけで発生するお金を失うことです。現在オーストラリアは、石炭を中国に輸出することで棚ぼた式の利益を上げています。それが国庫を潤す唯一の方法ではありませんが、もっとも怠慢な方法であることはたしかです。面倒な産業計画はせず、ただ掘るだけ。そして、そういう企業や億万長者には、政治的ライバルに対する攻撃的な広告を無限に出してもらい、税金やロイヤリティを増やさないことで優遇する。政治家はその方法も失ってしまう可能性があるのです。

政府がするのは採掘の許可証を与え、環境規制を緩やかにし、抗議活動に対する厳しい制限を新しく設け、合法的な法廷闘争を「環境保護団体による法の悪用」と呼び、メディア王マードックが所有するメディアで止むことなく環境保護活動を攻撃するだけです。

ですから、先月、国連の特別報告者であるミシェル・フォーストが、人権擁護活動家の状況に関しておこなったオーストラリア政府への厳しい評価にも、驚くべき点はないのです。オーストラリアを訪問した後、彼は次のように書きました。

私は、オーストラリアの市民社会に対し、くりかえし広範囲の圧力がかけられたという山のような証拠を見て非常に驚いた。……政府高官が公に、人権擁護活動家たちを口汚く罵り、彼らの信頼性を傷つけ、脅して、彼らの正当な活動を妨害しようとすることが頻繁に起こっていることを観察して愕然とした。

もっとも弱い立場にいる人々や脆弱な生態系を、産業界からの猛攻撃から保護するという、この国でもっとも重要な仕事をしている人々が、このような汚い戦争に直面しているのはたしかに驚くべきことです。そして、この種の政治やメディアの世界の戦争は、容易に物理的な戦争に発展して実際の死傷者が出る。それがいとも簡単に起こることを私たちは知っています。

このようなことは世界中で起こっています。ホンジュラスからブラジルまで、土地の擁護者たちが採掘事業、森林破壊、巨大ダムの建設を止めようとするとき、そしてインドやフィリピンで、現地住民が自分たちの水と湿地を脅かす石炭火力発電所を停止しようとしたときも、それが起こりました。これは比喩的な戦争ではありません。ブルドーザーを妨げようとする人々の身体に、致命的となる実弾が撃ち込まれる、本物の戦争です。

国際NGO「グローバル・ウィットネス」によれば、世界中でくり広げられるこのような戦争は、悪化の一途をたどっています。「二〇一五年には、破壊的な産業から土地、森林、川を守ろうとした人々が、平均して週に三人以上殺されました。……この数字は衝撃的であり、環境問題が人権の新たな闘いの場として浮上している証拠です。世界中で、産業界は新しい領域にさらに深く押し入っています。……彼らに立ち向かう地域住民たちは、企業が雇う民間警備隊や政府軍、そして繁盛するプロの殺し屋の矢面に立たされているのです」。「グローバル・ウィットネス」の推定では、犠牲者の約四〇％が先住民族であるということです。[*2]

これが、いわゆる発展途上国だけで起こっていると思ってはいけません。アメリカのノースダコタ州で、私たちは地球を守る戦争が激化しているのを目の当たりにしていますが、ここでの警察や民間警備会社の警備員たちは、ファルージャの戦闘地帯から抜け出てきたような装備で、「水の保護者」である先住民たちの非暴力運動を残酷に制圧しています。

先住民スタンディングロック・スー族は、彼らの水源に非常に深刻な脅威をもたらす石油パイプラインを止めようとしています。このパイプラインが建設されれば、地球を不安定にする温暖化が急速に進むことにもなります。この闘争で、非武装の土地の守護者たちはゴム弾で撃たれ、唐辛子《ペッパー》スプレーやその他のガスを吹きかけられ、音響兵器の猛攻を受け、犬に攻撃され、犬小屋と呼ばれるものに入れられ、全裸の身体検査を強要され、逮捕されました。

私が恐れているのは、ここオーストラリアで見られる土地の守護者への中傷――さまざまなかたちで彼らの正当性を剝ぎ取る試みがくりかえされること、メディアが公然と先住民への人種差別的な描写をすること、それに並行してますます強化される治安維持体制――が、抗議者への攻撃を激化させる原因となるのではないかということです。

ですから、飛行機に乗ることで炭素排出に加担したことにはいまも気が滅入りますが、困惑したおせっかいな外国人の役割を演じて、「ちょっと待って。これがどういう結果をもたらすか、私たちは知っています。皆さんは危険な道を進んでいます」と言う役割を演じるためだけでも、ここに来たことには意味があると思いました。この美しく、素晴らしく多様な国は、もっと良い状況であることがふさわしいと思います。

そして、皆さんの石炭が、なんらかのかたちでインドの貧しい人々への人道的な贈り物になっていると考えているなら、そんな考えはやめてください。インドは地球上のどの国よりも、石炭汚染と気候変動の影響で苦しんでいます。数カ月前、デリーでは、気温が高すぎて道路の一部が融けてしまったほどです。二〇一三年以降、インドでは四〇〇〇人以上が熱波で亡くなっています。今週、デリーではすべての学校が閉鎖されました。汚染がひどく緊急事態が宣言されたからです。

一方、太陽光エネルギーの価格は九〇％低下し、電力の供給源としては石炭よりも実行可能な選択肢となっています。なぜなら、石炭発電に比べて必要なインフラが少なく、地域が管理するにはうってつけですから。

いまでは多くのコミュニティがそれを要求していますが、他の国と同様、インドでも最大の障害となっているのは、大きな政府と巨大な炭素企業です。住民が屋上のパネルでみずから発電し、それをマイクログリッド〔小規模の送電網〕に戻すことさえできれば、彼らはもはや巨大な電力会社の顧客ではなくなってしまいます。つまり、住民は大手電力会社の競争相手となるわけです。だから道路に障害物が置かれるようなことが起こるのです。企業は専属市場〔買い手が売り手を選べない市場〕が何より好きですから。

先住民の権利と気候正義運動がひっくり返す恐れがあるのは、〔大企業と政府にとっての〕居心地の良い関係です。そして、実際に私たちはひっくり返すでしょう。平和を祝うこの場で、これが私たちの命を守るための闘いになることをはっきりさせましょう。

＊2　この戦争は、ジャイル・ボルソナロがブラジルの大統領に選出されたことにより、さらに致命的な局面に突入した。ボルソナロは、アマゾンを自由な開発に開放することを最優先事項とし、先住民の土地の権利を攻撃し、「すべての農家に、ライフルとそれを保持する許可を与える」と不吉な宣言をした。

11　煙の季節

「燃えていない」ということが、いかに当てにならないものか、ということに私は思い至ったのだ。

『インターセプト』二〇一七年九月九日

自然界からの最近のニュースは水に関するものがほとんどだが、それは当然のことのようにも思える。ハリケーン・ハービーがヒューストンやその他の湾岸都市に記録的な量の水を撒き散らし、その水が石油化学物質と混ざりあって、この地域を計り知れない規模の有害物質で汚染しているのだから。また、バングラデシュからナイジェリアまで、何十万人もの人々が避難を余儀なくされた大規模な洪水についても報道されている（十分な報道ではないけれど）。さらにいま、ふたたび水と風の恐ろしい力を私たちは目の当たりにしている。観測史上もっとも強力なハリケーンのひとつ、ハリケーン・イルマが、カリブ海の島々を破壊しフロリダに迫っているのだ。

しかし、北米、ヨーロッパ、アフリカの多くの地域では、二〇一七年の夏は水が多すぎるための災害ではなく、水が不足したために起こった災害が相次いだ。土地が乾燥し、過酷なまでに気温が上昇したため、森林に覆われた山々が火山の噴火のように煙を噴き出したのだ。コロンビア川渓谷周辺で起こった山火事は、コロンビア川を越えてしまうのではないかと思われるほど激しい火事だった。あまりにも速く燃え広がったため、ロサンゼルス郊外を、まるで侵略軍が迫り来るかのように照らしだした。世界でもっとも高くもっとも古いセコイアの木や、グレーシャー国立公園などの天然記念物をも脅かすほど広範に広がったのだ。カリフォルニアからグリーンランド、オレゴンからポルトガル、ブリティッシュ・コロンビア（カナダ）からモンタナ、シベリアから南アフリカまでの何百万もの人々にとって、二〇一七年の夏は火災の夏であった。そして何よりもそれは、至るところにあらわれ、避けることができない煙の夏でもあった。

気候科学者たちは、気温が上昇した世界はきわめて厳しい世界であると、長年にわたり警告してきた。人類は数千年ものあいだ、脆弱な生命を均衡に保っていた基本的な要素の、暴挙ともいえる過剰とひどい欠乏の両方によって翻弄されるだろうと。二〇一七年、いくつかの大都市が浸水し、他の大都市が炎に包まれた夏の終わり、私たちはこのきわめて厳しい世界が実証されているような状況で生活している。そこでは、自然界の極端な現象が社会的、人種的、経済的な極端な現象とぶつかりあっているのだ。

#FAKEWEATHER（フェイク気候）

ここブリティッシュ・コロンビア州のサンシャインコーストへ休暇を過ごしに来る前、私は天気予報をチェックした。この地域は、漂流物や流木（何十年にもわたるずさんな伐採の残滓だ）が点在する岩だらけの崖や、ビーチに突き出た暗い常緑林と入り組んだ海岸線が特徴で、フェリーかフロート付きの水上飛行機でなければ行くことができない。ここは私の両親が住んでいる場所であり、息子が生まれた場所であり、祖父母が埋葬されている場所でもある。私にとっては故郷のようなものなのだが、いまでは年に数週間しか来ることはない。

カナダ政府の天気予報サイトでは、来週は素晴らしい天気で、日光が遮られることはなく、気温は平均以上とのことだったので、暑い午後には太平洋でボートを漕いだり、星がたくさん見える夜を楽しんだりできると思っていた。

しかし、八月上旬に到着すると、白い毛布が沿岸を包み込んでいるように空気はどんよりとしており、気温は低くセーターが必要なほどだった。天気予報は間違うことがよくあるが、今回は事態がもっと複雑だった。どんよりとした空気の上の空は、雲ひとつないほど晴れていたのだ。日光はとくに強かった。しかし現実には、気象予報士が考慮しえなかったことが起こっていた。州内では、手がつけられないほど激しい山火事が一三〇件も発生しており、そこから大量の煙が約六五〇キロ以上にわたり流されてきていたのだ。

その大量の煙が、スカイブルーの空を、低く切れ目ない白に変えるのに十分だったというわけだ。煙の層が太陽熱の大部分を宇宙に反射させたことで、気温が不自然な下がり方をした。太陽は奇妙な暈《かさ》に囲まれて、怒ったような赤い火の玉に変わり、その光をもってしても容赦ない煙霧を貫くことはできなかった。星はかすんで見えなくなり、沈む夕日を見ることもできなくなった。夕方になると赤い火の玉は突然消え、奇妙に焦げたオレンジ色の月に置き換わるのだ。

この煙は独自の気象システムをつくりだし、私たちがいる場所だけでなく、およそ十数万キロ四方の地域内の気候を変えるのに十分な力を持っていた。衛星画像では巨大な濁りに見える煙は、国境などお構いなしで、カナダのブリティッシュ・コロンビア州の約三分の一だけでなく、アメリカのシアトル、ベリンガム、オレゴン州ポートランドなど太平洋沿岸北西部の大部分を覆っていた。この#FakeNews（フェイクニュース）の時代に、まさに#FakeWeather（フェイク気候）という巨大な汚れが空の上に漂い、その多くは有毒な無知と政治的ミスによって作られたものだというわけだ。

太平洋沿岸の北から南まで、各国政府は大気汚染に警告を発し、激しい運動を避けるよう呼びかけている。空気中の微粒子がある一定のレベルを超えると健康上の問題を引き起こすことがあるため、公式に安全ではないとされる。バンクーバー地域の一部では、微粒子がその「安全な閾値」の三倍を超えていた。太平洋沿岸の小さなコミュニティでは、それよりもっとひどい。高齢者やその他、大気汚染に敏感な人たちは、家の中にとどまるか、可能ならば適切な空気濾過システムがある場所に移るよう促されている。ある地方の当局者はショッピングモールで過ごすことを勧めている。

内陸部の猛火

山火事の発生地域では、炎が住宅地区まで迫ってきて、空気の質はさらに悪くなっている。一立方メートル当たり二五マイクログラムを超える微粒子を含む大気は安全ではないとされているが、現在多くの人が避難先としているカムループス市は、一立方メートル当たり平均で六八四・五マイクログラムだ。これは、深刻な大気汚染で知られる北京の最悪の日に匹敵する。航空会社はフライトをキャンセルし、呼吸困難となった人々が緊急治療室に押し寄せている。

この災害が始まってから、約八四〇件の火災が発生し、赤十字によれば現時点で約五万人が自宅からの非難を余儀なくされた。七月初旬には、政府はほとんど出されたことがなかった非常事態宣言を発動し、私たちが到着するころにはすでに期限が二回延長されていた。何百もの建造物が焼失し、先住民族の保護区を含むいくつかのコミュニティ全体がほぼ灰と化した。

これまでに、およそ四六〇〇平方キロの森林、農場、草原が燃え、ブリティッシュ・コロンビア州の歴史の中でも二番目に大きな火災被害となっているが、火はまだ強く燃え続けているため記録更新は目の前だ。

カムループス市に住む友人に電話したところ、「できる人たちはみんな、とくに小さな子どもたちを遠くに連れて行こうとしている」と言った。

つまり、広い範囲で見れば、太平洋沿岸部の私たちはラッキーだったのだ。煙が充満していたとしても、とてもラッキーだった。

いずれ消えてなくなるはず

二〇一七年に入ってから、そして米国に新しい政権が誕生して以来、私は週末はおろか一日の休みも取っていなかった。他の多くの人たちと同様、私も多くの会議に出席し、足にマメができるほど多くの抗議デモで行進した。頭がぼやけた状況で本を書き、本のプロモーションツアーに出た。その後、私は夫のアヴィとともに「リープ」という新しい政治組織の立ち上げを手伝った。[1] 冬から春にかけて、わが家では「八月はブリティッシュ・コロンビアで」というのが合言葉のようになっていた。それは、なんとかそこまでたどり着いて休もうという（一時的ではあっても）ゴールのようなものであり、五歳の息子トマと一緒に過ごすことができるということでもあった。東海岸に住む私たちは、寒い日の夜、地図を見ながら、森で散歩したり、カヌーで出かけたり、泳いだりする計画を練った。ブラックベリーを摘んだり、クランブルを焼いたりすることを想像し、祖父母、叔母、叔父、いとこや古い友達など訪問先をリストアップした。

この休暇（若い同僚に言わせると「セルフケア」）は、わが家では不思議な力を持っているようにさえ思えた。だから、この火事の深刻さと、煙の状況への理解が少し遅れたのかもしれない。

最初の日は、この煙霧はお昼ごろまでには太陽の光で霧散してしまうだろうと思い、夕方になると、明日の朝までには消えてなくなり、少なくとも青空を垣間見ることはできるだろうと思っていた。最初の一週間は毎日、カーテンの隙間から見えるくすんだ光が朝霧であると信じて朝を迎え、毎朝裏切られた。

ここに到着する前に期待していた、穏やかな天気予報は呪いに変わった。よく晴れて風のない日というのは、頭上の煙が移動できずに屋外の天井のようになることを意味する。それが来る日も来る日も続いたのだ。

私はアレルギー症状がひどくなり、目薬をさし続け、抗ヒスタミン剤を推奨用量以上に服用した。息子のトマは湿疹が出てステロイドが必要になった。メガネも頻繁に外して、まず自分のシャツで、次にマイクロファイバーの布で、さらにはガラスクリーナーで拭かなくてはならなかった。何をしても、汚れが消えることはなかった。

ブルースカイが恋しい

視界がきかない状態で一週間が過ぎたころ、世界が小さくなったように感じ、煙の向こうの生活は噂でもあるかのように見えはじめた。いつもなら、沿岸に立てばセイリッシュ海からバンクーバー島までを見渡すことができるのに、いまでは岸から数十メートルのところに岩が突き出ているのを見るのがやっとだ。

私はこの海岸でひと冬過ごしたことがある。そのときも陽はほとんど差さなかったけれど、山に刻まれた無限の灰色の影の鋼のような美しさ、低い空と霧の動きを愛することを学んだ。しかし今回は異なる。煙には生命が感じられず、動きもなく単調で、ただそこに居座っているのだ。

北京、ニューデリー、サンパウロ、ロサンゼルスなど、地球上の汚染された大都市で暮らす多くの人々は、空を覆いつくすスモッグの下で生活する術を学んだ。しかし、山火事から排出された煙は少し異なるのだ。この煙は発電所や車の排気ガスからの汚染ではなく、つい最近まで生きていた木からの煙であり、私たちはそれを知っているからだ。つまり、森を吸い込んでいるということなのだ。

動物たちは意気消沈しているように見える。アザラシは、純粋に必要だから仕方なく、頭を〔水上に〕持ち上げて息を吸い込むと、灰色の水面下に消えてしまうようだ。彼らは水の外で遊んだりしない。ワシたちは楽しむことなく、ただ機能としてだけ飛んでいると私は確信している。急上昇したり、ウィンド・サーフィンをしたりはしていないから。これらすべては私の想像であり、投影であり、擬人化であることはほぼ間違いない——悪い習慣だ。

著名な環境問題研究家であるシアトルの友人にメールを送って、彼が煙についてどう思っているかを尋ねたところ、彼は鳥が鳴くのをやめたと言い、自分はいつもイライラしていると返信してきた。少なくとも、私だけが感じたことではなかったのだ。

次は私たちに起こるのかもしれない

「燃えていない」ということが、いかに当てにならないものか、ということに私は思い至ったのだ。

ブリティッシュ・コロンビアのこの地域は、建て前としては温帯雨林気候に区分されているが、実際には非常に火災の起きやすい一触即発の危険な地域である。今年の夏の雨量は、いままでのところ一五ミリにも満たないため、通常は湿ってぶかぶかの森林の地面を覆う草木は黄色く乾燥しており、踏むと足の下でカサカサと音を立て、引火しそうな匂いがする。

道路には焚火を全面的に禁止する黄色い看板が並んでいる。ラジオをつけるたびに、焚火、車からのタバコのポイ捨て、花火への警告が、だんだん必死な調子になっていくのが聞こえてくる。ある男性は、自分の家が山火事からかろうじて逃れたことを祝って酔っ払い、花火を打ち上げたため、逮捕されて拘置所で一夜を過ごし、一〇〇〇ドル以上の罰金を科された。花火はさらなる山火事を起こす可能性があるからだ。

一度の雷をともなう嵐、または二、三人の不注意なキャンパーがいれば、山火事を引き起こすのに十分なのだ。過去にも危機一髪の事件が起きている。二年前、ここから二〇分ほどの沿岸で深刻な山火事があり、消火を手伝っていた地元の男性の命が奪われた。それでも、この地域に何年も住んだことがある私でさえ、今週になるまで、このような火事が制御できなくなったらどうなるのかということをまったく考えていなかったのだ。いまは考える。そして不安な気持ちになる。サンシャインコーストには年間を通じて三万人が住んでいるが、高速道路はたった一本しかなく、それはフェリー乗り場まで続きそこで終わる。外に通じる道路のない場所で、緊急時の避難はどうなるのか?

地元の友人に聞いてみても、彼らは心配そうに、誰がどんな種類の釣り用ボートを持っているかについて話すだけだった。

ブルーベリー農園での死

視界がきかない日が九日間続いた後、恐ろしいニュースが届いた。煙が充満していたワシントン州スーマス(カナダとの国境から一・六キロ以内)の農場で、農場労働者のひとりがシアトルの病院に運ばれ死亡したのだ。オネスト・シルバ・イバラは、収穫期にアメリカの農場で働く季節労働者で、H-2Aビザという短期就労ビザでメキシコから働きに来ていた。彼は二八歳で、カリフォルニアを拠点とするマンガー農場が所有するサーバナンド農場でブルーベリーを収穫していたところ、気分が悪くなった。

シルバの同僚は、彼の死は、休憩もほとんどない長時間労働に加え、食料と飲料水も十分に与えられない過酷な労働環境のせいだと言う。この環境は、ブリティッシュ・コロンビア州から流れ込む濃い煙によってさらに悪化していた。「労働者は過度な労働をさせられ、十分な食事や飲料水を与えられていない、そんな状態が数週間続いていた」と、権利擁護団体「コミュニティ・トゥ・コミュニティ・ディベロップメント」のディィレクターであるロサリンダ・ギエンは言う。彼らが記者団に語ったところでは、労働者の何人かは仕事中に気を失っていた。

マンガー農場の代表は、シルバが死亡したのは持病の糖尿病の薬を使い果たしたためであり、気温や山火事による煙とは「関連性がない」と述べている。また、彼を救うためにできることはすべてやったと主張した。

彼の死の原因が何であれ、労働環境の不備を訴えたシルバの同僚たちに同社がしたことは、アメリカで働く何千人もの出稼ぎ労働者が、いかに危険な状況で働いているかという過酷な実態を垣間見る機会となった。シルバが入院した後、労働者たちは農場からの回答と労働条件の改善を要求して一日のストライキをおこなったが、参加した六六人全員が業務命令違反でただちに解雇されたのだ。彼らはメキシコに帰る手段もなく、最後に働いた日々の賃金も受け取れなかった。労働者たちが抗議の座り込みキャンプを設置し、会社の事務所までデモ行進したことが地元メディアの注目を集めたため、労働者たちは未払いの賃金を受け取ることができた。マンガー農場の広報担当者によれば、農場は「解雇された労働者が、安全に自国まで戻るための交通費を自発的に支給した」ということだ。

しかし、労働者たちがもっとも必要としていた仕事への復帰はできなかった。マンガー農場はウォルマート、ホールフーズ、セーフウェイ、コストコなどの大手小売チェーンに農産物を供給している。

カナダでも、農場の臨時労働者が勤務中に体調不良を訴え失神したという同様の報告があり、それは明らかに煙が原因であると見られている。そして権利擁護団体によれば、移民労働者の身元引受人となっている雇用者は、病気の労働者の世話をするどころか、彼らを欠陥品のように母国に送り返すことが多いと指摘されている。カナダ放送協会（CBC）によれば、この夏、気温が高く煙が多かったブリティッシュ・コロンビア州では、少なくとも一〇人の労働者が「労働には適さない健康状態」と判断され、メキシコとグアテマラに送還された。

相変わらずの、極端に分断された災害

私たちは同じ教訓をくりかえし学んでいるようだ。極端に不平等な社会で、深刻な不正義が人種間を分断しているときには、災害がわれわれみんなを「人類はひとつの家族」として団結させることはない。災害はすでにある分断をさらに深める。災害以前にすでにひどい目にあっていた人々は、災害のさなかにもその後にも、もっとひどい目にあうことになるのだ。

それがどのようなことか、カトリーナ、サンディ、ハービー、イルマのような大規模なハリケーンの経験が教えてくれた。しかし火災についてはまだ十分に理解されていない。とはいえ、それは変わってきている。たとえばカリフォルニア州は、いまや終わりのない山火事の季節に苦しんでいるが、州政府はそれに対処するため、受刑者の労働力に強く依存するようになり、炎と闘うというもっとも危険な仕事に、一時間一ドルという恐ろしく低い賃金で受刑者を駆り出しているのだ。カナダのアルバータ州で二〇一六年に起こったフォート・マクマリーの山火事でも、消防活動を支援する要員として、南アフリカからの数百人の出稼ぎ労働者を契約労働者として使っていたことが知られている――彼らは、同じ仕事をしているカナダ人労働者より大幅に低い（メディアが報道したよりもさらに低い）賃金で働かされていたことを知り、大挙して仕事を辞めた。そして、ただちに自国に送還されたのだ。

また、洪水による災害と同様、米国やカナダのメディアは周知のように、たとえばインドネシアやチリなどの猛火で失われた人命よりも、山火事から救出されたペットについて、はるかに多くの報道をしている。二〇一二年におこなわれた世界規模の研究では、サハラ砂漠以南のアフリカと東南アジアを中心に、山火事による煙と大気汚染が原因で毎年三〇万人以上が死亡すると予測されている。

そして、この夏のブリティッシュ・コロンビアで私たちは、山火事を背後に、どのように不平等が展開されるかについてさらなる教訓を得た。先住民の指導者たちは、山火事の緊急事態に際して、自分たちのコミュニティが非先住民地域と同レベルの緊急時対応を受けられないことへの懸念を表明していた。火災との闘いにおいても、その後の復興支援においてもだ。そのため、山火事で脅かされた先住民保護区のいくつかは避難命令を拒否し、一部の住民は火災と闘うためにそこにとどまるという決定をした――独自に訓練され装備を持った消防隊もあったが、ホースとスプリンクラーだけの人たちもいた。少なくともひとつの地区では、警察が先住民の家族に対して、避難しなければ子どもたちを家族から引き離して連れ去ると脅した。つい最近まで、政策として先住民族の子どもたちを家族から引き離すということが組織的におこなわれていた先住民保護区では、この言葉はトラウマ的な反応を引き起こすのだ。

結局、ファースト・ネーションズ〔先住民〕で警察に強制的に避難させられた家族はいなかった。そして彼らの多くはみずからが組織した消防隊によって救われたのだ。山火事に脅かされたボナパルト・インディアン・バンドの首長であるライアン・デイは、「もし住民が全員避難していたら、この保護区に戻る家はなくなっていただろう」と述べた。

二つの太陽を持つ世界

煙に閉ざされてからおよそ一週間がたったころ、満月が近づいてきた。この地域では満月は大きなできごとで、森の中で飲み、食べ、ダンスをするパーティーをしたり、満月の月光の下で深夜にカヤックで遠出したりして楽しむ。

しかし今年の八月のはじめ、ほぼ満月となった月が昇るのを見たとき、最初は太陽と見間違えたほどだった。太陽と同じ形で、ほぼ同じ火のように赤い色だったから。

およそ四日間、まるで別の惑星に住んでいるかのようだった。この惑星には二つの赤い太陽があり、月がないのだ。

酸っぱいフルーツ

煙の下での生活が二週目に入ったころ、ようやくブラックベリーが熟したため、それを摘みに出かけた。のんきな夏の儀式を、どんよりとした空気のもと、不快なニュースを聞きながら体験するのは奇妙に感じたが、とにかく実行することにした。ハイキングをしながらベリーを食べることは、トマのお気に入りの夏の楽しみのひとつだ。

しかし、これもまったく当てが外れてしまった。雨が少なく日差しが弱かったため、ベリーは熟していても酸っぱかったのだ。トマはすぐに飽きてしまって、もう摘みたくないと言い、結局ほんの少しのベリーと空のバケツを持って帰宅した。

でも、私たちがハイキングをやめることはない。苔に覆われたスギと米松の林の中を、毎日何時間も歩きまわり、酸素をたくさん含む空気を吸いこんだ。私はこの森が大好きなのだ。この原始的な美しさを当たり前だと思ったことはないが、いまとなってはこの森に対して、ほとんど崇拝に近い感情を抱いている。この森は空気を浄化し、日陰をつくり、炭素隔離（環境保護ビジネスでいう「エコロジー・サービス」）をしてくれることだけでなく、燃え上がる他の森たちのように炎にのみ込まれず、耐え続けて、私たちのために存在してくれている。そのことに感謝している。私たちの不手際にもかかわらず、少なくとも、いまのところは。

ふたたび遭遇

私は以前にもこの煙を吸ったことがあった。もちろん、まったく同じ浮遊粒子ではなく、同じ山火事から排出される煙という意味だが。奇妙なことにそれは、ここから約九〇〇キロ東にある、まったく別の州でのことだった。

私は、七月中旬にはアルバータ州に滞在して、「芸術と創造性のためのバンフ・センター」で環境コースの指導を手伝っていた。

このときも天気予報は晴れで、雲はなく、暖かく完璧な天気に見えた。でも、やはり初日から煙によって予報は狂い、バンフ国立公園の壮観な山々には霞がかかり、大気の質について警告が発令され、頭痛や喉の痛みなどが引き起こされた。#FakeWeatherがさらに増えた。

七月には、風が東に向かって吹いていたため、煙がカナディアン・ロッキーに充満していた。カナダの石油産業のメッカ、カルガリーでは、煙が濃すぎて、ガラスに覆われて輝く高層ビルの群れを、シェル、BP、サンコア、トランスカナダなどの石油企業のロゴもろとも覆い隠してしまった。でも、煙はそこで止まらず、さらに東へ移動し、大陸の真ん中であるサスカチュワン州とマニトバ州、そしてアメリカのノースダコタ州とモンタナ州にまで達したのだ(NASAは、汚染源から立ち上る、八〇〇キロにおよぶ汚染物質プルームの衝撃的な写真を公開した)。

その後、私と家族がブリティッシュ・コロンビア州の海岸に向かったころ、風が突然方向を西に変えたため、カナディアン・ロッキーが巨大なテニスラケットのような役割をし、プルームを西に押し出しはじめ、煙は太平洋に向かったのだった。

つまり私は九〇〇キロ移動し、州の境界を越えたにもかかわらず、同じ森林の燃えた煙を、ひとつの夏に二回吸ったことになる。これは不気味な体験だった。テレビドラマ『LOST』のスモーク・モンスターのように、煙が私をつけまわしているようだった。

世界が燃える

この心理的体験の重要なところは、災害の時間的および空間的なスケールの壮大さだ。ハリケーン・ハービーのような壊滅的な嵐でさえ、影響は特定の地域に集中しがちだ。そして、災害自体は比較的短期間のものだ

（後遺症は長く続くが）。

しかし、数カ月にわたって続く山火事はまったく異なる災害なのだ。火災による直接的な影響は、非常に大きな範囲の土地が焼け焦げ、避難命令で数万人の生活が破壊される。また、家屋や農場や家畜も失い、多くの産業（観光業から製材業まで）が閉鎖を余儀なくされる。

そして漂っている煙による、それほど直接的ではない影響もある。七月から八月にかけて、この大火災で発生した煙は約一八〇万平方キロの地域を覆った。これはフランス、ドイツ、イタリア、スペイン、ポルトガル全域の合計よりも広い。そして、これはすべてひとつの急速に広がる山火事から起こったものだということだ。

さらに、これはもっと大規模な「山火事の季節」のほんの一場面にすぎない。夏の終わりには、アメリカ西海岸の広い範囲で火災が発生し、ロサンゼルスでの火災は同市の史上最大の火災だった。ワシントン州ではすべての郡で火災に関連する緊急事態が宣言された。モンタナ州では、ロッジポール・コンプレックスと名づけられた山火事が約一一〇〇平方キロを焼き尽くし、この地域では史上三番目に大きな火災となった。これは、火災の数と山火事が起こる期間の両方が、広い範囲にわたって増加したという現実の一部だ。非営利の気候報道機関「クライメト・セントラル」の分析によると、一九七〇年代以降、米国の山火事の季節[2]の期間は一〇五日も伸びている。

ヨーロッパでは、今期の山火事の季節に焼失した領域は平年の三倍となっているが、季節はまだ終わっていない。ポルトガル中部での被害は史上最悪だった。六月にはポルトガルのペドローガン・グランデ近くでの火災で六〇人以上が亡くなった。[*1] シベリアでは数百軒の家が焼けた。チリでは夏のあいだに史上最大の山火事にあい、何千人もの人々が避難を余儀なくされた。南アフリカでは六月に、同じハリケーンがケープタウンで洪水を引き起こし、近くの町では前代未聞の致命的な山火事を引き起こした。氷で覆われたグリーンランドでさえ、今年の夏には大規模な山火事が起こったが、これは普通のことではない。グリーンランドの氷床を専門とする世界的に有名な気候科学者ジェイソン・ボックスは、「グリーンランドの気温は、おそらく過去八〇〇年の中でもっとも高いと思われる」と指摘した。

＊1　この死亡者数は、わずか一年後にギリシャで更新された。アッティカを皮切りに沿岸部を襲った一連の火災で約一〇〇人が亡くなったのだ。これはヨーロッパの近代史上もっとも死者が多い火災となった。犠牲となった大家族の遺体は、手足が絡みあった状態で崖のふちで見つかった。炎が近づいてきたとき、彼らは互いを抱きしめあったのだ。「終わりが近づくのを知って、彼らは本能的に抱きあったのでしょう」とギリシャ赤十字の代表、ニコス・エコノモポロスはテレビの報道陣に対して述べた。

たしかに、これは気候変動のせい

暖かく乾燥した天候が唯一の要因ではない。もうひとつは、人間の力よりはるかに巨大な自然の力を再設計しようとする、思いあがった試みが長年続けられてきたことにある。山火事は、森林循環の中で重要な役割を果たしてきた。森林はそのまま放置されれば定期的に自然燃焼し、新しい種が成長する場を作り、燃えやすい下草や枯れ木（消防士の用語では「燃料」）の量を減らすのだ。多くの先住民の文化では、土地の手入れをするために火を使うことは重要なことであり、それは長年にわたりおこなわれてきた。

しかし近年の北米の森林管理では、製材所に送って利益となる材木を保護するために、また小さな山火事が、増え続けている居住地域に広がることを恐れて、循環的な山火事が体系的に抑制されてきた。

　定期的な自然燃焼がないと、森林は燃料で一杯になり、いったん火災が起きれば手をつけられないほどに燃え広がる。さらに、キクイムシが蔓延したことで、枯れた木が乾いて燃えやすいかたちに連なって残っているため、信じられないほど大量の燃料が森林の中にあるのだ。キクイムシの蔓延は、気候変動による高温と干ばつによるものだという説得力ある研究がある。

　すべてに共通しているのは、暑くて乾燥した天気（気候変動に直接関係している）は、山火事の発生に最適な条件をつくりだすという単純な事実だ。実際、これらの現象が重なりあったため、森林は完璧なキャンプファイヤーに変わった。乾いた大地は丸めた新聞紙の役割をし、枯れた木は焚き付けとして、さらに高い気温がマッチとして機能したのだ。アルバータ大学の森林火災の専門家であるマイク・フラニガンは、率直にこう言う。「カナダで焼失面積が増えていることは、人類が起こした気候変動の直接的な結果です。個々に起きたことを関連づけるのは難しいことですが、一九七〇年代以降、温暖化が原因で、燃えた面積はカナダでは二倍になりました」。二〇一〇年の調査によると、カナダでの火災の発生率は今世紀末までに七五％増加すると予測されている。

　これはほんとうに憂慮すべきことだ。エルニーニョ現象は、循環的な自然現象から起こる温暖化で、二〇一六年のカリフォルニア州南部とアルバータ州北部での大規模な山火事の大きな要因とされているが、二〇一七年にはエルニーニョ現象は見られなかったのだ。

　エルニーニョのせいにできないため、一部のメディアは言葉を濁すのをやめて、堂々と報道するようになった。ドイツの国際放送ドイチェ・ヴェレは「気候変動が世界に火を放った」と述べている。

おとぎ話とフィードバック・ループ

「雪が降りそうだよ」と、顔を窓に押しつけてトマはきっぱりと言った。窓の向こうには白く濃い空気が漂っている。アルバータ州を出てから、五歳のトマはその頭の中で、今年の夏を決定づけた煙を理解するのに苦労しているようだ。私の慢性的な咳と、自分の皮膚にひどい発疹が出ていることを理解しようとしているようだ。とくに、まわりの大人たちの話から心配を感じとっているからだろう。

それはいくつかの段階を踏んでいる。夜、怖い夢を見て目を覚ます。「なぜ、何もうまくいかないの？」というような歌詞で曲を作る。突拍子もないときに笑いだすことが多い。最初、彼は火事《ファイヤー》という言葉に興奮していた。キャンプファイヤーと混同していて、スモア[3]を作って食べることを思い浮かべたからだ。その後、彼の祖父が、太陽が奇妙な赤い点になったのは森が燃えているからだと説明すると、彼はショックを受けて「動物はどうなるの」と聞いてきた。

私たちは彼の不安をコントロールする方法を考えた。深呼吸をすることから始め、それを一日に数回おこなう。しかし、この空気を必要以上に吸うことは、とくに感染リスクの高い子どもの小さな肺にはよくないことだろうと気づいた。

アヴィと私は、気候変動についてトマと話すことはない。私は気候変動について本を書いているし、アヴィは気候変動についての映画を作っていて、二人とも起きている時間の多くを気候変動の危機に対処するための変革に費やしているのだから、奇妙に思われるかもしれない。私たちがトマに話しているのは汚染についてだ。

もちろん、彼が理解できる範囲に限られるが。たとえばプラスチックは落ちていたら拾い、できるだけ使わないようにする必要がある。なぜならプラスチックは動物を病気にするから。また、車やトラックから排出される排気ガスを見ると、太陽と風から電力を作って蓄電池に保存する方法があることを話す。小さな子どもでも、このようなコンセプトはわかるのだ。

そして、子どもたちはどうすべきかを正確に知っている（多くの大人より理解度が高いのだ）。しかし、地球全体の気温が非常に高くなり、地球上の生命の多くが混乱の中で死に絶えるかもしれないということを受けとめるのは、小さな子どもたちにとってはあまりにも大きな負担だ。

しかし今年の夏、このような彼への保護は終わりを迎える。そうしようと誇りをもって決断したわけではないし、決めたことも覚えていない。息子は、多くの大人たちが、奇妙な空と火事の背後にあるほんとうの理由を気にしているのを見て、自分で理解してしまったのだ。

霞がかかった公園で出会った若い母親は、どうやって子どもたちを安心させるかについてアドバイスをくれた。彼女は自分の子どもに、森林火災は生態系の再生循環にとっていいことだと教えているという。木が燃えることで新しい植物の芽が出て成長し、クマやシカに餌を与えることができるのだと。

私は、自分がダメな母親のように感じて頷いたけれど、彼女が嘘をついていることも知っている。たしかに、森の木が燃えることは自然の生命循環の一部ではあるが、太平洋岸北西部で、今年の夏に太陽を覆い隠した山火事はその逆で、地球の死のスパイラルの一部なのだ。多くの山火事は非常に熱く消火が困難で、後には焼け焦げた土しか残らない。[*2] ヘリコプターから撒かれた赤い難燃剤は、水路に浸透して魚の生命を脅かす。そして私の息子が心配した通り、動物たちは森の中の家を失っているのだ。

しかし最大の危険は、森林が燃えるときに放出される炭素だ。煙が太平洋沿岸を覆うようになってから三週間後、ブリティッシュ・コロンビア州の年間温室効果ガス総排出量が三倍となり、いまも増え続けている。これはすべて、森林が燃えたことで引き起こされたものだ。

気候科学者たちが「フィードバック・ループ」について警告するのは、部分的にはこの劇的な排出量の上昇を意味している。つまり、森林火災で炭素を燃やすことは気温を上昇させ、雨が降らない期間を長期化させて、より多くの山火事を引き起こし、より多くの炭素を大気中に放出する。それが、さらに暖かく乾燥した状態を引き起こし、さらに多くの山火事を引き起こすのだ。

このような致命的なフィードバック・ループが、グリーンランドの山火事でも起こっている。山火事は黒い煤《すす》（「黒い炭素」とも呼ばれる）を生成し、それが氷床に降り積もり、氷を灰色や黒に染める。氷の表面の色が暗くなると、白氷よりも多くの熱を吸収する。そのため氷が融けるスピードが早くなり、海面が上昇する。それが大量のメタンの放出につながり、さらなる温暖化と山火事を引き起こし、黒い氷が増え、より多くの氷が融けるのだ。

だからトマには、山火事が生態系の好ましい循環の一部だと教えるつもりはない。悪夢を和らげるため、真実の半分を話すことにした。「動物たちは火事から逃れる方法を知っている。だから、河や小川や別の森に向かって走っていくのよ」と。

だから、動物たちが帰る家に困らないように、もっとたくさんの木を植える必要があると話した。これで少しは気が楽になる。

＊2　これは二〇一八年一一月のカリフォルニア州パラダイスの山火事と同じだ。人口二万七〇〇〇人のこの町は、州史上最悪の山火事で跡形もなく破壊された。

警鐘が鳴らされた——一部の人にとって

今回の火事で被害がもっとも大きかった地域のひとつは、私も頻繁に訪れたことがあるシュスワップ族の領土だった。ブリティッシュ・コロンビア州の内陸にある広大な土地だが、その地域の大半がいま燃えている。シュスワップ族の首長だった故アーサー・マヌエルは親しい友人で、何度か私を迎えてもてなしてくれた。二〇一七年に私はこの領土を二回訪れている。一回はアーサー・マヌエルの葬儀に出席するためであり、もう一回は彼が心不全で亡くなる前に準備していた集会に出席するためだった。

この集会は、カナダの首相ジャスティン・トルドーが、七四億ドル規模のキンダーモルガン・トランスマウンテン・パイプラインのプロジェクトを承認する決定をしたことに反対しておこなわれた。このパイプラインは、高炭素のタールサンドオイルをアルバータ州からブリティッシュ・コロンビア州まで運ぶもので、トルドーが承認したのは、パイプラインを拡張して搬送量を三倍にするというプロジェクトだ。拡張されるパイプのネットワークは、シュスワップ族領土内の数十の水路を通過するため、昔からの土地の所有者たちは強く反対していた。マヌエルはこの闘争が、北の「スタンディングロック」〔4〕となるかもしれないと信じていた。

今年の夏に山火事が起きたとき、マヌエルの友人や家族はすかさず、世界が燃えているときに、さらに化石燃料のためのインフラを建設することは、ばかげているし不条理で無謀であると主張した。「先住民の食糧主権に関するシュスワップ族ワーキンググループ」は、パイプライン拡張プロジェクトに反対する声明を発表し、山火事がパイプラインから流出する石油に引火して壊滅的な事故を起こすリスクを低減するため、既存の小さなパイプラインをただちに閉鎖するよう要求した。

「私たちは気候変動の影響で、危機的状況におちいっています」と、シュスワップ族のドーン・モリソンは言う。「私たちの家族やコミュニティの健康と生活は、野生のサケを漁獲できることと、きれいな飲み水があることに大きく依存しています。山火事でキンダーモルガンのパイプラインが破損するか、影響を受ければ、その両方が危険にさらされるのです」

彼らは、常識で考えたら当たり前のことを言っているだけだ。石油やガスのインフラが、大量の化石燃料を燃やし続けてきた結果によって影響を受けているいま——巨大暴風雨《スーパーストーム》でボロボロにされた石油リグや、水面下に沈むヒューストンを想像してみてほしい——シュスワップ族がしたことは、誰もがするべきことだ。彼らはこの大惨事を警鐘と捉えて、より安全な社会をいますぐ構築するべきだと言っているのだ。

何をやってもいいが、石油については触れないでくれ

しかし、私たちの政治および経済システムはそのように構築されていない。実際には、シュスワップ族のような生き残りのための反応をことごとく覆すように作られているのだ。だから、キンダーモルガン社は、シュスワップ族コミュニティの懸念に回答することさえしなかった。さらに、まだ火が燃え続けているというのに、今月も同社は拡張工事の着工に向けて準備を進めているのだ。

さらに悪いことに、資源採掘産業の一部は、平常時には不可能であったことを、大火災という非常時を積極的に利用することで可能にしようとしている。たとえばタセコ・マインズ社は何年ものあいだ、ブリティッシュ・コロンビア州のある地域で、論争の的となっている金と銅の露天掘り鉱山を建設しようとしていた。この地域が火災でもっとも大きな打撃を受けたのだ。これまでは、チルコーティン・ファースト・ネーションの人々の激しい抵抗で、この有毒な鉱山の建設をなんとか回避し、規制上重要な勝利もいくつか獲得していた。

しかし今年七月、チルコーティン族のコミュニティのいくつかが避難命令を受け、みずから消火活動をする必要に迫られていたとき、すでに選挙で敗退し退陣が決まっていたブリティッシュ・コロンビア州の政府が信じられない行動に出た。政治献金にまみれた「ワイルド・ウェスト」と呼ばれるほど悪名高いこの州政府が、選挙での屈辱的な敗北の後の、退陣前の最後の週に、タセコ社に対して探査を始めるために必要な大量の許可を乱発したのだ。「われわれが、みずからの住居と命を守るために闘っているあいだに、ブリティッシュ・コロンビア州はわれわれの土地を修復できないほど破壊する許可を与えたのです。これは思いやりに欠ける行為です」と、チルコーティン族の首長ラッセル・マイヤーズ・ロスは言う。それに対して、退陣する政府の代表は、「山火事が皆さんのコミュニティの一部に影響を与えたため、〔この許可が〕皆さんにとって困難な時期に出されたことは理解しています」と答えた。山火事による多くの苦難にもかかわらず、チルコーティン族の人々は裁判でこの動きを止める闘いに出た。タセコ社は法的問題に直面して、すでにその掘削計画を中止することを余儀なくされている。

しかし、この山火事が起こったことで、ジャスティン・トルドー首相が気候変動に関する行動を真剣に考えるようになるという希望を抱いている人は失望するだろう。カナダの現首相は、ブリティッシュ・コロンビア州の壮大な原野ではしゃいでいる姿（できれば上半身裸で）を写真に撮られることが大好きだ。彼の妻ソフィ・グレゴワは最近、バンクーバー島沖でサーフィンをしている自分の写真に絵文字を一杯つけて投稿している（山火事の最中で、空はかすんでいたが）。

トルドーは、ブリティッシュ・コロンビア州の森林と沿岸水域を褒めちぎるわりには、パイプラインの拡張とタールサンドに関してはアクセル全開で推進している。彼は二〇一七年三月にヒューストンで、拍手喝采する化石燃料企業の幹部たちを前に「一七三〇億バレルの石油が地中に眠っているのに、そのままにしておく国などありません」と述べている。彼の態度はそれ以降も変わっていない。ヒューストンが前例のない嵐に襲われて浸水し、自国の三分の一が山火事で燃えてもそれは変わらないようだ。今月に入って、彼の閣僚のひとりは、キンダーモルガン・パイプラインに許可を与えたことについて、「その後起こったこと（山火事など）は、どれも私たちの考えを変えるには至らなかった。あの決断はよい決断だった」と述べた。トルドーは化石燃料業界の自動操縦に乗って動いている。何が起きても、彼が道を逸れることはないだろう。

さらに、ドナルド・トランプ大統領がいる。彼の気候犯罪はあまりにも包括的で多層化されていて、正確に説明することは困難だが、ここでひとつ言っておきたいことがある。トランプ大統領は二〇一七年の夏に起こった洪水や火災の後、気候変動が米国に及ぼす影響を評価する連邦諮問委員会を解体させ、アラスカ沖の北極ボーフォート海での掘削を許可する道を選んだのだ。[*3]

＊3　一年後の二〇一八年、当時のトランプの内務長官ライアン・ジンキは、カリフォルニア州での記録的な山火事を利用して、密かに森林の中に大きな道を切り開き、森林の伐採に使おうとした。ジンキのこのような行動は新しいものではない。二

〇一五年に連邦下院議員だった彼は、公有森林環境保護を脅かす法案を共同提出した。その三年後、彼はまだ、森林を破壊することが森林火災を抑制するための最良の方法だというマントラをくりかえしていた。「毎年、私たちは森林が燃えるのを目撃し、毎年行動を求める声が上がる。しかし私たちが実際に行動を起こし、枯れそうになっている樹木を取り除いて森を薄くしようとする、または密集して山火事が発生しやすくなっている場所から材木を切り出して持続可能な森にしようとするとき、過激な環境保護団体から根拠のない訴訟で攻撃される。彼らは森に伐採者が入るよりも、森林やコミュニティが燃えるほうがいいのだ」。カリフォルニア州が、いまより優れた森林管理と賢明な土地利用政策の両方を必要としていることには疑いの余地はない。しかし、大気中の炭素を低く保つには、森林が果たす役割が不可欠であることを考えると、私たちがもっともするべきでないのは、火災防止という名目で森林破壊を拡大することだ。

二つの家を失った男

自然界で鳴り響く警告のメッセージから学ぼうとしないのは、政治家だけではない。

ブリティッシュ・コロンビア州で火災の緊急事態宣言が出されている真っ最中に、カナダ放送協会（CBC）は人間的な興味をそそる話で話題をさらった。CBCは、ブリティッシュ・コロンビア州で所有していたログハウスを焼失したという、ジェイソン・シュルマンという男の話を放送した。彼は一年前にもフォート・マクマリーの火災で家を失っていた。同じ男が、二つの火災で二つの家を失った。CBCはこのニュースの中で、黒焦げの二つの建物（距離は八〇〇マイル離れている）の写真を並べて提示したが、両方とも暖炉と煙突だけが残っていた。

このストーリーでは、災害が残した残骸、終わることのない事務処理、トラウマの記憶、家族間のストレスなど、人の心を打つ物語が映し出された。しかし気候変動についての言及はなかった。シュルマンはアルバータ州のタールサンド採掘場で現場監督として働いていたので、これは注目するべきことだ。しかしCBCの記者は、二つの家を失い、息子を失いかけたシュルマンに、彼が働いている業界についての質問をひとつもしなかった（化石燃料業界はカナダおよび米国で唯一、ブルーカラーの仕事に中流階級の給与が支払われる業界だ）。それでも「二回焼け出された」男の話は、炎の中で結婚した消防士の話とともに、ものめずらしく人間的な興味をそそるストーリーとして話題になった。

しかし、デジタルメディア『ヴァイス』がこの話を取り上げたとき、記者はこの抑えがたい質問をシュルマンに向けた。シュルマンは、気候変動がこの猛火の原因のひとつである可能性を認めた。しかし、そこは『ヴァイス』らしく、記事の大部分は、採掘場の労働者である彼が、ボディアートを通じて、いかにして自分が失ったものに対処しようとしているかに焦点を当てた。「入れ墨をするときの絶え間ない痛みが、しばらく忘れさせてくれるのです――持っていたものをすべて失くしたということをね」

そのうち慣れてしまう

私たちはみな、なんらかのかたちで、無自覚に世の終末に向かって歩くという罪を犯しているのではないか？　煙のせいで日々ソフトフォーカスのように見える世界で生活を送っていると、こんな集団的否定の感情がより深刻になってくるようだ。八月の西海岸では、私たちはみな夢遊病者のように、自分たちの仕事や用事をするために、躓きながら歩きまわり、濃い雲煙の中で休暇を過ごしながら、背景に響き渡る大きな警告音に気がつかないふりをしているように見える。

煙は火ではない。洪水でもない。だから、緊急に注意を促したり避難を迫ったりはしない。それほど快適ではないにしても、生活することはできるのだ。そして、そのうち慣れてしまう。

そして、実際そうしている。

煙の中でサーフボードに乗り、煙が霧であるかのように扱う。ビールやサイダーをビーチに持ってきて、日焼け止めがほとんど必要ないのはいいことだと言いあう。

偽りの乳白色の空の下で海辺に座っているとき、私は突然、BP社の石油掘削施設「ディープウォーター・ホライズン」の原油流出事故のさなかに、石油に浸された海辺で日光浴をしている家族の画像を思い出した。そしてわかったのだ。彼らは私たちだということが。猛烈で記録的な山火事が、家族ぐるみの休暇を妨げることを拒否している、私たちと同じなのだということが。

災害時には、人間の耐久力や回復力について多くの称賛を耳にする。たしかに、われわれは非常に適応力が高い種だ。しかし、それが常によいことであるとは限らない。われわれの多くは、ほぼ何にでも慣れてしまうことができるようだ。自分たちの生息環境が着実に消滅していることにさえ、順応するらしいのだ。

地球ハッキングへの窓

地元の『サンシャインコースト』紙が、この状況を「煙霧の日々」と呼んでから一週間たったころ、『アトランティック』誌が陽気な記事を掲載した。タイトルは「地球温暖化を止めるため、人類は空を暗くすべきか?」。

これは、時には太陽放射管理と呼ばれる方法についての記事で、二酸化硫黄を成層圏に噴霧して地球と太陽のあいだに障壁を作り、強制的に温度を下げるというものだ。この記事によれば、トランプが米国をパリ協定から離脱させたことで、中国を含む多くの政府が、日光を弱める方法を真剣に検討しているという。

その方法のリスクについての最初の言及は二〇番目の段落にあり、この記者は、ある気候科学者の言葉を引用している。地球をハッキングすることは、「干ばつや洪水などを引き起こす可能性がある」というものだ。たしかにそれは困ったことだ。実際、この形式の地球工学は、アジアやアフリカでモンスーンを妨害するため、何十億もの人々の食糧と水の供給を脅かす可能性があるという、査読を経た多くの研究が発表されている。

トランプ大統領、インドのナレンドラ・モディ首相、北朝鮮の「最高指導者」金正恩のような男たちが、気候を変化させるこれらの技術を、非通常兵器のように使う権限を得るシナリオを想像してみよう。宣戦布告なしの気候戦争が起こり、ある国は自国の作物を救うために別の国の降水量を犠牲にし、もう一方は巨大な洪水を解き放つことで報復しようとするような状況が起こりうる。

「地球ハッカー」をめざす者たちは、こんな最悪のシナリオのリスクは管理できると主張する(しかし、その方法を説明することは決してない)が、全員、多少の悪影響があることは認めている。二酸化硫黄を成層圏に噴霧すると、ほぼ確実に恒久的な乳白色の煙霧が発生し、地球のどこでも澄んだ青空は過去のものとなる。この煙霧が原因で、天文学者は恒星や惑星をはっきりと見ることができなくなり、太陽光が弱くなるため太陽光発電の発電能力が低下する可能性がある。

抽象的に考えると、『アトランティック』誌の記事が指摘するように、汚染対策のために「われわれが協力して進むべき道を準備するまでの若干の時間稼ぎ」のためには、これは小さな犠牲のように思えるかもしれない。しかし、すでに煙によって人工的に薄暗くなっている空が日常の生活に影を落としているなかで、さらに意図的に空を薄暗くする可能性について読むことは、まったく別の意味を持つ。

空を失うことは、小さな犠牲ではない。私たちはもっとも混雑した都市にいても、手の届かないところにある空を見上げる。空を見ることができるのを当たり前のことのように思っている。たしかに上空には飛行機と衛星が飛んでいるが、その上には天国、未知、究極の「広がり」がある。今年の八月、太平洋岸北西部のほぼすべての場所では、空を仰いでもそんな広がりは見えなかったのだ。そこには私たち自身、そして私たちの壊れたシステムの残骸が見えた。毛布のような煙の上には、空ではなくて天井がある——それは、将来の可能性さえも窒息させる蓋のように感じられた。

思わず「車で北に向かって、きれいな空気があるところまで行きましょう」と夫のアヴィに言っている自分がいた。そう言った途端、北に向かえば、急速に融ける永久凍土層と鉢合わせとなることを思い出し、そこにとどまることにした。

風向きが変わる

煙に閉ざされた生活から二週間ほど経った後、何かが変わった。まず、何かが聞こえ、それから枝が動いているのが見えた。風だった。突然、気温が下がり、正午までには雲間に青い空が見えるようになった。空と煙霧がこれほど違うことを、私は忘れてしまっていた——まず、空は高いこと。そして、あらゆる種類の繊細な形と動きがあるということを。

煙は完全に消えたわけではないが、突然吹き飛ばされて、世界がシャープに見えた。シャキッとした感じだ。長いあいだ熱を出していて、熱が下がったときに感じる、あの感じだった。

翌日には雨が降った。それほど多くはなかったが、働きすぎて疲れ切った二四〇〇人の消防士が息抜きをするには十分だった。私のアレルギーは治まり、トマは一晩中眠ることができるようになった。

しかし内陸地方からのニュースは悲惨だった。太平洋沿岸で毛布のような煙を解き放った風は、内陸の山火事の中心地に向けて煙を煽っていたのだ。煙が太平洋沿岸で長いあいだ静止状態で閉じ込められていたことは、内陸の消防隊にとっては唯一の明るい材料だったのに、いまはそれがなくなり、雨も十分に降らない。

次の週にはブリティッシュ・コロンビア州の火災の歴史は塗り替えられた。八月中旬までには、一年間で焼失した土地の記録を更新し、八九〇〇平方キロとなった。[*4] 数日のうちに、いくつかの異なる火災が統合されて、ひとつの大きな火災となり、単一の火災としてはブリティッシュ・コロンビア州史上最大のものとなった。

＊4　この不快な記録は、ちょうど一年後、二〇一八年の歴史的な山火事の季節に破られた。

早すぎる

日食が近づいてきたとき、恐怖しか感じなかった。空は晴天で、私は景色がほぼ完璧に見える場所にいたのに。理論的には、これから起こることが自然現象であることはわかっている。しかし、たとえ数分でも太陽がまた隠れてほしくないという思いが強かったのだ。やっと取り戻したばかりだったから。

私は外で、ひとりで座って日食を見ていたが、地平線をじっと見つめて、弱くなっていく光にしがみついていたい気分だった。このことが、バージニア州シャーロッツビルで、ネオナチのグループが松明を持って行進した事件[5]から一週間後、そして世界の多くの地域が実際に地獄のような猛火に見舞われた後であることを考えると、世界が突然薄暗くなることは、現実に近いことのように思えたのだ。

世界の火災警報システムは壊れている

九月の第一月曜日「レイバー・デー」を含む週末に、ブリティッシュ・コロンビア州では、まだ一六〇カ所以上の火災が続いている。非常に暑く、乾燥して風が強いため、新たな山火事が多発し、すでに燃えていた山火事が増幅して広がっていったのだ。当局は毎日新しい避難指示を出している。最新の情報では、夏のあいだに約六万人が避難者として赤十字に登録されたということだ。非常事態宣言は四回も延長された。

しかし、こんな状況にあるカナダでさえ、ハリケーン・ハービーによる壊滅的な被害、多数が死亡し数百万人が被害を受けた南アジアとナイジェリアでの記録的な洪水、そしてさらに強力なハリケーン・イルマの脅威などのニュースのほうが、火災より大きく報道された。さらに大きなニュースとなったのは、ロサンゼルスの大火、ワシントン州の非常事態宣言、モンタナ州のグレーシャー国立公園からカナダのマニトバ州北部にまで出された新しい避難指示のことだった。#FakeWeatherに投稿された九月上旬の衛星写真では、太平洋から嵐が巻き起こる大西洋まで、大陸全体が煙で覆われていることが見て取れる。

自然界にノンストップで起こる、これらの激変を追跡するのは私の仕事のひとつなのだが、経過を追うのがやっとだった。わかっているのは、「私たちの共同の家が燃えている」ということだ。すべての警報が一斉に鳴りだし、必死に私たちの注意を促している。私たちは暗い場所で躓き、喘ぎながらも、緊急事態はまだ起こっていないかのようにふるまうのだろうか？　それとも、この警告は、より多くの人々が耳を傾けるのに十分なのだろうか？　煙の雲の中で体を張って、山火事で傷ついた跡地に石油パイプラインが建設されるのを止めたシュスワップ族のように対処できるのだろうか？

煙の夏の終わりに、この問いはまだ宙に浮いたままだ。

12 この歴史的瞬間に懸かっているもの

あなた方は勝ちとることができるものをすべて見せてくれた。今度はまさに勝つことが必要です。

イギリス労働党大会、ブライトン、イギリス　二〇一七年九月二六日

この歴史的な党大会にお招きいただいたことを、たいへん光栄に思っています。そして、この会場の熱気と希望に触れたことにも感謝します。

いま世の中は暗澹としていますからね。すべてがひっくり返ったような、この世の中をどう描写したらよいのか。国家元首たちがツイッターで「核でおまえを絶滅させてやるぞ」と脅す。広範な地域が気候変動による大混乱で衝撃を受けている。ヨーロッパの沖合では何千人もの難民が溺れている。そして、公然と人種差別を掲げる政党が各地で台頭しています。最近の警戒すべき例はドイツです。ほぼ毎日、あまりにも多くのことが起きて消化できないほどです。こんな大問題が山積みの状況だからこそ、小さいと思えるかもしれない話から

始めようと思います。

カリブ海地域とアメリカ南部は、史上類を見ないハリケーン・シーズンの真っただ中にいます。記録破りの大型ハリケーンが次々と襲いかかっています。この党大会の最中にもプエルトリコでは、ハリケーン・イルマ、その後のハリケーン・マリアと大型ハリケーンに連続して襲われた後、全島が停電しており、この状態は今後何カ月も続くとみられています。水道と通信システムも非常に危うい状態になっていて、プエルトリコに住む三五〇万人のアメリカ市民が、切羽詰まった状態で米国政府の助けを待っています。

しかし、二〇〇五年のハリケーン・カトリーナのときと同様、人々が待ち望んでいる救援隊は来ていません。ドナルド・トランプは、人種差別的な暴力にスポットライトを当てた勇気ある黒人アスリートたちを解雇させようと、彼らを中傷することに余念がないのです。[1]

さらに、これだけでは十分でないかのように、「ハゲタカ」たちが、ざわざわと騒がしくなっています。ビジネス報道は、プエルトリコが電力システムを復興する唯一の方法は、公営電力会社を売却して民営化することだという記事で満ちています。たぶん、ハゲタカたちにとっては道路や橋も売却すべきものなのでしょう。

これは、私が「ショック・ドクトリン」と呼んだ現象です。深刻な危機の発生に便乗して、あらかじめ用意していた、公共資産を食い荒らし少数の特権層の懐を肥やす政策を、こっそり採用させる手法です。この惨憺たるサイクルが何度もくりかえされるのを、私たちは目の当たりにしています。二〇〇八年の世界金融危機のときにも同じことが起こりました。英国の保守党もいま同じことを目論んでいます。彼らはブレグジット〔英国のEU離脱〕に便乗して、企業を優遇する破滅的な貿易協定を、きちんと議論することなく採択しようとしています。

私が、ここでプエルトリコのことをお話しすることにした理由は、状況が非常に緊急であるからだけでなく、プエルトリコが世界中で起きているもっと大規模な危機の縮図であり、重なりあう要素が多くあるからです。その要素とは、気候変動危機の加速、軍国主義、植民地支配の歴史、脆弱で放置されてきた公共空間、完全に機能不全となった民主主義、などです。そして、それらすべてに共通するのは、黒や褐色の肌の人々のおびただしい数の生命を無視することのできる底なしの能力です。私たちが生きている時代には、ひとつの危機を他のすべての危機から切り離すことができません。これらの危機は互いに統合して強くなり、深刻化して、まるで複数の頭をもった一匹の獣のようです。アメリカの現大統領についても同じように考えるべきだと私は思っています。

彼を適切に言いあらわすのは難しいことなので、地元にふさわしい例を挙げてみましょう。いま、ロンドンの下水道に詰まっている、とんでもない凝結物がありますよね。たしか「ファットバーグ[2]」と呼ばれていると思いますが。トランプは政治版のそれです。文化、経済、および国民に対しての有害なものがすべて合体し、自己粘着して塊になったもの。そして、ご存じのように、取り除くことはたいへん困難です。あまりに不快なので笑ってしまうほどです。しかし、間違ってはいけません。気候変動であれ、核の脅威であれ、トランプの存在は、地質時代の危機に匹敵するほどの長期の危機となりうるのです。

しかし、私が今日皆さんにお届けしたいメッセージは、これらの危機を「ショック・ドクトリン」に利用させる必要はない、ということです——すでに卑劣なほど裕福な人たちが、もっと裕福になるチャンスにさせる必要はない。

反対方向に行くこともできるのです。

私たちには、自分たちが持っていたことも知らなかった強さと集中力を集めたとき、最高の力を発揮する瞬間があります。大規模な災害が起こるたびに、草の根のレベルではこのようなことがよく起こります。ロンドンのグレンフェル・タワーの火災[*1]の後に起こったことを、皆さんも目撃したと思います。責任ある人々がどこにいるかわからない状態だったとき、地域の住民が集まり、協力しあって寄付を募り、焼け出された人たち（死亡した人たちも）の支援をしました。それは火災から一〇〇日以上経ったいまでもおこなわれています。恥ずべきことに、まだ責任者が起訴されていないばかりか、ほんのひと握りの生存者しか新たな住居を確保できないという不正義がまかり通っているのです。

このような災害の後、私たちの中にすでにあった強い力が目覚めるのは、草の根のレベルに限ったことではありません。危機が社会全体に進歩的な変革をもたらすというのは、私たちの長く誇るべき歴史でもあります。たとえばニューディール政策は、大恐慌の時代にアメリカの労働者が、公営住宅や老後の年金のために勝ち取った政策です。第二次世界大戦の戦禍の後に設立された英国の国民保健サービス（ＮＨＳ）も同様です。

これらが教えてくれるのは、大きな危機や災難は、かならずしも私たちを後退させるとは限らず、前進させることもあるということです。

進歩派《プログレッシブ》の先輩たちは、歴史上の重要な瞬間にそれらを達成してきたのです。私たちも、すべてが懸かっているこの瞬間に同じことができます。しかし、大恐慌や第二次大戦後の変革が教えてくれるのは、単に抵抗し、憤慨すべきできごとがあるたびに「ノー」と言うだけでは、勝利は決して手に入らなかったことです。

真の危機の瞬間に勝利するには、大胆で前向きな「イエス」が必要なのです。つまり、その危機を引き起こした原因にいかに対処し、社会を再建するかについての計画が必要だということです。そして、その計画には説得力と信頼性が必要であり、そして何よりも魅力がなければならない。すっかり意気消沈してしまった人や民衆が、より良い世界を思い描くことができるようなものでなければなりません。

だからこそ、今日皆さんとともに、ここに立っていることをたいへん光栄に思うのです。なぜなら、二〇一七年六月の選挙で、〔イギリス〕労働党はまさにそれを成し遂げたからです。テリーザ・メイ首相の選挙運動はシニカルで、国民の恐れとショックに訴えることで、より大きな力を得ようとしました――まずブレグジットに関する恐怖、そしてマンチェスターやロンドンで起きたテロ攻撃に関する恐怖を利用しようとしたのです。一方、労働党とそのリーダーたちは、その恐怖の根源、つまり「対テロ戦争」の失敗、経済的不平等、弱体化された民主主義などに焦点を当てました。

しかし、皆さんはもっと多くのことを成し遂げました。有権者に大胆で詳細なマニフェストを提示し、授業料の無償化、医療の無料化、積極的な気候行動など、何百万人もの人々の生活が明らかに良くなる政策を示しました。そして有権者は、何十年ものあいだ政治への期待を引き下げられ、政治的想像力を制限されてきた日々の後、ついに希望を見出し、心躍らせ「イエス」と言えるものを得たのです。実際、多くがすべての専門家の予想をくつがえして「イエス」に投票しました。皆さんは、中道路線や制度をいじくりまわすだけの時代が終わったことを証明したのです。[*2] 国民は深い変化に飢えており、それを強く求めています。問題は、あまりに多くの国で、右翼政党だけがそのような対案を示している（ように見える）ことです。彼らの提案にはフェイクな経済ポピュリズム〔大衆迎合主義〕と、きわめて現実的な人種差別主義という有害な要素がセットになって付いてきます。

イギリス労働党は別の道を示してくれました。それは品位と公正に満ち、現在の混乱を起こした真の勢力を特定しています。それがどれほど強力な勢力であっても。そしてこの提案は、もう永久になくなってしまったと思われていた理念を提示することも恐れませんでした。たとえば富の再分配。そして生活必需サービスの国営化です。皆さんの大胆さのおかげで、これが道徳的な戦略であるばかりでなく、勝利の戦略となりうることを私たちは知ったのです。これは労働党の支持基盤を勢いづけ、もう長いあいだ、まったく投票に行かなくなっていた有権者に行動を起こさせるものでした。

二〇一七年六月の総選挙では、同じくらい重要な別のアイデアをも示してくれました。それは、政党は社会運動の創造力と独立性を恐れる必要はないということです。そして同様に、社会運動は選挙政治にかかわることで、非常に大きなものを得るということです。

これは重要なことです。なぜなら、正直なところ、政党というのはコントロールするということに異常な情熱を燃やしがちです。一方、本物の草の根運動は独立性を大事にするため、彼らをコントロールするのはほぼ不可能です。しかし今回の選挙で、労働党が「モメンタム」[*3]やその他の素晴らしい選挙組織とのみごとな連係を示したことは、両方の世界のベストな面を組み合わせることが可能だということを教えてくれたのです。お互いの意見を聞き、学びあうことで、どの政党や運動が単独で成し遂げるよりも、強く機知に富む勢力を創造することができるのです。

皆さんが成し遂げたことに対して、世界中で反響があったことをお知らせしたいと思います。私たちの多くは、皆さんが現在なさっている新しい政治を熱心に観察しています。そしてもちろん、英国で起こったことは、世界中で起こっている現象の一部でもあります。このうねりの先頭に立っているのは若者たちです。彼らは、グローバル金融システムが崩壊しつつある時期に、そして気候システムの混乱がまさに起きはじめた時期に成人になったのです。

彼らの多くは、アメリカのオキュパイ・ウォールストリート（ウォール街占拠）やスペインのインディグナドゥス（怒れる者たち）のような社会運動から派生した若者たちで、緊縮政策、銀行への救済措置、戦争、警察の暴行、フラッキングや石油パイプラインなどに「ノー」を突きつけることから運動を始めました。しかし彼らはやがて、最大の課題とは、新自由主義が私たちの集団的な想像力に対してしかけた戦争を克服することだと理解するようになりました。新自由主義は、その荒涼とした世界の外に何かがあることを信じる私たちの能力に攻撃をしかけるのです。

そこで、これらの運動は一緒に夢を見ることを始めました。将来についての大胆で異なるビジョンと、危機を乗り越えるための信頼性ある道筋を打ち出したのです。そしてもっとも重要なことは、彼らがその力を得るために、政党にかかわりはじめたということです。二〇一六年のアメリカ大統領選における民主党の予備選で、私たちはそれを目の当たりにしました。バーニー・サンダース陣営の歴史に残る選挙運動は、ミレニアル世代が牽引していたのです。この世代は、民主党中道派の政治的な安全性を重視した政策では、彼らに安全な将来をもたらさないことを知っていたのです。

この場合も、その他の場合も、選挙運動は驚くほどのスピードで広がりました。私が知っている限りでは、ヨーロッパおよび北米で起きた純粋な政治的改革プログラムのどれよりも速かったと思います。それでも、どのケースも十分ではありませんでした。ですから、選挙戦の合間である現在、次回の選挙では、私たちの運動が行くところまで行き着くには、どうしたらよいかを考えるべきです。

その答えの大きな部分は――継続するということです。「イエス」を構築し続けること。

そして、それをさらに前進させることです。

選挙運動の熱気を離れれば、私たちの政策が複数の危機にまとめて対処できるように、直面する諸問題と諸運動との関係を深める時間がたっぷりあります。私たちがかかわるすべての国で、経済的不平等、人種的不平等、そしてジェンダー不平等の問題を結びつけるために、もっと多くのことをするべきだし、できると思います。ひとつのグループが〔肌の色、宗教、性別、性的指向に基づいて〕他のグループを支配するという醜悪な体制が、常に権力と富を握る者たちの利益を優先したことを理解しなければなりません。彼らは私たちを分断させることで、みずからを保護しているのです。

いまは気候の非常事態であり、その原因は、現在の経済的な非常事態の根底をなすのと同じ、底のない強欲さのシステムであることを念頭に置くために、もっと多くのことをする必要があります。しかし、非常事態は進歩派の大きな勝利のきっかけにもなりうることを思い出しましょう。

では、人間を原料資源のように扱い、富を搾取した後切り捨てる「ギグエコノミー」[3]と、これと同様に地球を軽視する採掘企業の「ディグ〔dig 掘る〕エコノミー」のつながりを描き出してみましょう。まず、「ギグとディグ」のエコノミーから、「ケアとリペア〔修復〕」の原則に基づいた社会へと、どのように移行するのかを正確に提示してみましょう。それは、〔保育、福祉、教育など〕人をケアする仕事や、土地や水をケア〔保護〕する人の仕事が尊敬され評価される社会であり、火災時に避難が困難な住宅であれ、ハリケーン被害で荒廃した島であれ、どんな場所も、どんな人も使い捨てられることのない世界です。

労働党が、フラッキングへの反対とクリーン・エネルギー推進の明白な姿勢を示したことに拍手を送ります。しかし、いまこそ私たちは目標を引き上げ、気候変動との闘いが、もっと公正で民主的な経済を構築するための一〇〇年に一度のチャンスであることを明確に示さなくてはなりません。なぜなら、化石燃料を使わない社会へと急速に移行する過程で、石油と石炭に依存した経済が生み出した富の集中と不正義と同じものをつくり出してはならないからです。化石燃料経済では、何千億ドルもの事業利益は個人や企業が受け取り、それにまつわる巨大なリスクは社会全体で共有される。それがくりかえされてきたのです。

私たちは新しいシステムを構築する必要があります。それは化石燃料を使わない社会へ移行するためのコストの非常に大きな部分を、汚染した者たちに負わせるシステム、そしてグリーン・エネルギーを公共財として地域コミュニティが所有するシステムです。それは可能なのです。そうすることで、グリーン・エネルギーからの収入は地域にとどまり、保育や消防やその他の重要なサービスを賄うことができます。そして、この方法をとることによってのみ、新たに創造されたグリーン・ジョブが、生活賃金を保障し労働組合のある雇用であることを保障できるのです。

ですから、モットーは「石油やガスは地下に残すが、労働者はひとりも取り残さない」というものであるべきです。もっとも良い部分は、この偉大な移行を開始するためには、労働党が政権を獲るのを待つ必要はないということです。いま皆さんが持っている手段を使えばよいのです。

労働党が議会を制する地方都市から手をつけて、化石燃料を使わない世界への移行の指針とするのです。手始めに、皆さんの年金基金の投資を化石燃料企業から撤退させ、その資金を低炭素の公営住宅やグリーン・エネルギー事業の協同組合への出資に使うのもよいでしょう。そうすれば、次の選挙を待つまでもなく、人々が次世代経済のメリットを実感することができ、別の方法《オルタナティブ》は常にあったことに気づくでしょう。

最後に、この党大会の国際スピーカーとして強調しておきたいのは、私がお伝えしたことは、ひとつの国を進歩派の博物館や砦にしようということではありません。カナダやイギリスのように裕福な国々は、グローバルサウスといわれる貧しい発展途上国の経済と生態系を長いあいだ不安定にさせてきた役割に関して、彼らに借りがあります。私たちの政策には、その借りが反映される必要があるのです。

たとえば、現在のような大規模なハリケーンの季節には、「イギリス領バージン諸島」「オランダ領バージン諸島」「フランス領カリブ諸島」などの言葉が行きかいます。それは、ヨーロッパの人々がそこで休日を過ごすのが好きだからではありません。これらの名前のいわれは、帝国の莫大な富の大きな部分が、これらの島々から、人々を強制労働につかせた直接の結果として、搾り取られたという事実が反映されているのです――そしてその富が、ヨーロッパや北アメリカの産業革命に火をつけ、私たちを現在のような特大級の汚染者にしたのです。そのことは、これらの島国の将来が、超大型ハリケーン、海面上昇、サンゴ礁の死滅という三つの脅威によって深刻なリスクにさらされているという事実と密接につながっているのです。

この悲痛な歴史を踏まえて、私たちはどう対応すべきでしょうか?

移民や難民を歓迎することです。また、もっと多くの国々が、正義に基づくグリーン経済へ移行するのを助けるために、私たちは適切な分担金を支払うべきです。トランプがならず者のようにふるまうからといって、イギリスやカナダ、その他の国がみずからの努力を惜しむ言いわけにはなりません。その反対です。私たちは、みずからに対してもっと多くを求め、アメリカが自国の下水システムに詰まった「ファットバーグ」を取り除くまでのあいだ、停滞を補うべきです。これらはすべて大きなチャレンジではありますが、うまく行くと私は確信しています。これは勝利の道への重要な部分です。つまり、変革された世界について、より意欲的で一貫性があり、包括的な提案をすればするほど、労働党の信頼性が高くなるのです。

なぜなら、あなた方は勝ちとることができるものをすべて見せてくれた。今度はまさに勝つことが必要です。私たちは、皆そうすべきです。

勝つことが、道徳的に絶対必要なのです。それ以下で満足するには、懸かっているものが大きすぎ、残された時間が短すぎるのです。

＊1　二〇一七年六月、ロンドンのノース・ケンジントンにある二四階建ての公営住宅で火災が発生し、七〇人以上が死亡した。その後の捜査で、このビルでは多くの管理義務が放置されてきたことが、火災に対する脆弱性につながったことが判明した。ひとつは、この高層ビルの外観を良くするために設置された外装が、プラスチックが詰まった非常に燃えやすい建材であったこと。そして、消防装置が整備されていなかったこと、避難経路が少なかったことなどが指摘された。

＊2　二〇一七年六月の総選挙で、ジェレミー・コービン率いる労働党は一九四五年以来もっとも高い得票数を得た。保守党は単独で過半数の議席を獲得できず、アイルランド民主統一党（DUP）と連立政権を組むことでかろうじて過半数を確保した〔メイ首相の後任のボリス・ジョンソンによる二〇一九年一二月の解散総選挙では保守党が圧勝し、労働党は二〇六議席と大幅に議席を減らした――訳者注〕。

＊3　「モメンタム」は労働党と協力関係にある草の根運動で、進歩派の候補者を支持し、党が左翼的な政策を取るよう圧力をかけた。

13 気候対策の機運を殺いだのは「人間の本性」ではない

こんな時代には、安全へと導く新しい政治経路はおのずと出現する。

『インターセプト』二〇一八年八月三日

今週の日曜日〔八月一日〕の『ニューヨーク・タイムズ・マガジン』誌は、単一トピックの単一記事のみで構成された特集号[1]を発行する。それは、気候変動が科学者たちの合意を得ており、政治もそれに歩調を合わせていた一九八〇年代に、世界が気候危機への対処に失敗したことについての記事である。ナサニエル・リッチが執筆したこの歴史発掘の記事には、選ばれなかった道についての内部事情が暴露されている。これを読みながら私は何度も大声で罵ってしまった。リッチの記事には、世界を打ち砕く規模のこの大失敗について、読者に疑問が残らないよう、ところどころに写真家ジョージ・スタインメッツによるフルページの空撮写真が挿入されている。これらの写真は、かつてグリーンランドの氷河があった場所を流れる奔流や、中国第三の湖に繁茂する藻類など、地球の生態系システムが急速に分解しているさまの悲痛な記録と言えるだろう。

小説ほどの長さがあるこの記事は、長いあいだ取り上げられてしかるべきだったのに取り上げられなかった、気候危機というトピックに対するメディアの深い関心度を示している。私たちは、人類の唯一の家が破壊されているという「ささやかな」問題が、なぜ価値あるニュースとはならないかという言いわけを、これまでも何回となく聞かされてきた。「気候変動は遠すぎる将来の問題だ」「ハリケーンや火事で人命が失われているときに、政治的な話は不謹慎だ」「ジャーナリストの仕事はニュースを追うことであって、ニュースを作ることではない――政治家は気候変動について語っていないではないか」などなど。もちろん、「それを話しだすと視聴率が落ちるんだ」という言いわけもあった。

どんな言いわけも、職務の放棄を隠すことはできない。主要メディアはいつでも、地球の気候が不安定になっていることを、間違いなくいまもっとも重大な「大ニュース」として取り上げる決定を独自の判断でできたはずなのに、そうはしなかった。大手メディアは、自社の記者やカメラマンのスキルを活用し、抽象的な科学と、現在起こっている極端な気候事象を結びつける能力を常に持っていた。彼らがそれを一貫してやり抜いたなら、ジャーナリストが政治家たちの行動に先んじて報道する必要性はもっと少なかったはずだ。なぜなら、一般の人たちがこの脅威と、その明白な解決策を知れば知るほど、自分たちが選出した議員たちにもっと大胆な行動を取るよう圧力をかけたはずだからだ。

だからこそ、『ニューヨーク・タイムズ』編集部が全力投球でリッチの記事を後押ししているのを見るのは嬉しかった。記事の発表に先駆けて宣伝用の動画を作り、タイムズ・センターでキックオフのライブイベントを開催し、教育用資料まで提供するという熱心さだ。しかし、だからこそ私は、この記事の中心的な主張が大きく間違っていることに激怒している。

リッチによれば、一九七九年から八九年にかけて、気候変動に関する基本的な科学的知識は一般的に理解され、受け入れられていた。この問題に関する党派的な分裂はまだ起きておらず、化石燃料企業は世論をミスリードさせる情報をまだ本気で拡散しておらず、大胆で拘束力のある国際的な排出量削減の合意に向けた、世界的な政治的機運《モメンタム》があったということだ。とくに重要な八〇年代末について、リッチは「成功の条件が、これほど都合良く揃っていたことはなかった」と書いている。

それでも「私たち」はしくじった——「私たち」とは人類のことだが、みずからの将来を守るには、私たちはあまりにも目先のことしか考えていなかった。私たちがいまや「地球を失いつつある」という事実について、誰が、そして何が非難されるべきかについて、論点を見失わないように、リッチの記事の前には全ページを使って次のような彼の言葉が引用されている。「事実はすべて知られており、邪魔するものは何もなかった。何ひとつ、私たち以外には」

そう、あなたや私だ。リッチによれば、記事で取り上げられたすべての主要な政策会議に出席していた化石燃料企業は邪魔をしなかったということになる（タバコ企業の経営陣を、米国政府が喫煙を禁止する政策の会議にたびたび招待したと想像してみてほしい。そのような会議が何も実質的な結果を出せなかったとしたら、その原因は人類が死を望んだからだ、ということになるのだろうか？　政治システムが腐敗し、破綻していると考えるのが普通ではないか？）。

この記事がオンラインで公開された後、多くの気候科学者や歴史家たちがこの点を指摘している。[*1] 他にも、「人間の本性」を引き合いに出したこと、また、アメリカの権力を牛耳る、滑稽なくらい同質な者たちをぬけぬけと「私たち」と呼んでいることへの怒りをあらわにした人たちもいた。リッチはこの記事全体を通して、この重要な時期とその後に、「グローバルサウス」と呼ばれる開発途上国の政治リーダーたちが、拘束力ある対策を要求していたことにはいっさいふれていない。しかし、同じ人類であっても、将来の世代には一定の配慮をしている。また、彼の記事からは女性の声も、絶滅危惧種のシロハシオニキバシリを見かけるのと同じぐらい稀にしか聞こえてこない。私たち女性が登場するのは、主に悲劇的に勇敢な男たちの妻として、長年耐えてきたという場面だけだ。

この記事の欠陥については十分指摘されているので、ここで蒸し返すことはやめよう。私が焦点を当てたいのは、この記事の中心的な前提だ。つまり、一九八〇年代末の状況が、大胆な気候変動対策を取るために「これほど好都合なものはなかった」と描かれていることだ。実際にはその逆で、人類の進化の歴史の中で、これ以上に不運なタイミングを想像するのは難しいと言うこともできる。現代の消費資本主義の利便性が、地球の居住可能性を着実に侵食してきたという真実に、人類が直面するには最悪のタイミングだったという意味だ。なぜなら八〇年代後半は、新自由主義布教の絶頂期だったからだ。これは、人々を解放する「自由市場」という名のもとに、人々の生活のあらゆる面において、共同的な行動を意図的に貶めることから始まった経済的・社会的プロジェクトだ。それなのにリッチは、当時同時進行していた、この経済と政治の思想分野の激変に言及していない。

私も数年前に、同じ気候変動の歴史を徹底的に調べた。私の結論もリッチと同じく、厳格で科学に基づく世界的な合意に向けた機運が盛り上がった重要な分岐点は、一九八八年だったというものだった。八八年は、NASAのゴダード宇宙科学研究所の所長であったジェイムズ・ハンセン博士がアメリカ連邦議会で証人に立ち、「真の温暖化傾向」が人間の活動に関連していると「九九%の確信」をもって言うことができる、と証言した年だ。同じ月のうちに、何百人もの科学者や政策策定者たちがトロントに集まり、歴史的な「地球大気の変化に関する国際会議」を開催し、はじめて排出量削減目標について議論した。同じ八八年の一一月には、気候変動の脅威について各国政府にアドバイスする最高科学機関である、国連の「気候変動に関する政府間パネル」（IPCC）が最初の会議を催した。

当時、気候変動は、政治家や政策通だけの関心事ではなかった――それは井戸端会議でも話題になるほどで、『タイム』誌は一九八八年の「マン・オブ・ザ・イヤー」に「プラネット・オブ・ザ・イヤー――絶滅寸前の地球」を選んだほどだった。この号の表紙は、より糸で巻いて支えられた地球が、不気味に沈む太陽を背景に写っているものだった。「どんな個人やできごと、運動よりも人々の想像力を捉え、ヘッドラインを独占したのは、私たちの共通の家である、岩石と土と水と空気でできた塊だった」と、ジャーナリストのトーマス・サンクトンは解説した（興味深いことに、サンクトンは、リッチと違って「人間の本性」が地球を台無しにした犯人だと非難することはなかった。彼はさらに掘り下げて、原因はむしろユダヤ教とキリスト教に共通する、自然に対する人間の「支配権（dominion）」という概念の誤った使い方にあることを突き止めた。つまり、自然は人間が支配するものだという誤った「支配権」に対する考え方が、キリスト教以前に存在していた自然観、すなわち「地球は母であり、豊饒な生命を与える存在だ。土や森や海のような自然には神性が宿っており、人類はそれに従属している」という考え方に取って代わった。それが問題なのだ）。

この期間の気候問題関連のニュースを調査したとき、私は、大規模な変化がほんとうに目の前にあるという印象を受けた。しかし残念なことに、その機会は手をすり抜けてしまった。アメリカが国際交渉から離脱し、世界の他の国々も、炭素排出権取引や排出量相殺《カーボン・オフセット》など怪しい「市場メカニズム」に依存しながら、稀に少額の炭素税を課すだけの、拘束力のない合意で手を打ってしまったからだ。だから、リッチのように「いったい何が起こったのか?」と問いかける価値は十分にある。八〇年代の終わりまでには、さまざまなエリート機関から発信されていた緊急性と決然とした態度を、一斉に中断させたのは何だったのか?

リッチは、社会的な証拠も科学的な証拠も示さないまま、「人間の本性」なるものが作動して、すべてを台無しにしたと結論づけた。「人間というものは、グローバル組織の中であれ、民主主義国家の中であれ、産業界や政党の中であれ、個人であっても、将来の世代に課された不利益を未然に防ぐために、現在の利便性を犠牲にすることができないのだ」と彼は書いている。どうやら私たちは「現在のことに執着し、中期的なことは心配するが、長期的なことについては毒を吐き出すように捨て去り、状況には目をつぶる」ようにできている、と言っているようだ。

私が同じ期間を調査した際には、彼とは大きく異なる結論に達した。最初は人々の命を救う気候変動対策の最善の努力と思われたものも、後から振り返れば、最悪の歴史的タイミングという不運に見舞われていたことがわかる。いま、この分岐点を振り返って明らかになるのは、各国政府が一緒になって化石燃料産業の抑制に真剣に取り込もうとしていた矢先に、世界的な新自由主義革命が爆発的に広がったことだ。そして、彼らが進めた経済と社会の再設計は、気候科学の要請と、企業を規制する必要性の両方において、あらゆる場面で衝突した。

八〇年代後半に起こっていた、このもうひとつのグローバルなトレンドにいっさい言及していないことは、リッチの記事の理解しがたいほど大きな盲点である。ジャーナリストとして、さほど遠くない過去に立ち戻ることの第一の利点は、その時代の激動をリアルタイムで生きていた人々にはまだ見えなかった傾向やパターンが見えてくることにある。たとえば一九八八年に気候変動問題にかかわっていた人々には、その時代が、地球上のすべての主要経済を作り変えることになる、急激な経済革命の絶頂期であったということを知る術がなかった。

しかし、現在の私たちは知っている。いま八〇年代を振り返れば、ひとつのことが非常に明確になる。この時代には、「これ以上ないほどの好都合な成功の条件」など提示されていなかった。むしろ一九八八年から八九年にかけては、人類が経済的利益よりも地球の健全性を優先することを真剣に決意するには、最悪のタイミングだったのだ。

この時期に、他に何が起こっていたのか？　一九八八年にカナダとアメリカは自由貿易協定を締結した。これはＮＡＦＴＡ（北米自由貿易協定）の原型であり、その後、同様の協定が無数に締結された。ベルリンの壁は崩壊寸前で、その機を捉えてアメリカの右翼イデオローグたちは「歴史の終わり」が証明されたと言い立て、レーガンとサッチャーが推進した民営化、規制緩和、そして緊縮経済のレシピを世界の隅々まで輸出するためのお墨付きとすることに成功したのだ。

気候変動問題に取り組むはずのグローバルな構造の出現と、それよりずっと強力な、あらゆる規制から資本を解放するグローバルな構造の出現という、二つの歴史的トレンドがこの一点に収束した。このことが、リッチが正しく特定した「機運《モメンタム》」を脱線させたのだ。なぜなら、彼がくりかえし指摘しているように、気候変動に対処するには、汚染者たちに厳しい規制を課す一方で、公共圏に投資して、発電方法から都市の生活様式、交通手段などを変革する必要があったからだ。

一九八〇年代と九〇年代にはこれが可能だった——今日でもまだ可能だ。しかし、それは当時、公共圏の理念そのものを撲滅しようと闘っていた新自由主義のプロジェクトと正面から対決することを意味した（サッチャーは「社会などというものはない」と述べた）。一方、この時期に締結された自由貿易協定は、思慮深い気候イニシアチブ（地域のグリーン産業に助成や優遇措置を与えたり、フラッキングや石油パイプラインのような汚染プロジェクトの多くを拒否するなど）の多くを、国際貿易法に基づいて違法化することに熱心だった。

拙著『これがすべてを変える』で述べたように、「私たちが排出量削減に必要なことをしてこなかったのは、規制緩和型資本主義――気候変動の危機から脱する道が探られてきた全期間を通して、世界を支配していたイデオロギー――と根本的に相容れないものだからだ。破局を回避する可能性を最大限にもたらし、ひいては圧倒的多数の人々の利益になる行動が、経済や政治的プロセス、そして大手メディアのほとんどを牛耳る少数のエリートにとって極めて大きな脅威であるために、動きが取れないのである」

リッチがこの対立関係に言及せず、その代わりに私たちの運命は「人間の本性」によって封印されたと主張することが、なぜそんなに重要なのか？　その理由は、もしも気候対策へのモメンタムを妨げた力が「私たち」であったのなら、〔この特集記事の〕「失われる地球」という宿命的なタイトルは当然だ。もしも、近い将来の健康と安全のために短期間の犠牲さえ払うことができないという性質が、私たちの集合的なDNAに焼き込まれているというなら、真に壊滅的な温暖化を回避できるうちに事態を好転させるという希望は持てないのかもしれない。

しかし一方で、八〇年代にみずからを救う寸前であった私たち人類が、世界中で何千万人もの人々が反対していたにもかかわらず、過激な自由市場信者のエリートたちの作る潮流に流されてしまったということだったのなら、私たちには具体的にできることがある。その経済秩序に立ち向かい、それを人類と地球の安全に根ざした秩序に置き換えればよいのだ。それは「何がなんでも経済成長や利益を追求する」ことを中心に据えない秩序だ。

そして、よいニュースは――よいニュースもいくらかはある――今日では一九八九年とは異なり、グリーンな民主社会主義者の若者たちの運動がアメリカで拡大しており、彼らはまさにそのビジョンを持っているということだ。それは選挙でのオルタナティブな選択肢以上のものだ――私たちの唯一無二の惑星の生命線なのだ。

そして、私たちが必要とする生命線は、過去に試された規模のものでは足りないことを明確にすべきだ。『ニューヨーク・タイムズ』がリッチの記事の予告広告で、「気候変動という大災害に対処できなかった人類」についてツイートすると、アメリカ民主社会党[2]の優秀な環境正義部門は、ただちに次のような修正を提案した。「＊資本主義＊失敗の原因を真剣に調査するつもりがあるなら、『気候変動という大災害に対処できなかった資本主義』を調査すべきだ。資本主義を克服すれば、＊人類＊には生態系的な限界の中で社会を形成し繁栄する能力が十分にある」

彼らの指摘は、完璧ではないとしても正しい。資本主義のもとで暮らすことは人類にとって不可避の条件ではない。私たち人類は、どんな種類の社会秩序にも対応して組織する能力を持っている。そこには、近代よりはるかに長い時間軸で存在し、自然界の生命維持システムをもっと尊重する社会も含まれる。実際、人類はその歴史のほとんどの期間をそのようにして生きてきた。多くの先住民文化は、地球を中心とした宇宙観を今日まで生かし続けている。資本主義は、人類全体の集団的物語の中ではほんの一瞬の現象なのだ。

しかし、資本主義のせいにするだけでは十分ではない。たしかに、経済成長と利潤への飽くなき追求が、化石燃料からの脱却という、急を要する事態に真っ向から立ちはだかったことは事実だ。また、八〇年代から九〇年代にかけて、新自由主義として知られる野放しの資本主義が世界中に解き放たれたことが、ここ数十年に世界全体の排出量が破滅的に急増した最大の要因であり、各国政府が排出量削減のための国際会議（話すだけだが）を開始して以来、科学に基づいた気候対策をとることへの最大の単独の障害だったことも事実だ。それは今日でも最大の障害のままであり、気候変動のリーダーといわれる国々においてさえもそうなのだ。

しかし、独裁的な工業社会主義が地球環境にとっては破壊的なものだったことも、ここで正直に言う必要がある。九〇年代のはじめに旧ソビエト連邦諸国の経済が崩壊したとき、世界の炭素排出量が急減したことがそれを劇的に証明している。また、ベネズエラの石油ポピュリズムを見れば、自称「社会主義」が本質的に環境にやさしいとは言えないことがわかる。

この事実を認めた上で、強力な社会民主主義の伝統を持つ国々（デンマーク、スウェーデン、ウルグアイなど）が、世界でもっとも先見的な環境政策を持つことを指摘しておこう。社会主義はかならずしも環境保護を推進しないと結論づけることはできる。しかし、「民主的な環境社会主義」という新しい形態は、先住民の教えから未来世代への義務や生命の相互の結びつきを学ぶ謙虚さを持っており、人類が集団的に生存するためのベストな方法であるように見える。

これらが、民主的な環境社会主義というビジョンを推進しようと急増している、社会運動基盤の政治家や政治家候補たちが提供していることだ。彼らは、何十年にもおよぶ新自由主義の隆盛のもとで起こった経済の崩壊と自然界の荒廃の結びつきを世に示している。そして、連帯してすべての人々の基本的な物質的ニーズを満たし、人種やジェンダーの不平等への真の解決策を提供する「グリーン・ニューディール」を提唱している。

そしてこの政策は、一〇〇％再生可能エネルギーへの急速な移行を推進しながらおこなわれる。彼らの多くは化石燃料企業からの寄付金を受け取らないことを約束し、逆にこれらの企業を提訴すると約束している。

新世代の政治リーダーたちは、中途半端な「市場ベースの解決策」を提唱する新自由主義的な中道派であるアメリカ民主党上層部、およびドナルド・トランプによる自然への全面戦争を拒絶している。彼らはまた、現在および過去の「搾取主義」的な社会主義者たちにも明確な代替案を提示している。おそらく、もっとも重要なのは、新世代のリーダーたちは、少数のエリートの強欲や腐敗を「人間性」に責任転嫁することには関心がないということだ。代わりに彼らは、人類の、中でももっとも体系的に無視され疎外されてきた人々が、集合的な声と力を獲得し、エリートに立ち向かうことができるよう助けようとしている。

私たちが「地球を失い」つつあるのではない。むしろ地球のほうが、あまりに急速に熱くなっているため、人類の多くを失う軌道に乗っている。こんな時代には、安全へと導く新しい政治経路はおのずと出現する。いまは失われた数十年を嘆いているときではない。その道から急いで逃げ出すときなのだ。

＊1　リッチがこの記事を元にした著書を二〇一九年に出版した際、指摘された部分は修正されていた。

14 プエルトリコの災害に「自然」なものは何もない

体系的に社会基盤への資金を枯渇させ、管理を放棄し……平時から機能不全におちいっているシステムは、ほんとうの危機が来たとき、それを乗り越えることはできない。

ハリケーン・マリアから一年 『インターセプト』二〇一八年九月二一日

ここ二〇年ほど私が探求してきたのは、すでに金持ちで影響力が強い者たちが、いかにして集団的なショック（スーパーストームや経済危機など）の痛みとトラウマを決まった方式で悪用し、さらにもっと不平等で非民主的な社会を築こうとしてきたかについてである。ハリケーン・マリアでひどい打撃を受けるずっと前から、プエルトリコはその典型的な事例だった。ハリケーンによる暴風が吹く前に、この合衆国連邦自治区では、債務（正当なものではなく、多くは違法なものだ）があることを言いわけに、残忍で経済的な苦痛をもたらす法案が強行採決された。これはアルゼンチンの偉大な作家ロドルフォ・ウォルシュが、四〇年前に「計画された惨状（miseria planificada）」と呼んで有名になった政策だ。

このプログラムは、地域社会を結びつける接着剤のようなもの――教育、医療、電力、水道システム、交通システム、通信ネットワークなどを組織的に攻撃するものだった。

この計画は非常に広範な分野から反対を受けていたため、プエルトリコ域内で選出された議員がこれを実行するとは思えなかった。そこで、二〇一六年にアメリカ連邦議会は「プエルトリコ監視・管理・経済安定化法」(PROMESA)を通過させた。この法律は、プエルトリコという自治区域の経済を、選挙で選ばれていない「財政監視管理委員会」の手に直接委ねるという、いわば財務的なクーデターだった。プエルトリコでは、これを「フンタ」〔クーデター直後の臨時政府〕と呼んでいる。

まさにその言葉通りだった。ギリシャの元財務相ヤニス・ヴァルファキスは、かつては戦車《タンク》が政府を転覆させたが――「いまは銀行《バンク》が転覆させる」と述べている。

このような状況で、すでに「フンタ」の攻撃でボロボロになっていたプエルトリコの公共機構を、ハリケーン・マリアの暴風が駆け抜けたのだ。しかも、このハリケーンはもっとも強固な社会でさえもひっくり返すほどの、非常に強力なものだった。その結果、プエルトリコはよろめいただけではなかった。完全に壊れてしまったのだ。

崩壊したのはプエルトリコの人々ではなく、すでに意図的に壊滅寸前まで追いやられていたシステム全体――電力、医療、水道、通信、食料――すべてだった。最新の調査では、ハリケーン・マリアの災害による死亡者数はおよそ三〇〇〇人で、プエルトリコ知事もこの数字を受け入れている。しかし、ひとつ明確にしておこう。この数はハリケーン・マリアが奪った命の数ではない。過酷な緊縮政策と、史上稀なハリケーンの組み合わせがそうさせたのだ。

もちろん、暴風と洪水が奪った命もある。しかし、失われた命の大多数は、体系的に社会基盤への資金を枯渇させ、管理を放棄していたことによるものだ。平時から機能不全におちいっているシステムは、ほんとうの危機が来たとき、それを乗り越えることはできない。調査報告はそれを指摘しているが、ドナルド・トランプはよく考えもせず否定している。死亡者の主な死因は、医療機器を電源に接続できなかったことによる。送電網が破壊され、電力供給が数カ月止まってしまったため、そして医療ネットワークが切り捨てられてきたため、治療可能な疾患に対する医療さえも提供することができなかったのだ。また、環境的な人種差別という遺産のせいで、インフラが整っていなかったため、人々は汚染された水を飲むしか選択肢がなかった。そして、非常に長いあいだ見捨てられ放置された結果、人々は希望を失い、自殺が唯一の選択肢となったのである。これらが死者が増えた要因だ。

この死亡者数は、しばしば言われていることとは異なり、前代未聞の「自然災害」のせいではない。「不可抗力」のせいでもない。

死者に敬意を払うことは、真実を語ることから始まる。真実は、この災害に「自然」なところは何もないということだ。あなたが神を信じる人ならば、神の意思でもない。

嵐が襲来する数年前に、熟練した電気技術者たちを解雇したのは神ではないし、送電網の基本的な修理や維持を怠ったのも神ではない。必要不可欠な救済と再建計画を執行する契約を、政治的なコネはあっても任された仕事をしない企業に委ねたのも神ではない。世界でもっとも肥沃な土壌に恵まれている群島プエルトリコが、食料の八五%を輸入すべきだと決定したのも神ではない。エネルギーの九八%を輸入した化石燃料から生成する必要があると決めたのも神ではない——この群島は太陽の光を浴び、強い風が吹き、波に囲まれている。

クリーンで安価な再生可能エネルギーに置き替えることができるのだ。

これらを決定したのは、有力な利害関係者のために働く人々だ。

世界経済において、過去五〇〇年にわたり中断されることなく続いたプエルトリコとプエルトリコ人の役割とは、安価な労働力や安価な資源を搾取されることを通じて、また輸入された食料や燃料の専属市場として、域外の人々を豊かにすることだったのだ。

植民地経済は本質的に依存経済である。それは、宗主国によって中央集権化され、不均衡で歪んだ経済だ。そして、すでに述べたように非常に脆弱な経済だ。

さらに、今回の大型ハリケーン自体を「自然災害」と呼ぶことも正しくない。イルマ、マリア、カトリーナ、サンディ、ハイエン、ハービー、今年に入ってからはフローレンスと超大型台風マンクットなど、記録的な大型暴風雨はどれも「自然」であるとはいえない。記録が次から次へと破られている理由は、海洋の水温が上昇し、潮位が高くなったことだ。これも神のせいではない。

これは致命的なカクテルのようなものだ――ただのハリケーンではなく、気候変動でさらに大型になったハリケーンが、何世紀にもわたる植民地時代の搾取の上に、何十年にもわたる容赦ない緊縮政策で意図的に脆弱にされた社会を直撃したのだ。そして、そこに導入される救済措置は、地球上のシステムに貧しい人々の命が存在するという事実を極端に軽視し、その事実を隠そうともしない。

ハリケーン・マリアは、木の枝から木の葉を吹き飛ばしたのと同時に、残忍なシステムを覆っていた上品な外観をすべて吹き飛ばし、このシステムの赤裸々な姿を世界にさらけ出した。ハリケーン・マリアによる被害と連邦緊急事態管理局（ＦＥＭＡ）の果てしない失敗の連続は、プエルトリコの限界を超えた。しかし、そもそもこの領土〔自治領〕が、なぜこんな不安定な状態のまま危機の瀬戸際に置かれていたのかを直視する必要がある。

また、これらの失敗を〔自治領の〕統治能力の欠如と決めつけることはやめるべきだ。なぜなら、能力がないことが原因なら、失敗の原因となった根本的なシステムを修正しようとする努力が見られるはずだ。たとえば、公共圏を再構築し、もっと確実な食料供給とエネルギーシステムをめざすこと、そして、将来もっと猛烈なハリケーンが来ることを確実にする炭素汚染を止めようとするだろう。

しかし実際には、その正反対のことがおこなわれた。私たちが見たのは、他でもない惨事便乗型資本主義が、嵐の後、地域がトラウマにおちいっているのをいいことに、教育予算を大幅に削減し数百の学校を閉鎖したこと、次から次へと住宅を差し押さえたこと、そしてプエルトリコのもっとも貴重な公共資産を民営化することだった。そしてトランプは、何千人ものプエルトリコの人々が死亡したという現実を否定したのと同様、気候変動という現実も否定している――トランプ政権が、環境に有害で、危機をさらに悪化させる何十もの政策を実行するにはそうするしかないからだ。

だから、この現代の大災害についての政府の公式見解は次のようなものなのだ。可能な手段をすべて動員して、このような災害が何度も何度もくりかえされるようにする。そして、激しい気候災害がものすごいスピードで来る未来を確実にする。そのような未来においては、人々が災害の記念日に集まって死者を追悼するようなことすら、次の世代の目にはとてつもない贅沢だと思えるようになる。ハリケーン・マリアの上陸からちょうど一年経ったいま、次なるハリケーン災害の危機がノースカロライナ州、サウスカロライナ州、南インド、そしてフィリピンを襲っている。

だからこそ、プエルトリコの人々は、「フンテ・ヘンテ（Junte Gente 団結しよう）」という旗の下、何十もの組織を立ち上げ、いまとは異なる未来を要求して立ち上がっている。少しましな未来ではない。根本的に良くなる未来だ。彼らのメッセージは明白だ。このハリケーンは、公正な回復と次世代経済への公正な移行のための警告となり、歴史的な起爆剤となるべきだ、というものだ。それは、いま始まる。

その第一歩は、プエルトリコが不法に押しつけられた債務を減免し、最終的に帳消しにすること。そして、存在自体が自治のもっとも基本的な原則からかけ離れている「フンタ」を解任することだ。そうなってはじめて、多くの住民を裏切った食料、エネルギー、住宅、そして交通システムを再設計し、プエルトリコの人々のために機能する施設や機関と置き換えるという政治的自由が生まれるのだ。

この公正な回復運動は、土壌の豊かさを最大限に利用して人々を養い、太陽光と風を利用してこの群島のエネルギーを生みだすために、プエルトリコ中の才能と保護された知識を活用することに懸かっている。

今日、プエルトリコの農業生態学《アグロエコロジー》運動の偉大な指導者のひとりダルマ・カルタヘナの言葉が私の頭をよぎった。彼女の運動は、プエルトリコが輸入食料に依存することをやめ、伝統的な農業法を復活させることで抵抗力を構築することを推進している。「ハリケーン・マリアのせいで、ひどい打撃を受けました」と彼女は言う。「でも、それは私たちの信念をより強くし、正しい道を示してくれた」

「計画された惨状」と「意図的につくられた依存」の時代は終わった。いまこそ、喜びのための計画と、解放につながる設計を始めるべきだ。次にハリケーンが来たとき――それはかならず来る――嵐が吹き荒れ、木々が曲がっても、プエルトリコは屈しないと、世界に見せることができるように。

15　社会運動がグリーン・ニューディールの運命を左右する

私たちは、全体像を見ることなく個別に問題を解決するよう訓練されている。それゆえ、いままでこれら（医療保険、家族休暇制度や同一労働同一賃金）がグリーン・ニューディールの議論に含まれたことはなかったのだ。

『インターセプト』二〇一九年二月一三日

「やつらの政策はまったくばかげている。市民から自動車を取り上げ、飛行機での移動を禁止して、『カリフォルニアまで電車で行こう』と言う。『牛を飼うことも禁止』なんだからな」

ドナルド・トランプは、テキサス州エル・パソでの選挙演説スタイルの集会でそうぶち上げた。民主党のアレクサンドリア・オカシオ＝コルテス下院議員とエド・マーキー上院議員が提案した「グリーン・ニューディール」決議案を徹底的に非難しての発言だ。

この発言は、しっかり押さえておく価値がある。なぜなら、これが再選されることなく終わる大統領の「最後のあがき」となるかもしれない発言だからだ。トランプは、現代の三重の危機ともいえる状況――差し迫った生態系の崩壊、経済的不平等の拡大（人種や性差による貧富の格差を含む）、そして白人至上主義の台頭――について変革を求める市民の意欲を、相当軽く見ている。

しかし一方で、この発言は、人類の生存に適した気候を葬り去る可能性もある。トランプの嘘とこけ脅しの戦術が成功すれば、いま切実に求められている枠組み〔パリ協定〕が踏みにじられる可能性があるからだ。そうなれば、トランプが再選される手助けとなるか、または、大きな変化に対応する勇気も、民主的な手続きを経て委任された使命も持ち合わせない、消極的な民主党候補を大統領に選出してしまうか、のどちらかだ。どちらのシナリオも、気温を壊滅的な水準以下に維持するために必要な変革のために残された、わずかな何年かを無駄にすることになる。

二〇一八年一〇月、国連の気候変動に関する政府間パネル（IPCC）は、今後一二年以内に世界の排出量を現在の半分以下に削減する必要があるという画期的な報告書を発表した。この目標は、世界最大の経済大国アメリカが、現状を打破するリーダーシップを果たさずして達成できるほど簡単なものではない。二〇二一年一月に、その役割へと飛躍する準備ができている新しい政権にバトンが渡されたとしても、この目標を達成するのは非常に困難だ。しかし、技術的には可能なのだ――とくに大都市であるニューヨークやカリフォルニアのような市と州が、その間、いまある野心的なプログラムの加速を維持し、現在独自のグリーン・ニューディールの議論の真っただ中にある欧州連合と協力すれば。しかし、共和党政権か、あるいは大企業寄りの民主党政権がさらに四年間アメリカを仕切り、気候変動への取り組みが二〇二六年まで開始されないことになれば、笑いごとではすまされない。

だから、グリーン・ニューディールは「敗者」の論点であり、そんなものは俺が徹底的に打ちのめしてこの世から消し去ってやると言ったトランプが正しいのか。それとも彼は間違っていて、グリーン・ニューディールを政策の中心に据えた候補者が民主党の予備選を勝ち抜き、本選挙でトランプに打ち勝って民主党の使命を明確にし、〔政権の〕初日から、現代の三重危機との闘いに対して戦時中と同レベルの投資を導入するのか。そのどちらかだ。後者であれば、それが世界の他の地域にも波及し、彼らもようやく大胆な気候政策を導入するようになるだろう。そして、私たちみんなに闘いのチャンスが与えられることになる。

本稿執筆時点では、嬉しいことに、民主党のリーダーとなるべく予備選を争う二人の候補者（とくにバーニー・サンダースとエリザベス・ウォーレン）がグリーン・ニューディール政策を支持している。さらに、この二人とも、グリーン・ニューディール阻止に動いているもっとも影響力ある業界――化石燃料業界と彼らに資金を調達する銀行――に立ち向かった実績がある。この二人のリーダー（そして彼らをリーダーに押し上げた運動）は、私たちが必要としている移行期について重要なことを理解している。それは、みんなが満足することはないということだ。移行がスムーズに進むためには、これまで何十年も不透明な利益を上げてきた化石燃料企業は、長年慣れ親しんできた減税の恩恵や補助金を失うだけでなく、営業損失を出さなければならないだろう。また、彼らが望む新しい掘削権や採掘の借用権も得られないし、建設したいと思っているパイプラインや輸出用ターミナルへの許可も下りないだろう。何兆ドルもの価値があるとわかっている膨大な化石燃料を、地中に残さなければならないだろう。また、彼らの内部留保は損害賠償に回さなければならないかもしれない。化石燃料企業が、人々の生活や土地を台無しにすることを承知の上で採掘をおこなったことを立証しようと、すでにいくつかの訴訟が起こされている。

同時に、屋根の上に設置するソーラーパネルを推進する賢い政策が採られるなら、大手電力会社は、彼らの元顧客がみずから発電事業を始めるため、利益の大きな部分を失うだろう。このような政策は、より平等な経済を構築する大きなチャンスを生み、最終的には電気料金が下がることになる。一方、大きな影響力を持つ勢力――かつての専属顧客が電力供給網に売電する競争相手となるのを望まない、とくに石炭火力発電企業――が損失を被ることになる。

だから、化石燃料企業とその仲間に損失を負わせることを辞さない政策を推進しようとする政治家たちは、単にみずからの腐敗を避ける以上のことをしなければならない。このような政治家たちには、世紀の闘いに挑む心構えが必要であり、どちら側が勝たねばならないかについて、きわめて明確な態度をとる必要があるのだ。しかし、それでもまだ忘れてはならないことがある。それは、グリーン・ニューディール政策を実施しようとする政権には、それを支持し、先に進むよう圧力をかける、強力な社会運動が必要であるということだ。

実際、グリーン・ニューディール政策による力の結集が、私たちを「気候の崖っぷち」から引き戻すことができるかどうかは、今後の社会運動のアクションが最大の決定要因となる。この闘いに挑む意志のある政治家を選出することは重要だが、核心となる課題は選挙だけで解決されるものではないからだ。その課題とは、何が可能かを決める算定方法を変えることができるくらいの、政治的な力を構築することだ。

これは、歴史的にも稀な過去の重要レッスンから私たちが学ぶべきことであり、それは裕福な国々の政府が、国の経済の基盤を構成する部門に大きな改革を導入することに同意したときのことだ。フランクリン・D・ルーズベルト大統領がニューディール政策を導入したとき、アメリカが歴史的な労働闘争の真っただ中にあったことを忘れてはならない。一九三四年にミネアポリスで、チームスターズと呼ばれるトラック運転手の労働組合がストライキを決行し、それがミネアポリス全体のゼネストに発展した。同年には、西海岸の諸港で港湾労働者によるストライキが起こり、八三日間の港湾閉鎖が起きた。そして一九三六年と三七年には、ミシガン州フリントで、ゼネラル・モーターズの労働者が四〇日以上にわたる座り込みストライキを決行した。

この時期には、大恐慌による困窮から発生した大衆運動が、社会保障制度や失業保険など広範にわたる社会的なプログラムを要求し、社会主義者たちは、放棄された工場をそこで働く労働者に払い下げて協同組合に転換すべきだと主張した。一九三四年、アプトン・シンクレア（アメリカの精肉産業の実態を暴露した『ジャングル』の著者）は、貧困を終わらせるために公的資金による労働者協同組合への一〇〇%出資を政策に掲げて、民主党候補としてカリフォルニア州知事に立候補した（過去二回は社会党候補として立候補）。この選挙で彼は九〇万票近くを獲得したが、右翼による執拗な攻撃と、民主党のエスタブリッシュメント（支配層）からの妨害に遭い、もう少しのところで当選を逃した。同じころ、ポピュリストであったルイジアナ州選出の民主党上院議員ヒューイ・ロングは、すべてのアメリカ人に二五〇〇ドルの年収が保障されるべきだという案を提示し、多くのアメリカ人の注目を集めていた。一九三五年にフランクリン・ルーズベルトがニューディール政策における社会福祉給付を増額した理由を説明したとき、彼は「ヒューイ・ロングのアイデアを盗みたかったのだ」と述べた。

これらのエピソードが示しているのは、ニューディールは、このような進歩的かつ左派が闘争的だった時代に、ルーズベルトが採用した政策だということだ。現在の常識では過激であるように見えるこの政策は、当時、本格的な革命を阻止するための唯一の方法だったことを覚えておこう。

アメリカが一九四八年にマーシャルプランによるヨーロッパの復興支援を決定したときも、同様の力が働いていた。当時ヨーロッパのインフラは破壊され、経済は危機的状況にあったため、アメリカ政府は、西ヨーロッパの多くの地域が社会主義による平等主義の理想を最善の方法とみなし、ソビエト連邦の影響下に置かれてしまうことを懸念していた。実際、戦後の多くのドイツ人が社会主義に惹かれていたからこそ、連合軍はドイツ全体をソ連に取られるリスクを取るよりは、ドイツを分断する策を選んだのである。

このような状況が背景にあったため、アメリカ政府は西ドイツを「ワイルド・ウェスト」式の資本主義で再建しないことを決めた〔五〇年後にソ連が崩壊したときにはそれが試みられ、悲惨な結果をもたらした〕。西ドイツは、地元産業への支援、強力な労働組合、強固な福祉国家という、社会民主主義との混合経済モデルで再建されたのだ。ニューディールと同様、この政策は社会主義的要素を十分備えた市場経済を構築することによって、革命的なアプローチの魅力を失わせることをめざしていた。マーシャルプランの歴史についての著書で有名なキャロリン・アイゼンバーグは、この政策が利他主義から生まれたものではないことを強調する。「ソビエト連邦は、弾丸を込めた銃を突きつける敵のようだった。ドイツの経済は危機的状況にあり、国内には相当多くの左派勢力があったため、〔西側諸国は〕ドイツの人々の忠誠心を素早く獲得する必要があったのだ」

このように、政党勢力と大衆運動の双方による左派からの圧力が、ニューディールとマーシャルプランのもっとも進歩的な要素をもたらしたのだ。これは覚えておくべき重要なポイントだ。なぜなら、北アメリカとヨーロッパの政党がいま提案しているグリーン・ニューディール政策には、まだ大きな弱点があるため、最初のニューディールが長い時間をかけて変化していったのと同様に、さらに強化され拡大される必要があるからだ。

オカシオ＝コルテス議員とマーキー議員が提出したグリーン・ニューディール決議案は緩やかな枠組みであるため、多くの要素を組み入れすぎているとマスコミから批判されもしたが、実際にはまだ多くのことが盛り込まれていない。たとえば、炭素を地中に残しておく必要性、米軍が排出量の増加に中心的な役割を果たしていること、原子力発電と石炭は「クリーン」にはなりえないこと、アメリカのように裕福な国や、強い影響力を持つシェルやエクソンモービルなどの企業が貧しい国々に負っている「債務」について、もっと明確に主張するべきだ。貧しい国々は、気候変動危機にほとんど加担していないのに、その影響をまともに受けなければならない。

もっとも基本的なこととして、グリーン・ニューディールが信頼に足るものになるためには、この政策が創出する良質のグリーン・ジョブの賃金が、そのまま大量消費型のライフスタイルに注ぎ込まれ、結局は排出量の上昇につながることのないようにする具体的な計画が必要なのだ。みんながよい仕事から多くの可処分所得を得ても、それが中国から輸入される使い捨てグッズの消費に使われれば、埋め立てゴミが増えるだけだ。

これが「気候ケインズ主義」の台頭とでも呼ぶべき問題だ。第二次世界大戦後の好景気は、不調だった経済を復活させたが、都市が郊外に無秩序に拡大するスプロール現象と、大きな消費の高まりを引き起こした。大量消費の波は輸出されて、最終的には世界の隅々まで行きわたることになった。ほんとうのことを言えば、政策立案者たちはいまだに、ちゃんと議論するのを避けている。ウォルマートの屋上に太陽光パネルをポンと設置してそれを「グリーン」と呼ぶのか、それとも、何を買うかがアイデンティティやコミュニティや文化を形成する重要な要素であるようなライフスタイルの限界について、徹底的な議論をする用意があるのかを、まだうやむやにしている。これが現実なのだ。

このような議論は、グリーン・ニューディールのもとで優先的におこなわれる投資と密接に関連している。私たちが必要としているのは、搾取に対する厳しい制限の必要性を認識し、同時に人々の生活の質を向上させる新しい機会を創造し、果てしない消費サイクル以外の面で喜びを見出すための移行《トランジション》だ。それには公的資金に支えられた芸術や都市部でのレクリエーション、または新たな自然保護区で自然を楽しむことなどの形態が考えられる。ここで重要なのは、週間労働時間を短縮し、人々がこのようなレクリエーションを楽しむ時間を持つことを可能にすることだ。そうすることで彼らは、ファストフードや、つまらない気晴らしでその場しのぎの回復を必要とする、過労状況に追い込まれることがなくなる。

私たちは、このようなライフスタイルへの移行や余暇活動が、幸福感や満足感を向上させることをすでに知っている。それでも、気候変動政策についての議論は、とくにアメリカでは、「生活の質」を個人の成功や富の蓄積と同一視する理論にとらわれたままなのだ。グリーン・ニューディール政策への障害を取り除こうとするなら、このような思考からも脱却しなければならない。

『ガーディアン』紙のジョージ・モンビオ記者が言うように、地球の資源は「個人的な充足と公共の贅沢」を満たしてくれる。それらは、「素晴らしい公園や遊び場、公共のスポーツ施設やスイミングプール、ギャラリー、アロットメント（市民農園）や公共交通機関網」などのかたちで提供される。しかし、すべての人に個人的な贅沢をという不可能な夢を、地球は維持することはできない。ケイト・ラワースは著書『ドーナツ経済学が世界を救う』（河出書房新社）でこれを次のように表現している。「地球が与えてくれる手段の範囲内で、全員のニーズを満たすこと」が、「成長するか否かにかかわらず、私たちを繁栄させてくれる」経済だ。

これについては、ボリビアとエクアドルの先住民族が主導する運動から、私たちが学ぶことは多い。彼らはエコロジカルな変革の中心に「ブエン・ビビール（buen vivir よい生活）[1]」と呼ばれる、自然環境と調和しつつ人間として尊厳のある生活を送るというコンセプトを置いている。それは、より多くのモノを求めて加速する消費と、計画的な陳腐化[2]とは対照的に、よい生活への権利に焦点をあてるものだ。

グリーン・ニューディールに反対する者たちが、この政策がもたらすのは止むことなき欠乏と、政府の統制に象徴される緊縮経済の社会だという恐怖のイメージを拡散するであろうことはまず間違いない。それらへの応答が、世界の上位一〇～二〇％を占める裕福な人々のライフスタイルが今後変わることを否定するものであってはならない。変化は起こる。このカテゴリーに入る私たちが縮小しなければならない分野はある。たとえば飛行機による移動、食肉の消費、エネルギーの浪費などだ。しかし一方で、新しい楽しみや豊かさを築くことのできる新しい空間もあるのだ。

このような難しい議論をする上で覚えておくべきは、地球の健全性が、私たちみんなの生活の質を決定する単独の要素としては最大であるということだ。私はカトリーナからサンディ、マリアまで、多くの巨大ハリケーンやスーパーストームが残した残骸の中を歩きまわり、自然発火して燃えた森林の煙の粒子が充満した空気を吸い込むという体験を、普通の人より多くしてきた。それを踏まえて、気候が破壊された未来は荒涼としていて、悲惨で貧しい世界であると確信を持って言うことができる。それは、私たちが所有するものを恐ろしいスピードで瓦礫や灰に変えてしまう未来だ。現状を変えず継続することが、未来に向けて私たちが持つ選択肢のひとつであるふりをすることはできる。しかし、それは幻想にすぎない。なんらかのかたちで変化は訪れる。私たちが選べるのは、その変化が万人にとって最大限の幸福につながる努力をするか、あるいは何も手を打たずに、気候変動による災害と困窮、そして「他者」への恐怖が、私たちの社会を根本から変えるに任せるかのどちらかだ。

だからこそ、各国のグリーン・ニューディール政策には、定期的な炭素監査制度のような厳しいチェック・

アンド・バランス（抑制と均衡）が組み込まれ、科学が義務づけた急激な排出量削減の目標を達成することを保証するべきである。単に再生可能エネルギーに切り替え、エネルギー効率のよい住宅を建設するだけですべてが好転すると思っているなら、それは間違いだ。それだけでは、グリーン・ニューディールによる排出量の急増という、きわめて皮肉な状況におちいる可能性があるのだ。

要するに、グリーン・ニューディールは必然的に、常に現在進行形の政策なのだ。それは社会運動、労働組合、科学者、地域社会が、政策決定者にその約束を守るよう強く要求し続けることでのみ頑強となる。現在の市民社会は、ニューディール時代の大きな譲歩を勝ち取った一九三〇年代ほど強力でもなければ、うまく組織化されているともいえない。もちろん、大量投獄や移民の強制送還への抗議運動や、#MeToo、教師のストライキ、先住民族の主導による石油パイプライン建設阻止、化石燃料企業に対する投資撤退要求、ウィメンズ・マーチ、気候のための学校ストライキ、サンライズ運動、国民皆保険《メディケア・フォー・オール》への機運など、非常に多くの運動が生まれていることはたしかだ。

しかし、それでも真に変革をもたらすグリーン・ニューディールを獲得し堅持していくために必要な、外からの力を構築するにはまだ先は長い。だからこそ、いまある枠組みを使って、その力を構築することが非常に重要なのだ。それは、現在はまだお互いの存在に気づいていない運動をつなげ、彼らの基盤を劇的に拡大する力をもつビジョンを創りあげることだ。

そのプロジェクトの中心は、左翼の「長い政策リスト」とか「欲しいものリスト」として冷笑されてきたものを、圧倒的に魅力的な未来の物語へと変えていくことだ。医療体制から雇用、保育、刑務所政策、きれいな空気から余暇を楽しむ時間まで、日常生活の中で変えるべき多くの部分をつないでいくことだ。

いまのところ、グリーン・ニューディールは、雑多なものが詰まった福袋のように扱われている。なぜなら、私たちの多くは資本主義についての体系的かつ歴史的な分析を回避するよう訓練されてきたため、このシステムが生み出すあらゆる危機（経済的な不平等、女性への暴力、白人至上主義、終わりのない戦争、環境の崩壊など）について、縦割りで議論してしまい、それぞれを関係づけることなく個別の問題として扱ってしまうからだ。そのように凝り固まった思考で見ると、分野を横断するさまざまなビジョンが交差するグリーン・ニューディールとは、左翼がずっと望んできた「緑色の欲しいものリスト」として一笑されかねない。

だからこそ、もっとも差し迫った今後の課題のひとつは、重複する危機が互いに密接につながっていることと――そして、それは社会的および経済的変革を全体的《ホリスティック》な視点で捉えることによってのみ克服できるということを、あらゆる手法を使って明らかにすることだ。たとえば、排出量の削減をどんなに早く進めても、気温は上昇し、嵐はさらに激しくなることを指摘することはできる。そして、そのような嵐が、数十年来の緊縮財政で脆弱にされた医療システムを崩壊させれば、何千もの人々の命がその代償となる。ハリケーン・マリアが通過した後のプエルトリコで起こった悲劇のように。だからこそ、グリーン・ニューディールに国民皆保険制度を含めることは、この機に便乗して付け加えたものではなく、予期される過酷な未来において、人間性を維持する上で欠くことができない要素なのだ。

さらに、他の多くの政策提案についても、グリーン・ニューディールとの関連性を説明する必要がある。無償の保育や高等教育といった無関係な要求を含めることで、肝心の気候政策の重要性が低くなると不平を言う人は、人をケアする職業（その多くを女性が担う）は比較的低炭素な産業であり、賢く計画すれば社会をさらに低炭素にできることを知るべきだ。言い換えれば、これらの仕事も「グリーン・ジョブ」とみなされるべきであり、再生可能エネルギーや省エネ化、公共交通機関などのセクターで多くを男性が担っている仕事と同様に、保護され、投資され、生活賃金が支払われるべきなのだ。他方で、このようなセクターを男性中心の職場でなくするためには、〔育児や介護を含む〕家族休暇制度や同一労働同一賃金が必須であるため、これらは両方ともグリーン・ニューディール決議案に含まれている。私たちは、全体像を見ることなく個別に問題を解決するよう訓練されている。それゆえ、いままでこれらがグリーン・ニューディールの議論に含まれたことはなかったのだ。

人々の想像力をかき立てるかたちでそれらの関連性を示すには、大規模な参加型民主主義を実行する必要がある。最初のステップは、あらゆるセクター（病院、学校、大学、テクノロジー、製造業、メディアなど）の労働者が、自分たちの分野で急速な脱炭素化を実現するにはどうしたらよいか、そして同時に貧困をなくし、よい雇用を創り出すというグリーン・ニューディールの使命を推進しながら、人種間やジェンダー間の富の格差をなくすにはどうすべきかについて、独自の計画を立てることだ。グリーン・ニューディール決議案は、このような民主的で分散化したリーダーシップを明白に要求している。実現すれば、この枠組みが必要としている広範な支援基盤をつくるために大いに役立つだろう。このような基盤は、すでにこの決議案に反対して結集している強力なエリート勢力に対抗するために、ぜひとも必要なのだ。

他にも、多くのなされるべき関連づけがある。雇用の保障は、社会主義者による無関係な付け足しどころか、迅速かつ公正な移行《トランジション》を達成するために重要な要素だ。労働者はこれによって、地球の安定性を損なうような仕事でも就くしかないという強い圧力から即時に解放されることになる。なぜなら、すべての労働者は、劇的に拡大する多くの〔グリーンな〕セクターのいずれかで再訓練を受けて、仕事を見つけるために必要な時間を自由にとることができるからだ。

生活のための条項と呼ばれるこれらの項目（雇用の保障、医療、保育、教育、住宅）はすべて、現在蔓延する経済的な不安に根源から取り組むための状況をつくりだす基礎となるものだ。それは、気候による破壊に対処する私たちの能力と切り離して考えることはできない。なぜなら人々は、自分の家族が食べ物や医療、避難所を探さなくてもよいことがわかっていれば、自分たちは安全だと感じ、時代が変化するときにはつきものの、人種差別的なデマゴーグによる人々の恐怖につけこんだ煽動の影響を受けにくくなるからだ。言い換えれば、これは温暖化する世界での共感《エンパシー》の危機に対処する方法なのだ。

最後に取り上げたい関連性は、「修復」の概念と関係がある。グリーン・ニューディール決議案は、「脅威にさらされ、絶滅の危機にあり、壊れやすくなっているエコシステム（生態系）を回復し保護する」ため、そして「すでに地球上にある有害廃棄物を除去し、放棄された有害な土地を浄化して、その場所で持続可能な経済発展ができることを保障する」ための、高賃金の雇用を創出することを求めている。

アメリカ全土には、フラッキングがおこなわれた現場、鉱山の跡や掘削現場など、業者にとってはもはや役に立たなくなったために放棄された場所が数多く残されている。それは、この国の文化が人々をどのように扱っているかによく似ている。とりわけ、私たちが教え込まれた、自分の所有物の扱い方によく似ている――一回だけ使うか、壊れるまで使ったらそれを捨て、また別のものを購入する。それは新自由主義の経済において、多くの労働者が扱われてきた方法ともよく似ている。彼らは使い果たされ、依存症と絶望の中に捨てられるのだ。これは牢獄国家そのものだ。このようなシステムの中では、人口の一部は、囚人労働者として、そして民間刑務所の財務諸表上の数値としてのほうが、自由な労働者としてよりも経済価値があると思われている。

ここには語られるべき壮大な物語がある。それは、修復する義務についての物語だ。私たちと地球との関係、そして私たちどうしの関係を修復しなければならない。なぜなら、気候変動が大気中の過剰な温室効果ガスによって引き起こされた危機であることはたしかでも、その根底にあるのは、自然界とそこに住む人々の大部分を使い切って捨て去る資源として扱い、「搾り取る」という考え方が引き起こした危機とも言えるからだ。私はこれを「ギグ〔単発請負〕とディグ〔採掘〕」エコノミーと呼んでいる。気候変動の危機から脱するためには、あらゆるレベルで、「ギグとディグ」の世界観が「ケアとリペア〔世話と修復〕」の精神へと転換することが不可欠だと固く信じている。土地を修復し、自分のまわりのものや人との関係を修復する。そして、恐れを乗り越え、それぞれの国の中での関係性を修復し、国どうしの関係性も修復しなければならない。

化石燃料の時代は、暴力的なクレプトクラシー〔泥棒政治〕で始まったことを忘れてはならない。時の権力者が人々を盗み〔奴隷〕、土地を盗む〔植民地〕という二つの略奪を通して、永遠に拡大できるかに見えた新しい時代が始まったのだ。だから、再生可能エネルギーの時代への道のりは、償いと修復の過程を経なければならない。自分たちの過去に向きあい、最初の産業革命のために、もっとも高い代償を払った人々との関係を修復しなければならない。

このような受け入れがたい真実に向きあうことができなかったため、集団的な「私たち〔We〕」の概念は、長いあいだ見せかけのものだった。私たちがこれらの真実への責任を負ったときのみ、社会は解放され、集団的な目的を見出すだろう。実際、この共通の目的を実現することが、おそらくグリーン・ニューディールの最大の約束であろう。なぜなら、私たちの目の前で崩壊してゆくのは、地球の生命を維持するシステムだけではないからだ。私たちの社会の骨組みも、同時に多くの方面で崩壊している。

フェイクニュースの増加から的外れの陰謀説、主権者としての国民の動脈硬化まで、崩壊の兆しは至るところに見られる。このような状況の中でこそグリーン・ニューディールが、まさしく、そのスケールの大きさ、その野心、そして緊急性ゆえに、これらの分断の多くを最終的に克服する集合的な目的になる可能性があるのだ。

もちろん、この政策は人種差別や女性嫌悪、ホモフォビア（同性愛嫌悪）やトランスフォビア（トランスジェンダー嫌悪）を魔法のように治癒するわけではない。だからこそ、これらの悪には依然として正面から立ち向かわなければならない。しかし、グリーン・ニューディール決議案が、反対する陣営の強力な力を押し切って通過すれば、私たちの多くに、自分を超えた大きな目的に向かって一緒に働いたという感覚を与えてくれるだろう。私たちみんなが、その創造に参加したものとして。そして、私たちに共通の目的地を与えてくれるだろう。それは、いま居る場所よりも明らかによい場所だ。このような共有された使命感が、末期状態にあるいまの資本主義文化のもとで、切に必要とされている。

粉々に分断された人々と、急速に温暖化する地球のあいだにある、この種の深い関連性が、政策策定者の守備範囲をはるかに超えているように思えるなら、元祖ニューディール時代にアーティストが担った中心的な役割を振り返ってみることに価値があるだろう。当時、劇作家、写真家、壁画家、小説家はすべて、何が可能かという物語を伝える役割を担っていた。グリーン・ニューディールを成功させるには、芸術家、心理学者、宗教者、歴史家など、さまざまな種類の語り手のスキルと専門知識が必要なのだ。

グリーン・ニューディール政策の中に、誰もが自分の未来を見ることができるようになるまでの道のりは長い。私たちは、いくつかの間違いをすでに犯しているし、それはこれからも起こるだろう。しかし、急成長しているこの政治プロジェクトが正しく実行されることに比べたら、小さな間違いはそれほど重要ではない。

グリーン・ニューディールは、科学が要求するスピードで排出量を削減するためには何が必要かを正確に理解している専門家たちや、数十年にわたり汚染や誤った気候ソリューションの矢面に立ってきた経験を持つ社会運動家たちから、常に警戒と圧力を受ける必要がある。しかし、警戒はしながらも、全体像を見失わないように注意する必要もある。〔その全体像とは〕この政策が、私たち全員が厳粛かつ道義的な責任をもって手に入れるべきライフラインであるということだ。

グリーン・ニューディールの機運《モメンタム》を高めるために尽力した「サンライズ運動」を組織した若者たちは、いま私たちがいるこの集合的な時代を、「約束と危険」の両方に満ちたものであると話す。まったくその通りだ。そして、これから起こることの行方はすべて、私たちそれぞれの手の中にある。

16 グリーン・ニューディールにおけるアートの役割

「私たちはインフラを変えただけでなく、ものごとのやり方も変えたのです。そうすることで、近代的で裕福なだけでなく、尊厳があり人間味あふれる社会になったのです」

二〇一九年四月

プロジェクトにかかわっていると、時に考案者が思いもしなかったような、強力な力と遭遇することがある。私が制作責任者としてかかわり、アーティストのモリー・クラブアップルとともに考案した七分間の映像作品『アレクサンドリア・オカシオ＝コルテスが語る未来からのメッセージ』が、まさにそれだった。

ニューヨーク州選出の下院議員アレクサンドリア・オカシオ＝コルテスが語りを担当し、クラブアップルのみごとなイラストが使われたこの作品は、いまから数十年後の世界として設定されていて、白髪が目立つようになったオカシオ＝コルテスが、ニューヨークからワシントンDCまで高速鉄道に乗って移動するシーンから始まる。窓の外に見えるのは、グリーン・ニューディールが成功したことで実現した未来だ。

この映像作品は、アメリカでグリーン・ニューディールのアイデアが支持されはじめた直後に、私とモリー・クラブアップル（イラストレーター、ライター、映画制作者）との会話から生まれた。このとき私たちは、もっと多くのアーティストにグリーン・ニューディールのプロジェクトに参加してもらうにはどうしたらよいかについてブレインストーミングをしていた。芸術活動のほとんどの形態は低炭素の活動だ。実際、フランクリン・D・ルーズベルトのニューディール政策では、公的資金で支援されたアートが芸術ルネサンス（復興）をもたらし、すべてのタイプのアーティストが時代の変革に直接参加した。

私たちは、アーティストたちをふたたびそんな社会的使命に駆り立てたいと思っていたが、グリーン・ニューディール決議案が連邦法になれば、それはそんなに遠い先のことではない。いや、いますぐやりたい。そもそも、グリーン・ニューディールが人々の心をつかみうるか否かという闘いにおいて、アートの助けが必要なのだ。

クラブアップルは、オカシオ＝コルテスを語り手として使い、自分がイラストを描くことで、グリーン・ニューディールについての映像作品をつくろうと提案した。そこで問題は、「まだ起こっていないことをどう伝えるのか」ということだった。

アイデアを出しあっているうちに、いつもの「説明する」作品ではダメだということに気づいた。グリーン・ニューディールが描く変革の妨げとなっているのは、人々が提案の内容を理解できないことではない（たしかに誤った情報は多いが）。こんな大規模なことを、そんな短い期間に、人類が成し遂げるなんて無理だと多くの人が思っている。それが問題なのだ。たくさんの人々が、将来のディストピアは避けられないと信じ込んでいる。

懐疑的になるのは無理もない。私たちの社会が総体的に、交通、住宅、エネルギー、農業、林業などのあらゆる分野で急速かつ根本的な変革を達成するというこのアイデアは、気候の崩壊を回避するために間違いなく必要なものではあるが、多くの人々にとっては自分たちの生活実感として想像できるものではない。私たちは、地球を不安定にし、超富裕層だけに莫大な富が蓄積されるこの絶望的なシステムの代替案はない、というメッセージを浴びながら成長してきた。多くの経済学者からは、私たちは根本的に利己的で自分の欲求充足をめざす存在であると教えられ、歴史家からは、社会的な変革は常にひとりの偉大な男が成し遂げたものだと教えられた。

その意味では、ハリウッドもたいして役に立たなかったと言える。高い制作費をかけたSF映画のほとんどで、地球の未来はなんらかの生態学的・社会的な終末世界として描かれるのが当たり前のようになっている。それはまるで、私たちの集合的な未来がいまよりも良くなるという可能性はおろか、私たちに未来があるということさえも信じることを集合的にやめたかのようだ。しかし、すべてのアートがそのような未来を必然としているわけではない。アフロフューチャリスト[1]からフェミニスト・ファンタジストまで、主流とみなされない分野では長いあいだ、多くのクリエイターたちが、未来は現在と変わらないか、さらに悪くなってセックス・ロボットが登場するという思い込みを打破しようとしていた。その先駆者のひとりである偉大なSF作家アーシュラ・K・ル＝グウィン〔『ゲド戦記』などの作者〕は、彼女の死の四年前の二〇一四年に全米図書賞を受賞した際、情熱的なスピーチをおこない、そこで「厳しい時代が来る」と述べた。

私たちは作家の声を待ち望んでいます。いまの生き方に代わる生き方があることを知っている作家たち、恐怖に満ちた社会や、まとわりつくテクノロジーの本質を見破り、違う生き方を考えることができる作家たち、さらには現実的な希望の根拠を想像できる作家たちです。私たちには、自由であることを思い出させてくれる作家が必要です。詩人や先見者たちといった、より広い意味での現実《リアル》を捉える現実主義者《リアリスト》が必要なのです。……私たちは資本主義社会に住んでいて、その支配から逃れられないように見えますが、王権神授説時代の人々もそう思っていたのです。人間によるどんな権力や支配も、人間の抵抗で変えることができます。抵抗と変化はしばしばアートから始まります。

変革を促すアートの力は、元祖ニューディール政策の中でももっとも永続的な遺産のひとつだ。興味深いことに、一九三〇年代にもその変革プロジェクトはマスコミから執拗な攻撃にさらされたが、そのことは少しもプロジェクトを減速させることはなかった。

エリート層を代表する批評家は、ルーズベルトの計画を、忍び寄るファシズムだの、正体を隠した共産主義だのと、何にでも例えて馬鹿にした。現在の右翼コメンテーターによる「やつらは君たちからハンバーガーを取り上げようとしている」という批判の一九三三年版だ。当時、ウェストバージニア州選出の共和党上院議員ヘンリー・D・ハットフィールドは、ある議員に宛てた手紙の中で「〔ニューディールは〕暴政であり独裁政治である。これは自由の抹殺だ。普通のアメリカ人はロボットと同等の地位に堕ちるだろう」と批判した。デュポン社の元幹部は、政府がまともな賃金の仕事を提供しているために、「サウスカロライナ州の私の農場では、今年の春、五人のニグロ〔黒人の蔑称〕が農場では働かないと言ってきた。フォートマイヤーズに置いてあるヨットの料理人も、政府にペンキ屋として雇われれば時給一ドルもらえると言って辞めた」と述べた。

極右の武装集団が形成され、ずさんではあったが銀行家グループによるルーズベルト政権の転覆計画さえあったのだ。

自称「中道派」は、もっと巧妙なやり方で反対した。彼らは新聞の社説や論説で、ルーズベルト大統領に計画の減速と規模の縮小を促した。歴史家で『見えざる手――ビジネスマンによるニューディール政策への反対運動（*Invisible Hands: The Businessmen's Crusade Against the New Deal*）』の著者でもあるキム・フィリップス＝フェインによれば、グリーン・ニューディール決議案に対する現在の攻撃も当時のものとよく似ており、『ニューヨーク・タイムズ』紙などの有名なメディアに掲載される論説はまさにそれだという。「彼らは真っ向から反対することはしない。しかし多くの場合、一度にたくさんの変革や、あまりに大規模な変革を急速に進めることは望まない。だから、政権は少し時間をかけて、もっと熟考してからすべきだと主張するのだ」

それでもニューディール政策は、多くの反対や除外事項にもかかわらず支持を広げ続け、民主党は中間選挙で議会の過半数を獲得し、ルーズベルトは一九三六年に地滑り的な再選を勝ち取った。

エリートたちの攻撃が、有権者をニューディール政策に反対する方向に向かわせなかった主な理由は、この政策が人々を助けることがわかっていたからだ。しかし、もうひとつの理由は、この変革の時代のあらゆる分野に織り込まれていた、計り知れないアートの力にあった。ルーズベルトのニューディールは、芸術家たちを他の労働者と同様に扱った。すなわち、大恐慌のどん底で自分たちの生業を営むために、政府から直接支援を受けて当然の人たちということだ。ニューディール政策時に発足した公共事業促進局（WPA、のちの雇用促進局）の局長ハリー・ホプキンスは、「だから何だ。彼らだって、他のみんなと同じように食べなきゃならないんだ」という有名な言葉を残している。

WPAの一部である、連邦美術計画、連邦音楽計画、連邦劇場計画、連邦作家計画、そして財務省の調達部門が管理していた絵画と彫刻部門、その他いくつかのプログラムによって、何万人もの画家や音楽家、写真家、劇作家、映画制作者、俳優、作家、そして膨大な数の職人たちが、やりがいのある仕事を見つけたが、同時にアフリカ系アメリカ人や先住民のアーティストにとっても前例のない支援が提供されたのだ。

その結果アメリカでは創造性が劇的に高まり、膨大な量の芸術作品がつくられた。連邦美術計画だけでも、二〇〇〇点のポスターと二五〇〇点の壁画、公共スペースのための一〇万点の絵画を含む、四七万五〇〇〇点ものビジュアル・アートが作成された。参加したアーティストの中には、ジャクソン・ポロックやウィレム・デ・クーニングがいる。連邦作家計画に参加した作家には、ゾラ・ニール・ハーストン、ラルフ・エリソン、ジョン・スタインベックが含まれる。連邦音楽計画は二二万五〇〇〇回の公演をおこない、一五〇万人が鑑賞した。

ニューディール政策のもとで制作された芸術作品の多くは、大恐慌で疲弊した人々に喜びと美をもたらしたが、それは同時に、芸術作品は裕福な人々だけが所有するものだという社会通念への挑戦でもあった。ルーズベルト大統領は一九三八年に、〔作家の〕ヘンドリク・ウィレム・ヴァン＝ルーンに宛てた手紙の中で次のように書いている。「私にも夢がある――地方の小さな村に住んでいる人々にも、ニューヨークの片隅にいる人々にも……本物の絵画、版画やエッチングを見せ、本物の音楽を聴かせたいのだ」

ニューディール政策のもとでつくられた芸術作品の一部は、大恐慌で打ち砕かれた国が立ち直る姿を映し出すために着手されたのだが、その過程で、ニューディール政策による救済がどれほど必要とされていたかを、否定できないほどに証明した。結果として、この時代を象徴する作品群が生み出された。それらには、ドロシア・ラング〔写真家〕の「ダストボウル」と呼ばれる砂嵐の被害によって移住を余儀なくされた住民たちの写真、ウォーカー・エヴァンス〔写真家〕がジェイムズ・エイジー〔作家・詩人〕と一九四一年に出版した共著『いま有名な男たちを称賛しよう（*Let Us Now Praise Famous Mens*）』で発表した、農家の悲惨な有様を写した写真、そしてゴードン・パークス〔写真家、映画監督、作家〕がニューヨークのハーレムでの日常生活を撮った画期的な写真などがある。

他のアーティストたちは、グラフィックアートや短編映画、大量の壁画などを通じて、もっと楽観的でユートピア的でさえある作品を生み出した――それらは、力強い身体が新しいインフラを造る姿、木を植える姿、あるいは自分の国を立て直そうとしている姿など、ニューディール政策のもとでの変革を描いたものだ。

ニューディール時代のユートピア的な作品に刺激を受けて、クラブアップルと私がグリーン・ニューディールの短編映画のアイデアを検討しはじめたころ、オンラインメディアである『インターセプト』に、グリーン・ニューディールが成立した後の二〇四三年を想定して書かれたケイト・アロノフの記事が掲載された。[2] それは、グリーン・ニューディールが成立した後の世界で育ったジナという架空の娘の物語だ。「彼女は比較的安定した子ども時代をすごしました。両親は彼女が生まれると、彼らの権利である育児休暇を使って家で育児をし、その後は無料の保育施設に通わせました。授業料が無料の大学を卒業した後、彼女は六カ月間、湿地を回復させる仕事につき、その後の六カ月は、自分が通ったのと同じような保育施設でボランティア活動をしました」

この物語には心を打たれた。物語が未来を想定しているにもかかわらず、それが未来の架空都市でメル・ギブソン扮するマッド・マックスが暴走族と闘う物語のバリエーションではないことが大きな理由だ。クラブアップルと私は、私たちの短編映画でも同じような設定をすると決めたが、今回はオカシオ＝コルテスの視点で未来を描こうということになった。この映画は、社会が諦念よりも大胆な挑戦を選び、オカシオ＝コルテス議員が提唱したグリーン・ニューディールが現実となった後の世界を描く物語となる。

最終的な成果物は、七分間の未来からのポストカードで、クラブアップルの長年の共同制作者キム・ブックバインダーとジム・バットが共同監督となり、オカシオ＝コルテス議員と、気候正義のオーガナイザーであるアヴィ・ルイス（私の夫でもある）が共同脚本家となった。これは、間一髪のところで、地球上最大の経済大国の中でなんとか必要な規模の集団が集まり、人類は救う価値があると信じるに至った過程についての物語だ。

クラブアップルの絵筆が、なじみ深いがまったく新しい国を描いていく。都市は高速鉄道で結ばれ、先住民族の長老たちが湿地を回復させようとしている若者を助け、何百万人もの人々が低廉な〔公共〕住宅を改築する仕事に就いている。スーパーストームが大都市を直撃したときには、人々は隣人への猜疑心や敵視ではなく、協力と連帯で対応する。絵筆が描く絵の上に、オカシオ＝コルテスの声が重なる。[3]

洪水、火災、干ばつと闘っているとき、そこで行動を起こしたことがいかに幸運なことだったかを知ることになりました。私たちはインフラを変えただけでなく、ものごとのやり方も変えたのです。そうすることで、近代的で裕福なだけでなく、尊厳があり人間味あふれる社会になったのです。医療や有意義な仕事への普遍的な権利が約束されたことで、将来への不安がなくなりました。だから、私たちはお互いを恐れることをやめた。そして、みんなに共通の目的を見つけたのです。

この作品への反応は、まったく予想外のものだった。四月一七日にオンラインで視聴可能となった後、四八時間以内に六〇〇万回以上再生され、七二時間以内に、サンライズ運動がグリーン・ニューディールへの弾みをつけようと主催した全米ツアーの一環として、一〇〇〇人以上が視聴する会場で上映された。会場では、一行一行の語りが終わるたびに歓声が上がった。一週間以内に、さまざまな（小学校から大学まで）教師たちが、授業でこの映画を使ったと教えてくれた。

典型的な感想の声は、「生徒たちは希望に飢えています」というものだった。何百人もの人が、これを見ながら机の前で泣いてしまったと書いてくれた――すでに失われてしまったものと、これから救えるものに対して。

このプロジェクトを振り返り、この映像作品が世界中で拡散したスピードを考えると、気候変動に対する集団的な対応の方法を「グリーン・ニューディール」という枠組みにまとめたことの、真の力が見えはじめたという印象を強く受けた。元祖ニューディールの時代と比較するには時代が異なるという制約があるにもかかわらず、いまから半世紀後の世界を想像するために、ほぼ一〇〇年前にルーズベルト大統領が実行した現実世界における産業および社会の変革を想起させたことで、私たちの時間軸が広がりはじめている。

自分たちは果てしないソーシャルメディアの奔流の中に囚われた囚人ではなく、長く複雑な集団的な物語の一部であるということに、私たちは突如として気づくのだ。つまり、人類とは固定され不変の属性を持つ集団ではなく、現在進行中の集団であり、大きく変化する可能性を備えているということだ。何十年か前と、何十年か後を同時に見れば、この重要な歴史の瞬間に立ち向かっているのは私たちだけではないことがわかる。この歴史的瞬間に必要とされていることを、彼らがしたように、私たちにもできるとささやく先人たちと、これよりも悪い状態は受け入れられないと叫ぶ未来世代に、私たちは囲まれているのだ。

希望ある未来のビジョンがグリーン・ニューディールで提示されたのと同様に、拡大された時間軸を提示できたことで、多くの人が力強い反応を見せてくれたのだと私は感じている。未来と過去から切り離され、時間軸の中を漂流するほど戸惑うことはない。私たちがどこから来たのか、そしてどこに行きたいのかがわかったときのみ、私たちは安定した足場に立つことができる。

オカシオ＝コルテスがこの作品の中で語るように、未来はまだ描かれていないが、そのときこそ「私たちは見ようとする勇気を持てば、どんなことでもできる」と信じることができるのだ。

エピローグ――「グリーン・ニューディール」推進の要旨

グリーン・ニューディールに対する批判者は、それがかならず失敗する理由について、数々の真剣な主張をする。ワシントンで起こっている政治的な膠着状態は本物だ。たとえ気候変動を否定する共和党が権力の座から引き降ろされたとしても、民主党議員の中にも、自分の支持者たちは大きな変革を望まないと確信している中道派が多い。グリーン・ニューディールには大規模な予算が必要であり、それを通過させるには超人的な努力が必要だ。

よく耳にするのは、保守派の多くが受け入れられるような気候政策を推進したほうがうまくいくという議論だ。たとえば石炭火力発電から原子力発電への切り替えや、炭素排出に少額の炭素税を課して、その税収を国民への「配当」として還元させるといった政策だ。

しかし、このような漸進的なアプローチでは、いま必要とされている規模の変革は絶対にできないのだ。化石燃料企業からの献金漬けになった共和党議員からの支持を得るためには、炭素税の税率は低いものに抑えることになり、排出量削減への十分なインパクトは得られないだろう。原子力発電は、再生可能エネルギーと比べてコストが高い上に、建設するのに時間がかかりすぎる――ウラン採掘や放射性廃棄物の貯蔵に関するリスクは言うまでもない。

現実的には、いままで取ってきた危険な軌道を修正するのに必要な、劇的かつ迅速な排出量の削減を達成するには、産業構造やインフラを全面的に、そして徹底的に見直すことが避けられないのだ。幸いなことに、グリーン・ニューディールは多くの批評家が主張するほど非現実的でもなければ実現困難でもない。その理由は本書の至るところで説明したつもりだが、グリーン・ニューディールに成功のチャンスがある理由を、さらに九つ挙げようと思う。そのチャンスは、私たちがあらゆる機会を通じてこの政策を主張することで、さらに高まるはずだ。

1．グリーン・ニューディールは大量の雇用を創出する

再生可能エネルギーに多額の投資をおこなっている世界の各地では、このセクターが化石燃料よりも多くの雇用を生み出すことがわかっている。ニューヨーク州が二〇三〇年までに（十分なスピードではないが）消費エネルギーの半分を再生可能エネルギーに移行するとの決定をした直後、新しい雇用が急増した。アメリカ全土でグリーン・ニューディールが採用されれば、その時間軸はさらに短縮される上に、さらに多くの雇用を生み出すだろう。連邦政府からの資金援助がなくても――現実的には、ホワイトハウスからの積極的な妨害があっても――グリーン経済はすでに、石油やガス産業よりも多くの雇用を創出している。二〇一八年の「アメリカのエネルギーと雇用レポート」（USEER）によれば、風力発電、太陽光発電、エネルギ

ー効率化（省エネ）などのクリーン・エネルギー業界での雇用は、化石燃料業界の雇用を三対一の割合で上まわっている。これは、州や地方自治体などが提供する奨励金や補助金と、再生可能エネルギーの生産コストが急激に低下したことの組み合わせによるものだ。グリーン・ニューディールは、業界全体にとっては超新星爆発のようなものになるが、労働者に対しては、給与や諸手当の面で石油・ガス業界に匹敵する雇用を保障する。これを証明する研究報告は多々ある。たとえば、二〇一九年におこなわれたコロラド州のグリーン・ニューディール型プログラムの雇用への影響についての研究では、失われた雇用よりも創出された雇用のほうが多かった。マサチューセッツ大学アマースト校の経済および政治経済学研究所が発表したこの研究は、コロラド州が二〇三〇年までに排出量を五〇％減らすには何をすべきかを調査するためにおこなわれた。その研究は、年間一四五億ドルのクリーン・エネルギー投資をおこなえば、およそ五八五人分の非管理職の雇用が失われるが、「コロラド州全体では年間一〇万人の雇用を創出する」と結論づけている。

このような驚くべき結論に達した同様の研究は多い。労働組合と環境保護活動家が結集した組織である「米国ブルーグリーン・アライアンス」が提案する計画では、公共交通機関と高速鉄道に年間四〇〇億ドルの投資を六年間続けた場合、通算で三七〇万人分以上の雇用を生み出すとしている。欧州輸送労働者連盟の報告書によれば、輸送部門で排出量を八〇％削減する包括的な政策を採用すれば、ヨーロッパ大陸全体で七〇〇万人分の雇用を生み出すことができる。さらに、クリーン・エネルギー部門で五〇〇万人分の雇用を生み出せば、発電による排出量を九〇％削減することができる。

2. グリーン・ニューディールへの支出は、いまより公平な経済を創りだす

地球の気温上昇を一・五℃未満に保つためのIPCCの二〇一八年報告書が明らかにしたように、私たちが排出量を削減するために変革を起こす行動を取らなければ、その損失（コスト）は天文学的なものになる。IPCCの予測では、地球の〔平均〕気温を（一・五℃ではなく）二℃上昇させた場合の経済的な損失は、全世界で六九兆ドルとなる。

もちろん、グリーン・ニューディールを実施するには莫大なコストがかかる。この政策を提唱する人々は、資金調達の方法についてさまざまな提案をしている。アレクサンドリア・オカシオ＝コルテスは、アメリカ合衆国のグリーン・ニューディール政策は、過去の緊急財政出動と同様に扱われるべきだと述べている。つまり、連邦議会が財政支出を承認し、「世界の通貨」である米ドルを持つ財務省がそれを支えるということだ。政策提案においてオカシオ＝コルテスと密接に協力しているシンクタンク「ニュー・コンセンサス」によれば、「グリーン・ニューディールは新しい消費財やサービスを創りだし、新しい支出が同じペースで吸収されるため、財源の不安が進歩を押しとどめる心配はなくなる。戦争支出や減税が、財源不安から中止になることはないのと同じだ」と述べている。

「ヨーロッパの春」が提案するグリーン・ニューディール、「欧州のためのニューディール」は、アップルやグーグルのような多国籍企業が世界中で法人税を逃れていることを防ぐため、世界規模での最低法人税率の設定を求めている。彼らはまた、中央銀行が支えることで公的機関〔欧州投資銀行など〕がグリーン債券を発行

するという、現在の正統派の金融理論の反転を求めている。「今日私たちが直面している〔人類の〕存続に関わる危機に対処するには、その原因をつくった経済政策を転換させる必要がある。緊縮政策は絶滅を意味する」。クリスチャン・パレンティなど一部のアナリストは、この移行《トランジション》を、連邦政府の資産購入政策で推進しうることを強調する。

要するに、資金調達の方法はたくさんあるのだ。それは、容認できないレベルの富の集中を攻撃し、気候汚染の原因を作っている者たちの負担を増やすことを含む。それが誰かを突きとめるのは難しいことではない。「クライメト・アカウンタビリティ・インスティテュート」の調査によれば、一九八八年以降の温暖化ガス総排出量のなんと七一％を、大手化石燃料企業一〇〇社（国営を含む）が排出しているという。これらの企業は石油メジャーならぬ「炭素メジャー」と呼ばれている。

その視点で見れば、この危機を起こしたことにもっとも責任ある企業に移行《トランジション》のコストをもっとも多く引き受けさせる「汚染者負担」を実現させるには、さまざまな方法――法的損害賠償、採掘権料の引き上げ、補助金の削減など――が考えられる。化石燃料企業への補助金は、世界中で年間七七五〇億ドル、アメリカだけでも二〇〇億ドル以上に上っている。まず最初に起こるべきは、このような補助金を再生可能エネルギーと省エネへの投資にシフトすることだ。

何十年にもわたり、みずからの過剰な利潤を人類の安全よりも優先させてきたのは化石燃料企業だけではない。リスクを十分に承知の上でこれらの企業への融資を引き受けてきた金融機関も同罪だ。したがって、化石燃料企業への補助金の廃止に加えて、各国政府は金融機関の莫大な利益に取引税を課すことで、より公正なコスト負担をさせることを主張できる。欧州議会によれば、この課税によって世界中で六五〇〇億ドルを徴収することができる。

　そして、軍隊についても検討する必要がある。ストックホルム国際平和研究所の報告書によれば、世界の軍事支出のトップ一〇カ国の軍事予算を二五％削減すれば、毎年三二五〇億ドルが浮くことになる。この資金はエネルギーの転換と、今後予想される極端な天候に対応するための各地域の準備費として使うことができる。

　一方で、国連によると、億万長者への課税をたった一％増やすだけで、世界で年間四五〇億ドルの歳入が見込まれる。これとは別に、タックス・ヘイブン（租税回避地）を閉鎖する国際的な取り組みによって見込める税収もある。英国の「タックス・ジャスティス・ネットワーク」のシニアアドバイザー、ジェイムズ・S・ヘンリーによれば、二〇一五年、世界各地のタックス・ヘイブンに隠匿されて税務当局に報告されなかった個人金融資産は、世界中で総額二四兆ドルから三六兆ドルのあいだと推測されている。これらの租税回避地の一部を閉鎖することは、これから絶対に必要となる産業構造転換のための費用を捻出するのに大いに役立つ。

3．グリーン・ニューディールは火事場の馬鹿力を引き出す

　グリーン・ニューディールは、気候危機を数ある優先事項リストのひとつとして扱ったりしない。むしろ、グレタ・トゥーンベリが言うところの「自分の家が燃えているかのように行動してほしいのです。だって燃えているのだから」という訴えに耳を傾ける。実際、非常に大きな改革を実行すべき科学的な期限は、目の前に迫っている。もし、劇的な変革が今後三〇年間にわたり毎年起こらなければ、われわれ人類は真に壊滅的な温暖化を回避しうるわずかなチャンスを失ってしまうのだ。緊急事態を緊急事態として扱うためには、いま起き

ているように、行動の必要性を説くことに精力を費やしているようではダメだ。私たちはすべてのエネルギーを、実際の行動に注ぎ込む必要がある。そうすることが、この深刻な危機という現実を否定する文化のもとでの生活がもたらす認識の不一致に疲れきった私たちを解放してくれるはずだ。グリーン・ニューディールは、私たち全員を緊急事態の中に置くことを余儀なくする。一部の人たちにとっては非常に恐ろしいことかもしれないが、他の多くの人にとっては、カタルシスと救済を与えてくれるだろう。とりわけ、若者たちにとってはエネルギーの源となるに違いない。

4. グリーン・ニューディールは先延ばしができない

一部の人たちは、グリーン・ニューディール決議案が、アメリカ合衆国が今後わずか一〇年間で化石燃料の使用をやめる必要があると述べていることを批判する。科学者たちが、世界は二〇五〇年までに二酸化炭素排出量のネット・ゼロを達成すればよいと言っているのに、なぜ急ぐのかと。最初の答えは「それが正義だから」だ。裕福な国々は、無制限に地球を汚染することで裕福になった。だから、もっとも急速に脱炭素化する必要がある。そうすれば、安全な水や電気といった基本的な物資が不足する貧しい国々は、移行をもっと段階的にすることができるのだ。

しかし、二番目の答えは「それが戦略だから」だ。一〇年という期限は、これ以上先送りができないことを意味する。グリーン・ニューディールが提案されるまで、気候危機についての政治家の対応は、もっとも意欲的な目標を数十年後(つまり、その政治家たちが引退した後)に設定するのが常だった。このような政治家たちが、みずからに与えた任務は比較的簡単なものだ。たとえばキャップ・アンド・トレード〔排出量取引〕制度や、古い石炭火力発電所を天然ガスの火力発電所に置き換えることだけだ。化石燃料企業のビジネスモデル全体に立ち向かうという難しい任務は、永久に彼らの後継者に引き渡されていった。

一〇年という移行期間を採用することは、すべてを一〇年で完了する必要があるという意味ではない。グリーン・ニューディール決議案は意欲的な期限を設定しているが、「技術的に可能な範囲で」というフレーズをくりかえし付け加えている。根本的なことは、私たちはもう難題を先送りしないということだ。グリーン・ニューディールを主導している現在の政治家たちは、「この仕事をやり遂げるのは自分たちだ。他の人たちではない」と言っているのだ。

先延ばしの誘惑が、これまで地球に与えてきたダメージの大きさを考えれば、これは大きな前進だ。

5. グリーン・ニューディールは不況にも負けない

過去三〇年間、持続的な気候アクションの進展を妨げた最大の原因のひとつは、市場のボラティリティ〔変動性〕だった。経済が好調なときには環境問題に積極的に取り組む意欲もあるが、ほとんどの場合それはガスや電気、そして「グリーン」製品にお金をよけい使おうという程度のものだった。しかし、このような意欲は、痛みをともなう景気後退局面に入った途端、当然のごとく雲散してしまうということが何度も起こってきた。

ルーズベルト大統領のニューディール政策を、私たちの気候変動対策のモデルとする最大の理由はそこにある。ニューディール政策は、近代史上最悪の経済危機に対処するために生まれた、史上最大の、そしてもっとも有名な経済刺激策である。世界経済はいずれ次の景気後退期に入るだろう。そうなったときグリーン・ニューディール政策は、過去の景気後退時のグリーン政策とは異なり、支持を失ってしまうことはない。雇用を創造する大型の経済刺激策は、人々の経済的苦痛を和らげる最大の希望であり、逆にグリーン経済への支持は増加する可能性がある。

6．グリーン・ニューディールはバックラッシュを起こさない

多くの場合、政治家たちは気候変動への対策を、広い範囲におよぶ経済的正義の問題とは切り離して提案する。だから彼らの政策は非常に不公平であり、国民はそれに反発するのだ。たとえばフランスのエマニュエル・マクロン大統領は、反対派から「金持ちのための大統領」と呼ばれ嘲笑されている。彼は古典的な「自由市場」を追求し、富裕層への課税と法人税を削減し、前政権による長年の緊縮政策の後だというのに、労働者が苦労して手に入れた労働保護政策を縮小し、高等教育へのアクセスを難しくした。

こんな状況のなかで彼は二〇一八年に燃料税の導入を決めた。自動車を使用するコストを高くすることで化石燃料の消費を削減し、さらに気候変動に関するプログラムへの資金を調達することを目的としていた。ただ、この政策は彼が思った通りにはいかなかった。マクロンの他の経済政策のせいで、すでに生活が苦しくなっていたフランスの多くの労働者たちは、彼の市場ベースの気候変動政策を労働者への直接の攻撃とみなしたのだ。超富裕層はプライベートジェットに燃料を積んでタックス・ヘイブンのある島へ自由に旅行できるのに、なぜ自分たちは仕事に行くために必要な燃料にさえ高い税金を支払わねばならないのか、と。何万人も

の人々が怒って街にくり出し、その多くが黄色いベストを着けていたため、「黄色いベスト《ジレ・ジョーヌ》運動」と呼ばれるようになった。その抗議デモの一部は本格的な暴動に発展した。

「政府は世界の終末を心配しているが、われわれは月末の心配をしている」と、黄色いベストのデモ隊は叫んだ。自国の主導権を取り戻そうと躍起になったマクロンは、最低賃金の引き上げその他の妥協案を提示し、燃料税導入の延期を余儀なくされた。しかし彼は同時に、この運動を容赦なく抑え込もうとした。

グリーン・ニューディールの大きな強みは、このようなバックラッシュ（反発）を引き起こすことがないということだ。この政策のどこにも、世界の終末とわが家の月末のどちらかを選択することを強制するものはない。強調されているのは、その両方を満足させる政策を設計するべきだということだ。つまり、排出量を減らすと同時に、働く人々への経済的負担をも減らす政策——新しい経済では、誰もが質のよい仕事に就くことができ、医療や教育、保育などの社会福祉や社会的保護にアクセスできる。そして、そこで創出されるグリーン・ジョブには労働組合があり、家族を支えることができ、福利厚生と休暇が与えられる。たしかに炭素の使用には料金を支払うことを求めるべきだが、その支払いをする人が窮地におちいっていないほうが、支払いはしやすいだろう。

7．グリーン・ニューディールは幅広い支持者を集めることができる

グリーン・ニューディールが提案されて以降、もっとも多い批判は、この政策が経済と社会正義に重点を置きすぎているため、炭素排出量を減らすことに焦点を絞った提案に比べると、気候アクションを受け入れがた

いものにしているのではないか、ということだ。『ニューヨーク・タイムズ』紙でトーマス・フリードマンは「私の心はグリーン・ニューディールとともにあるが、頭はエネルギーシステムと社会経済システムを同時に大規模に変えることは不可能だと言っている。エネルギーと気候を優先させるべきだ。いまの状況では、後回しにはできない。後回しにすればそれで終わりなのだ」と書いた。

彼の批判は、グリーン・ニューディールがもつ社会・経済的要素が、この提案の足を引っ張っていると想定している。しかし実際には、これらの要素がこの政策の意義を高めているのだ。

新しい経済への移行コストを労働者階級に転嫁する政策とは異なり、グリーン・ニューディールは、もっとも脆弱な労働者と、もっとも排除されてきた地域を汚染の削減と結びつけることに、真っ向から取り組もうとする。形勢を一変させたのは、連邦議会に新しいタイプの女性議員たちが選出されたことである。彼女たちは、生活賃金と、汚染のない空気や水を求める労働者階級の闘争に政治的ルーツを持つ。たとえばラシーダ・タリーブ議員は、コーク・インダストリーズ社がデトロイトで保管していた有毒な石油コークスの山を排除する市民の闘争を手助けし、勝利に導いた。

自分が経済的な「勝ち組」階級に属し、より大きな「勝ち組」から資金提供を受けている議員たち（多くの政治家がそうだ）は、気候変動に対処する法律を定めるときにも、変化を最小限に抑え、現状をできるだけ維持できるようにすべきだという考えに支配されがちだ。現状は自分や自分に献金してくれる人々にとってうまく機能しているのだから、変える必要はないのだ。このような議員の姿勢が、オバマ政権下でキャップ・アンド・トレード制度が上院を通過しなかった理由であり、フランスのマクロン大統領の計画が頓挫した理由だ。

一方で、現在の制度から甚だしく見捨てられてきた地域での活動に根差したリーダーたちは、「勝ち組」議員たちとは大きく異なるアプローチを提案する自由がある。だから彼らの気候変動政策は、現行制度の根本的な変革を受け入れるものになる。それこそが、彼らの支持基盤の人々が繁栄するために必要なものだからだ。

何十年ものあいだ、気候変動に関する法律の制定を勝ち取るための最大の障壁は、大きな力《パワー》の不均衡だった。制定に対する化石燃料業界からの反対は猛烈で、創造的でもあり、執拗だった。だから、最終的に議会で提案された制度は弱々しく（そして不公平なことの多い）市場メカニズムを基盤とした気候変動対策となってしまい、ひいき目に見ても熱意に欠ける支持しか得られなかった。

しかしグリーン・ニューディールは、その後ろ盾として、さまざまな分野が交差した大衆運動を動員するパワーがあることをすでに示している。気候正義の組織が長年にわたり主張してきたように、変革から最大の恩恵を受けるコミュニティが運動を主導すれば、彼らは勝つために全力で闘うのだ。

8. グリーン・ニューディールは新しい同盟関係を築き、右派を出し抜く

グリーン・ニューディールは、気候変動対策に、それ以外の進歩的な政策目標を多く結びつけている。そのため、この決議案に対する酷評のひとつは、保守派が、地球温暖化対策は社会主義をアメリカに持ち込むための陰謀だという確信を深めることにつながり、政治的な二極化が進むというものだ。

ワシントンの共和党議員は、グリーン・ニューディールがアメリカをベネズエラにするための政策だという主張を続けるだろう。そのことに疑いの余地はない。しかしこの懸念は、気候緊急事態への対応として大規模なインフラ構築や土地再生プロジェクトを立ち上げることの利点を見逃している。イデオロギー対立の溝を埋

めるには、実体のあるプロジェクトが、被害に苦しむ地域に仕事と資金をもたらすことが何より効果的なのだ。

このことをよく理解していたのがルーズベルト大統領だった。たとえば彼が資源保存市民部隊のネットワークを設立したとき、彼は意図的に、大統領選で自分に投票しなかった地方に多くの部隊を集中させた。四年後には、ニューディール政策の恩恵を目の当たりにしたこれらの地域は、政府が社会主義者に乗っ取られるぞという共和党の恐怖を煽る宣伝に動じず、多くが民主党に投票したのだ。

グリーン・インフラ建設や土地再生プロジェクトは大量の雇用を生み出すため、これと同様の効果が期待できる。一部の人はそれでも気候変動はデマだと信じるだろう——しかし、そのデマが質のよい仕事を生み出し環境を改善するならば、それ以外の経済開発といえば厳重警備刑務所の誘致くらいしかない地域では、誰もそんなことを気にしないだろう。

9．この瞬間は私たちのためにある

私たちに立ちはだかる阻害要因の中でも、特別に大きな障害は絶望感だ。「もう遅すぎる」「放置した時間が長すぎた」「そんな短期間にできるわけがない」といった感情だ。

たしかに、この変革プロセスをゼロから始めるのならば、それは正しい。しかし実際には、何万人もの人々や非常に多くの組織が、グリーン・ニューディール型の躍進的進歩を何十年も（先住民族のコミュニティの場合、みずからの生活様式を守るために何世紀も）かけて準備してきた事実があるのだ。これらの先駆者たちは、気候変動対策の中心に正義を置くために、静かに地域モデルを築き、政策の実践テストをおこなってきた。それは、いかにして森林を守るか、再生可能なエネルギーを生成するか、公共交通システムを設計するかなどの取り組みを通じておこなわれた。

一九八七年、イギリスの首相マーガレット・サッチャーは、インタビューの中で「社会とは誰のことか」と問い、公共サービスに対する容赦ない攻撃を正当化した。「社会などというものはない。個人としての男と女がいて、そして家族があるだけ」

これは人間に対する、非常にわびしい見方だ。私たちはバラバラに細分化された個人と核家族の集合以上の何ものでもない、手を携えて価値あるものを創りだすことなど、戦争以外には何もないというのだから。しかしこの見方は、非常に長いあいだ大衆の想像力を支配してきた。私たちが気候変動の脅威に対して立ち上がることなどできないと、多くの人が信じていたのは無理もないのだ。

しかし、それから三〇年以上が経ち、氷河が融け、氷床が崩れているのと同じほど確実に、「自由市場」のイデオロギーも融解しつつある。それに代わるものとして、人間性のあるべき姿についての新しいビジョンが出現してきている。それは街頭から、学校から、職場から、そして議会の内部から出現している。それは、私たちはみんなが一緒になって、社会の基礎を構成しているというビジョンだ。

あらゆる生命の未来が懸かっているいま、私たちに達成できないことなどないのだ。

訳者解説

本書はナオミ・クラインの*On Fire : The Burning Case for a Green New Deal*（Simon & Schuster, 2019）の全訳である。On Fireとは、火がついて燃えている、すなわち緊急事態を示している。燃えているのは、私たちの共通の家、この地球である。地球温暖化による異常気象は年々激しさを増し、いまや本格的に人間社会に襲いかかっている。アフリカや中東では干ばつと砂漠化による飢饉が広がり、アジアやカリブ海では巨大な暴風雨と洪水被害、オーストラリアや北米大陸西岸では山火事の被害が激しくなっている（本書11章ほか）。

二〇一四年出版の『これがすべてを変える』（邦訳二〇一七年）では、気候科学の結論に難癖をつけ懐疑論を撒き散らすハートランド研究所の気候変動否定派の実態（本書第2章）を暴くことにエネルギーが注がれたが、五年後のいま、北米太平洋岸が山火事の煙に包まれるなかで、もはやそうした否定論は説得力を失っている。本書の関心は、一〇年を無為に浪費してしまった後で、どのようにこの緊急事態を切り抜けることができるのか、その先にどのような未来を築くべきなのかに移っている。

火がついているもうひとつのものは、若者たちを中心とした運動である。危機を承知しながらのらりくらりと対策を怠ってきた政治家たちに業を煮やし、本気の気候対策をいますぐ実施するよう要求する一五歳（当時）の少女グレタ・トゥーンベリが始めた学校ストは、またたく間に世界中に広がった。長年、気候対策を求めるさまざまな行動にかかわってきたクラインは、これまでとは確実に違う手ごたえを感じたという。もはや一部の熱心な運動家たちのあいだだけの運動ではなく、山火事のように自然に燃え広がっているのだ。何が変わったのだろう？

クラインは、二つの要因を指摘する。ひとつは国連の気候変動に関する政府間パネル（ＩＰＣＣ）が二〇一八年に発表した報告書が与えた衝撃だ。それによれば、人類がほんとうに破滅的な展開を回避するためには、地球温暖化の幅を一・五℃未満に抑える必要があり、それに間に合うように私たちの経済活動を方向転換させるには、世界全体のCO_2排出量をわずか一二年間のうちに半減させ、二〇五〇年までにはネット・ゼロを達成しなければならない。このような短いタイムラインで脱炭素化を達成するためには、炭素税のような小手先の政策ではとうてい追いつかず、社会全体の仕組み（エネルギー生産、食糧生産、移動手段、建築方法など）を根本的かつ迅速に変えることが必要だとされている。この容赦ない明確な期限が、人々の心に大きく訴えたのだ。

もうひとつは、それを達成するための具体的な処方箋の存在だ。グリーン・ニューディールという、社会インフラの大転換と経済モデル変更の政策提案である。地球を破壊する要因をつくった現行の経済モデルは、人間社会においても、人種やジェンダーによる格差の拡大、公共圏の消滅、社会の分解など至るところで破綻を示しているが、待ったなしの気候対策は、こうした絡みあった危機を一気に解決する千載一遇のチャンスでもある。気候変動と闘う過程で公共投資により大量の良質の雇用が創出され、教育や医療や介護や保育のような低炭素の職業にも十分な賃金が支払われ、これまで不遇だった集団や地域にも積極的な投資をおこなうなど、さまざまな施策によって、地球も人間の社会も保護再生する経済を共同で築くのだ。これまでの気候運動が、新たな化石燃料開発プロジェクトに反対し、そうしたプロジェクトを推進する企業への投資運用撤退を呼びかけたりするような、「ノー」を突きつける運動だったのに対して、グリーン・ニューディールははじめて「イエス」と言って支持できるものを人々に示したのだ。これが若者たちから熱狂的な支持を集めた理由だとクラインは考えている。

米国ではオカシオ＝コルテス下院議員とマーキー上院議員によってグリーン・ニューディール決議案が議会に上程された。ヨーロッパでも二〇一九年一月にはDiEM25から発展した「ヨーロッパの春」という政治連合体が欧州版グリーン・ニューディールを提案した。カナダでも、環境や人権などさまざまな問題を扱う諸組織の連合がグリーン・ニューディールを要求し（二〇一五年に発表されたリープ・マニフェスト）、一部は新民主党（NDP）の綱領として採用された。これらの政策提案は、地域事情により重点の置きどころは違うものの、公共事業を軸とした経済転換という点で大筋は一致しており、今後の横のつながりも期待される。

「グリーン・ニューディール」に確固とした定義があるわけではなく、これを掲げたさまざまな主張が存在している。気候危機を新たな投資機会とみる人々が主張すれば、市場牽引型のグリーン・ニューディールとなる。最初にこの言葉を主要メディアで使ったとされるのは『ニューヨーク・タイムズ』紙の有名コラムニスト、トーマス・フリードマンである。だが、中東専門で国家安全保障を論じるタカ派のフリードマンが、二〇〇七年の記事で急に脱炭素に舵を切れと言い出したのは、地政学的な理由だ。石油価格の高騰で強化された石油独裁体制（ロシア、イラン、ベネズエラ、サウジなど）の力を殺ぐために、自然エネルギーへの大胆な転換が有効なのだそうだ。そこには政府による雇用創出などなく、温暖化する世界の中で、米国の覇権と現在の生活水準を維持するための戦略にすぎない。

このように、さまざまなバージョンがある中で、クラインが強調するのは、先住民やマイノリティや女性など、従来の経済から排除されてきた人々が中心的な役割を果たすべきだということだ。それは、ある意味で元祖ニューディールによる負の遺産を解消するためである。

グリーン・ニューディールは、もちろん一九三〇年代の米国のニューディール政策から着想を得たものであるが、内容は大きく異なる。フランクリン・ルーズベルトのニューディールは、米国経済を立ち直らせるためのもので、白人男性労働者を優遇する資本集中型プロジェクトだった。農業労働者や家内労働者（多くは黒人）は置き去りにされ、メキシコ系移民は追放された。女性も除外され、先住民は土地の権利を大規模なインフラプロジェクトや自然保護活動によって侵害された。ニューディールは戦後の世界の基礎をつくったため、こうした差別も戦後の経済にずっと影を落とすことになった。

グリーン・ニューディールは、むしろ排除され抑圧されてきた人々への借りを返し、ダメージを修復することをめざしている。元祖ニューディールは、戦後の郊外の白人住宅の無秩序な拡大や使い捨て文化、高炭素消費型のライフスタイルの出発点となったが、そのような文化を反転させるためにも、先住民、非白人、女性の積極的な参加が重要になるだろう。そして、中央集権化された巨大ダムや化石燃料による発電から、分散型で地産地消型の自然エネルギーに切り替える。自然保護活動も、先住民や小規模農家や漁民などの手に権限と資源を移譲し、彼らの主導のもとに進めることになる（第15章）。

しかし、警戒すべきものもある。気候変動否定論者たちの声はかすんでしまったが、気候対策への彼らの憎しみが消えたわけではない。グリーン・ニューディールは、彼らのアイデンティティとなった新自由主義と市場経済至上主義の信念を粉々に粉砕するからだ。それどころか、近代西洋文明の根底にある価値観も、化石燃料文明とともに終わりを迎える。アメリカ、カナダ、オーストラリアのような国々が、この期に及んでも化石燃料プロジェクトを推進し、パリ協定の実現を危うくさせているのは、侵略と略奪で国を拡大していった入植植民地という建国の歴史に結びついている。それは、自分たちには無限に資源を消費する権利があるという考え方、そして白人キリスト教徒の男性を頂点にすえ、それ以外の者たちを劣等な存在とみなし、彼らの土地も身体も、自分たちが支配して当然という思考だ。これが脅かされたとき、自分たちの経済活動の犠牲者である気候難民を締め出すための国境の軍事化や、白人至上主義者によるテロ行為の増加となって噴出してくる可能性がある（第7、8、10章）。

もう少し大きな流れの中で本書を位置づけ、さらに今般のコロナ禍の中で気候アクションが直面する状況を見てみよう。

クラインはジャーナリストであると同時にアクティビストでもある。『ブランドなんか、いらない』（二〇〇〇年、邦訳二〇〇一年）は、海外に生産拠点を移して国内製造業を空洞化させ、労働者を無力化した企業のグローバル化を「企業のブランド化」という視点から鮮やかに描き出し、一九九〇年代末のWTO封鎖で顕在化した世界的な反グローバリゼーション運動の理論的支柱となった。次の大作『ショック・ドクトリン』（二〇〇七年、邦訳二〇一一年）では、社会のクライシスを利用した新自由主義政策の押し付けという手法の存在を歴史的に解き明かし、規制なき資本主義によって増幅された災害のつけが、もっとも虐げられてきた社会層に転嫁される悪辣な仕組みを暴いたが、その衝撃的な内容は翌年に起きたリーマン・ショックと金融市場の崩壊によって証明されることになった。政府による救済措置で無謀な金融ギャンブルのつけが銀行の重役から国民に回され、多くの人々が住居を追われ、仕事を奪われたのである。ついに、資本主義の中心地にもショック・ドクトリンが適用されたのだ。これに抗議して二〇一一年にはオキュパイ運動が各地でくり広げられ、大勢の市民が広場を占拠し「あなた方の失敗のつけを払うのは御免だ」と訴えた。だが、彼らは具体的な政治要求を掲げなかったため、何も実を結ばなかった。人々は問題の所在を明確に理解していたのだが、「ノー」と言うだけでは止められなかったのだ。

クラインは、誰もが大声で「イエス」と言える全体的（ホリスティック）な解決策の提案が不可欠であると痛感し、オキュパイ運動では二の次にされていた気候危機の問題に正面から取り組む方向に舵を切った。二〇一四年に『これがすべてを変える』を発表し、翌年にはカナダで活躍する多数の市民団体の代表に呼びかけて、市民運動の側からの政策提案を話しあった。誰の問題も取りこぼさずに、みんなで一緒に現行システムに代わる未来を築くためである。これをもとに策定されたのが、二〇一七年の『NOでは足りない』（邦訳二〇一八年）の末尾に登場するリープ・マニフェストという、現在のグリーン・ニューディールの原型ともいえる試みだった。そこには現行経済の犠牲になってきた人々に対する償いの視点が強く打ち出されているが、それはまた、可能な限り広範な層の人々を、地球を救うという絶対的な目標に結集させるために不可欠なものなのだ。

現在のコロナ禍のもとで、この観点はますます重要なものになっていると思われる。パンデミックによって米国では人種的な格差や構造的な不正がくっきりと可視化され、これに対する大規模な抗議運動の広がりが、行政による弾圧や白人至上主義者による威嚇などにより、暴力的な対決を生んでいる。こうした現行システムに対する諸々の反発を、すべて取り込んで建設的な未来の構築のために流し込むような運動が必要とされている。そのためには、グリーン・ニューディールだけではなく、ブラック&レッド&グリーン・ニューディールが必要だろう。ルーズベルトのニューディールを突き動かしたのは、社会主義革命も辞さない巨大な労働運動の力だったが、そのような労働者の団結はもう存在しない。それに代わりうるのは、抑圧されたすべての人々を結集させる運動だろう。

翻って、日本の状況はどうだろうか？　たしかに政府の旗振りでＳＤＧｓ（持続可能な開発目標）のコンセプトは定着し、昨年はグレタ・トゥーンベリに感銘を受けた若者たちの気候運動も始まったように見えたのだが、このコロナ騒ぎでめっきり影が薄くなった印象だ。ここ数年のうちに私たちが何をするかが決定的に重要であり、安全な未来を確保する最後のチャンス、生きるか死ぬかの分かれ目だという危機感が、少し薄いのではないだろうか。ここでも私たちは世界の流れから取り残されて漂流するのだろうか。

おそらく日本の場合は、この一〇年間に、東京電力福島第一原子力発電所の事故が社会のすべての方面にいびつな影響を与え続けてきたのであり、気候問題に関していえば、CO_2排出を容認することが原発を止めることとトレードオフになってきたのだ。それゆえ、発言力のある人々の多くが気候変動を直視することを避けてきたのだろう。原発利権の呪縛を解くことが前に進むために不可欠なのだが、逆にいえば気候危機が要求する大転換が、有無を言わさずそれを実現させるのかもしれない。そのためにも、ぜひ多くの人が本書を手に取り、現状認識を改め、グレタが求めるように、もっと恐怖心に震えてほしいと思う。

ナオミ・クラインの文章の魅力は、身近な事件に着目し、その詳細を追究するジャーナリスティックなアプローチが、シャープな分析によってずっと深いところへと向かうところにある。本書に収録された各章は、一〇年の期間にわたって、さまざまな媒体にクラインが発表してきた長編ルポルタージュ、思索的論考、一般講演原稿のアンソロジーである。年代順に配列されており、この貴重な期間に気候対策を妨げてきたものは何なのかについて、彼女が考察を深めていった過程が読み取れるようになっている。

このクラインの活動の軌跡は、「デモクラシー・ナウ！」というニューヨークに拠点を置く独立系の報道番組がカバーしてきたものと大きくオーバーラップしている。本書で取り上げられている一〇年間の事象の多くは、二〇〇七年以来この番組の日本語版（http://democracynow.jp/）に携わってきた訳者たちにとっては、どれも既視感のある、なじみ深い話題なのだ。たとえば、第1章のメキシコ湾岸の石油流出事故の被災地を取材した現地ルポなどは、「失敗の可能性」を想定しない傲慢で無責任なBP社の企業文化と、それが招いた自然破壊の途方もないスケールに、二〇一一年の福島原発事故で感じたことと重なるところが多く、強く印象に残っている。鉱毒や石油流出事故による環境汚染が作りだすサクリファイス・ゾーン（犠牲地帯）なしには化石燃料経済は存在しえないのだが、その言葉ももともとは核開発による汚染とつながるものだ。犠牲になる地帯と人々の存在が、資本主義の前提なのだ。

その後の各章にちりばめられたさまざまなエピソードも、実際に私たちが字幕をつけた動画と重なるものがたくさんある。せっかくなので、「デモクラシー・ナウ！　ジャパン」のサイトから関連する動画を選んで再生リスト（http://democracynow.jp/OnFire）を作ってみた。関連する人々の生の声を聴いて、参考にしていただければ幸いである。主なトピックは次のようなものだ。

・未来からの伝言――グリーン・ニューディールが変えた世界
・オカシオコルテス議員「グリーンニューディールはエリート主義じゃない」
・一五歳の活動家グレタ・トゥーンベリ
・BPの原油流出事故
・ヴァンダナ・シヴァ　地球工学は温暖化回避の切り札か？
・ウォール街を占拠せよ　抗議運動の始まり

・教皇フランシスコ　ラウダート・シを公布
・ボリビア代表　先進国は援助ではなく「気候債務」を返済せよ
・ナオミ・クライン「資本主義と気候の対決」
・GMの金のなる木　カーボン取引の実態
・クライン&ルイスの映画「これがすべてを変える」
・スタンディングロック　土地と水を守る北米先住民の闘い
・先住民活動家　同化政策の失敗を語る
・プエルトリコの電力民営化提案

最後に、今回の翻訳はデモクラシー・ナウ！ジャパンでずっとお世話になっている関房江さんと、久しぶりの共同作業となった。序章から4章までと7章、8章を中野が担当し、残りを関さんが担当して、最終的に相互チェックしたものである。編集の岩下結さんも交えた三人のチームで、率直な意見交換ができ、たいへん有意義な体験となった。お二人に心から感謝を申し上げたい。

二〇二〇年一〇月

訳者を代表して　中野真紀子

訳注

序章

（1）人間は動物を搾取することなく生きるべきだという考え（ヴィーガニズム）に基づき、動物性食品だけでなく皮革やウールなどあらゆる動物製品を避ける生活思想。

（2）Extinction Rebellion（XR）は二〇一八年に英国で始まった世界規模の環境運動で、非暴力不服従運動により政府に気候変動への行動を迫ることを掲げている。

（3）米国の若者中心の政治運動で、非営利団体サンライズがまとめ役となっている。二〇一七年に結成された当時の目標は、翌年の中間選挙で再生可能エネルギーを推進する議員を当選させることだった。選挙後は民主党内でグリーン・ニューディールに対する支持を広げるよう働きかけることに注力している。

（4）ネット・ゼロ（差し引きゼロ）または正味ゼロとも呼ばれる。人間が新たに温暖化ガスを排出するたびに、それと同量の温暖化ガスを空気中から排除することによって達成される。自動車や工場からの排出量は限りなくゼロに近づけた上で、それでも残る部分については他のところで同量の炭素を除去する、または、足りない分のエネルギーをみずから創ることでそれを達成することもできる。

（5）The Democracy in Europe Movement 2025（DiEM25）から派生した欧州最初の多国籍政党。二〇項目ある「欧州のためのニューディール」をマニフェストとして掲げている。二〇一九年欧州議会選挙に候補者を立てたが、当選者はなかった。

（6）社会的課題の解決に営利事業の手法を持ち込むこと。ベンチャー慈善事業のように、特定の目標をめざす社会プログラムのうち長期的な投資収益を見込めるものに積極的に投資するものもあれば、投資家が社会的責任を果たすようなプログラムに投資して利益を得るという消極的なかたちもある。クリントン財団やビル＆メリンダ・ゲイツ財団、ザッカーバーグ夫妻のCZIなどがその例。しかし、透明性や説明責任の欠如、節税対策ではないかといった批判も多い。

（7）ウラヌス（天王星）の英語の発音がyour anus（肛門）やurine（尿）usに聞こえることからのジョークと思われる。

（8）キリスト教徒が住んでいない土地を植民地化し占領することに精神的、政治的、法的な正統性を確立した教義。ローマ教皇アレクサンダー六世が一四九三年に発令した大勅令「Inter Caetera」以来引用されてきた。欧州人探検者が「発見した」と主張する土地や水路の所有権を正当化し、キリスト教徒の支配と優越性を認める根拠としてアフリカ、アジア、オーストラリア、ニュージーランド、アメリカ大陸に適用された。
（9）キャップ・アンド・トレードはCO_2排出量取引の手法のひとつで、上限（キャップ）を設定した排出量を企業・事業に割り当て、余剰排出量や不足排出量を売買（トレード）する仕組みのこと。

1章

（1）二〇〇八年の大統領選挙で共和党ジョン・マケインの副大統領候補となったアラスカ州知事サラ・ペイリンが取り上げ、大人気を博したスローガン。
（2）Waterkeeper Alliance　一九九九年に創設された世界的な環境保護団体のネットワーク。二〇一九年末現在で四六カ国三五〇団体が参加している。
（3）ノルウェーの哲学者アルネ・ネスが提唱した概念。すべての生命存在は同等の価値を持ち、人間が生命の固有の価値を侵害することは許されないとする。従来の環境保護運動では、環境保護は人間の利益でもあると理由づけされていたが、ディープエコロジーにおいては環境保護それ自体が目的であり、人間の利益は結果にすぎない。

2章

（1）共和党のパトロンとなっている大富豪や保守系財団、石油メジャーが数多く献金している保守系シンクタンク。
（2）世界金融危機を受けてギリシャが債務危機におちいったとき、欧州中央銀行を牛耳るドイツ連銀はギリシャ人の享楽的な国民気質が原因だとして財政支援を拒み、懲罰的な国際協調融資スキームを押しつけた。
（3）小さな政府、企業活動の自由、個人の自由などを推進するリバタリアンの保守系シンクタンク。
（4）Saul David Alinsky（1909−1972）シカゴ出身のコミュニティ・オーガナイザー、政治理論家。一九六〇年代に草の根運動の基礎をつくったとされる。当時の活動家の発言とされる「The issue isn't the issue. The issue is the revolution.」（問題はそこじゃない、真の問題は革命だ）を踏まえた発言と思われる。
（5）米軍のスウィフトボート（快速船）元乗組員やベトナム戦争従軍者による政治団体で、二〇〇四年の大統領選で民主党のジョン・ケリーの立候補に反対することを目的に結成された。でっちあげによる政治的中傷の代名詞として「スウィフトボーティング」という言葉も生まれた。

(6) 二〇〇九年一二月、デンマークのコペンハーゲンで開催された国連気候変動枠組条約第一五回締約国会議(COP15)では交渉が難航し、二週間の会期の最後に乗り込んだオバマ大統領が中心となり土壇場で二六の国と地域の代表による合意文書が作成された。しかし強引なやり方は反発を呼び、結局、合意案そのものは採択されず「コペンハーゲン合意に留意する」との議決に終わった。

(7) 地域の自給自足を強化することによって石油生産のピークや気候変動の影響、経済の不安定性などのリスクを低減させようとする草の根の活動。

(8) 西部開拓時代のアメリカを指す言葉で、「無法な」「荒涼とした」という意味で使われることも多い。

(9) 技術の進歩により資源利用の効率性が向上したにもかかわらず、資源の消費量は減らずむしろ増加してしまうというパラドックス。一八六五年、イギリスの経済学者ウィリアム・スタンレー・ジェヴォンズが著書『石炭問題』の中で指摘した。

(10) 二〇〇三年発足、ワシントンに拠点を置くシンクタンク。

(11) 米国では企業の法人格が拡大解釈されて、企業にも人権法が適用される。企業の政治献金を制限しようとさまざまな取り組みがなされてきたが、その都度、憲法修正第一条の表現の自由の一環として規制が退けられてきた。二〇一〇年一月の最高裁のシチズンズ・ユナイテッド判決で、政府は企業献金を制限できないとされたため、特定候補のために無制限に金を使う道が開けた。

(12)『選択の自由』は新自由主義の理論的支柱となったミルトン・フリードマンとローズ・フリードマンの共著。『肩をすくめるアトラス』は一九五七年に発表されたアイン・ランドの小説で、介入的な国家を批判し個人主義を擁護する内容。

(13) カーボン・オフセットは、ある場所で排出した温室効果ガスを他の場所での削減で埋め合わせる(オフセット)という考え方や活動で、具体的には森林保護やクリーンエネルギー事業への投資(排出権購入)のかたちをとる。排出権(クレジット)の取引は国単位でも、個別の企業単位でもおこなわれる。最大限の削減努力をしてもなお防げない部分を埋め合わせるのが前提のはずだが、結果的に削減努力を怠ることの正当化に利用されており、排出量削減に結びついていないとの批判もある。また排出権を生み出す側のプロジェクトにも疑わしいものがある。クラインは前著で「汚染の取引」を論じ、大規模環境団体が森林保護プロジェクトによるオフセットにかかわり、現地の人々の生活を圧迫していることを指摘している。

(14) 二〇〇六年に英国政府の委託で経済学者ニコラス・スターンが発表した報告書。地球温暖化対策が世界経済に及ぼす影響を論じている。

(15)「闇のサタンの工場（dark Satanic Mills）」は産業革命により英国に出現した工場群を指す。ブレイクの預言詩「ミルトン」の序詩の一節。

(16) 二〇一〇年から二〇一一年にかけて、中東・北アフリカ（アラブの春）に始まる大規模な民衆の抗議運動が世界に広まった。緊縮政策による生活崩壊をきっかけとし、スペインの15M運動、アメリカのウォール街占拠など一定の類似性を持った運動がつながっていった。

(17) カリフォルニア州オークランドにある環境リサーチセンター。

(18) ニューヨークのサウスブロンクスにあるＮＰＯで、環境的に維持可能な労働者協同組合を生み出している。

4章

(1) 炭素税や排出量取引などにより炭素に価格を付けること。CO_2排出によって生じる社会コストを汚染者に負担させるという考え方で、排出される炭素の量に応じて課金する。

(2) *Nature Climate Change*　ネイチャー出版部が二〇一一年以降、月刊で発行している査読入りの科学雑誌。

6章

(1) College of the Atlantic　米国メイン州にある、ヒューマン・エコロジーに特化した私立大学。https://www.coa.edu/

7章

(1) 回勅（encyclical）とはローマ教皇から全世界のカトリック司教に宛てて書かれる公文書で、道徳や教えの問題についての教皇の立場を示すが、教義を決定するものではない。*Laudato si*（あなたが讃えられますように）は、教皇フランシスコの二つ目の回勅だが、最初の回勅は前教皇のテキストを引き継いだものなので実質的には最初のものと言える。副題は「ともに暮らす家を大切に」となっており、大量消費主義や無責任な開発を批判し、環境の劣化と地球温暖化を嘆き、世界中のすべての人々が「迅速で統一されたグローバルアクション」を起こすよう求めている。

(2)「太陽の賛歌」としても知られる聖フランシスコが作詞した宗教歌。

(3) Bonaventura（1221?—1274）一三世紀イタリアの神学者、枢機卿、フランシスコ会総長。当代の二大神学者としてトマス・アクィナスと並び称された。フランシスコ会の要請で、諸説あった聖フランシスコ像を統一する伝記を書き、『大伝記』として一二六三年に総会で承認された。

（4）教皇が大勢の聴衆に、通常は異なる言語で語りかけることを言う。ミサではなく、教皇が主題をもったスピーチをおこない、それに続いて祈りと訓戒、合唱などがおこなわれる。

（5）「ラウダート・シ」の中心概念で、総合的エコロジー、全人的エコロジーなどと訳されている。私たちが生きている背景を含めた全体像を見るために、世界を理解するさまざまな方法（神学、環境、経済、社会、文化、日常生活など）をすべて取り込んだ生態学のこと。

8章

（1）E・サイードが二〇〇三年に亡くなって以降、彼の名を冠する定例のメモリアル講演が複数の大学（コロンビア、プリンストン、ワーウィック、カイロ・アメリカン大学など）や組織の主催で、世界各地で連続開催されている。この講演は『ロンドン・レヴュー・オヴ・ブックス』誌が主催するシリーズ。

（2）木を抱く人々（tree huggers）とは、インドで樹木の伐採を防ぐために、そのまわりを取り囲んで守ろうとした運動に由来する、環境保護活動を指すやや嘲笑的な言葉。

（3）*After the Last Sky: Palestinian lives*（Pantheon Books, 1986）邦訳は『パレスチナとは何か』（岩波書店、一九九五年）。

（4）Kenule Beeson Saro-Wiwa（1941－1995）ナイジェリアの作家、環境活動家。一九五〇年代から石油採掘が始まったニジェール・デルタの先住民オゴニの出身で、シェル石油など国際石油資本による環境汚染に反発し、オゴニ人の権利を訴え非暴力で対抗した。一九九四年、軍事政権によって収監され翌年処刑された。

（5）アルバータ州北東部に位置するオイルサンド産業の中心地。現在は合併によりウッドバッファロー市の一部となっている。二〇一六年五月に大規模な山火事が発生し、周辺地区の住民を含め一〇万人以上が退避、民家の約二割が焼失したと報告されている。

（6）カナダ政府は一八八〇年から一九九六年まで一〇〇年以上にわたり、先住民の子どもをコミュニティから引き離して強制的にキリスト教会などが運営する「インディアン・レジデンシャル・スクール」に収容する同化政策をとった。環境は劣悪で、過大な労働や虐待もおこなわれていたと報告されている。

（7）人新世（Anthropocene）とは、人類が地球の地質や生態系に重大な影響を与える発端を起点として提案された想定上の地質時代。

（8）原文では Anglo-Persian Oil Company（APOC）となっている。一九〇八年に創設されたこの英国の石油会社は、一九一四年に英国政府が株式の五一％を取得して実質的に国営化した。イランでは最初の石油会社である。一九三五年にレザー・シャーが「ペルシャ」でなく「イラン」の名称を使うよう外国政府に公式要請したことに基づき Anglo-Iranian Oil Company（AIOC）と名称変更した。

（9）イスラエルが占領するゴラン高原との国境に近い都市で、二〇一一年三月にシリア内戦の契機となる反政府運動が起きた。

9章

（1）カナダはアメリカと同様、出生地主義を採用しているため、カナダで生まれた子どもは両親の国籍にかかわらずカナダ国籍を取得できる。

（2）Dish with One Spoon Wampum Belt Covenant　狩猟や領土の共有についての先住民どうしの条約。北アメリカ北東部の先住民のあいだで一二世紀初期から使われていたとされる。dishは土地、spoonは住民を意味し、土地の資源を分け合う相互協力の精神をあらわす。

（3）Martin Brian Mulroney（1939－　）一九八四～九三年まで首相。カナダ自由党のピエール・トルドー政権以来カナダはアメリカ依存を脱し自立をめざす経済政策を取ってきたが、マルルーニー政権は親米・対外開放路線を進め、アメリカとの自由貿易協定を締結。これはのちにメキシコを加えた北米自由貿易協定（NAFTA）へと発展した。

（4）ステープル理論は一九三〇年代から六〇年代までカナダで主流であった発展理論。考案者ハロルド・イニスは、カナダの文化・政治・歴史・経済は毛皮、魚、木材、鉱物、石炭など一連の「ステープル」と呼ばれる原料商品を採取し輸出することで発展したと主張した。このような経済は「中核―周辺」構造を必要とし、製造能力を持つ地域が原料を提供する地域を支配する。原料輸出に過度に依存した経済は、発展とともにその体制からの移行が必要となると説いた。

（5）第一次産品や資源の輸出に頼り、土に外国資本によってコントロールされる政情不安定な小国を指す。

11章

（1）「リープ・マニフェスト」を踏まえた政策提言と運動のオーガナイズを目的とした政治団体。https://theleap.org/

（2）北米西海岸の場合、夏から秋にかけての乾燥期に山火事が多発することが多い。

（3）スモアは、焼いたマシュマロとチョコレートの層を二枚のグラハムクラッカーで挟んだデザート。キャンプファイヤーで作ることが多い。

（4）米国ノースダコタ州とイリノイ州を結ぶ石油パイプライン「ダコタ・アクセス・パイプライン」は、スタンディングロック・スー族の居住地近辺を通り、彼らが水源とするミズーリ川を横切ることから、先住民族とその支援者による大規模な反対運動がくり広げられている。二〇二〇年七月、地裁が、環境調査が終了するまでパイプラインの操業の一時停止を命じた。

（5）二〇一七年八月、バージニア州シャーロッツビルで白人至上主義者やネオナチのグループが集会を開き、抗議する市民とのあいだに衝突が起きた。抗議者の列に車が突っ込み一人が死亡、十数人が負傷した。

12章

（1）二〇一六年、NFLサンフランシスコ・フォーティナイナーズのクォーターバックであったコリン・キャパニックが試合前の国歌斉唱で起立を拒否して膝をつき、有色人種への差別と警察官の暴行に対して抗議の意を示した。その後、多くの選手が同様の抗議の意を示したため、トランプ大統領は選手たちを「クビにしろ」などとツイッターで投稿。NFLは二〇一八年、選手会の反対を押し切り国歌斉唱時の起立を義務づけたが、二〇二〇年六月、人種差別への抗議運動の高まりのなか、このことを謝罪し、キャパニックの行動は正当化された。キャパニックは二〇一七年にフリーエージェントとなって以来どのチームとも契約できず、二〇二〇年八月現在までNFLでのプレーを再開できていない。

（2）ロンドンの下水管で見つかった腐敗した食用油の塊。二階建てバスとほぼ同じ量があり、氷山（アイスバーグ）になぞらえ「ファットバーグ」と呼ばれた。

（3）ギグ（Gig）は雇用ではなく単発の仕事を請負うことで成り立つ働き方。ライフスタイルに合わせて仕事と時間を選ぶ新しい働き方とされる反面、社会保障が十分ではなく労働者が搾取されるとの批判もある。

13章

（1）Nathaniel Rich（2018）"Losing Earth: The Decade We Almost Stopped Climate Change," *New York Times Magazine*. https://www.nytimes.com/interactive/2018/08/01/magazine/climate-change-losing-earth.html

（2）社会主義を掲げるアメリカの政党のひとつ。

15章

（1）二〇〇八年に改定されたエクアドル憲法でこの概念が採択

されて以来、とくに中南米においてこの概念が広まりつつある。
（2）計画的陳腐化とは、製品の寿命を意図的に短くなるよう設計したり、定期的なモデルチェンジによって古い製品の買い替えを促し、市場に新たなニーズを作り出すビジネス手法。

16章

（1）アフリカ系アーティストを担い手とするテクノカルチャーで、文学、SF、ファンタジー、音楽、アート、社会運動など領域は多岐にわたる。
（2）Kate Aronoff (2018) "With a Green New Deal, Here's What the World Could Look Like for the Next Generation," *The Intercept*. https://theintercept.com/2018/12/05/green-new-deal-proposal-impacts/
（3）以下で動画が視聴できる。https://www.youtube.com/watch?v=d9uTH0iprVQ

索　引

か行

さ行

た行

な行

は行

ま行

や行

ら行

わ行

訳者

中野真紀子（なかの まきこ）

「デモクラシー・ナウ！ジャパン」代表，翻訳業。訳書にエドワード・サイード『ペンと剣』（ちくま学芸文庫），『遠い場所の記憶 自伝』（みすず書房），『バレンボイム／サイード　音楽と社会』（みすず書房），ノーム・チョムスキー『マニュファクチャリング・コンセント』（トランスビュー），ヤニス・ヴァルファキス『わたしたちを救う経済学』（Pヴァイン）など。

関房江（せき ふさえ）

翻訳者，バイリンガル・リサーチャー。共訳書にマーク・クリスピン・ミラー編著『不正選挙——電子投票とマネー合戦がアメリカを破壊する』（亜紀書房）。

VEGETABLE OIL INK

本書の印刷には環境負荷の少ない
植物油インキを使用しています。

著者

ナオミ・クライン（Naomi Klein）

ジャーナリスト，コラムニスト。著書『ブランドなんか，いらない』（はまの出版），『ショック・ドクトリン』『これがすべてを変える』『NOでは足りない』（以上，岩波書店）などはいずれも世界的ベストセラーであり，30カ国以上で翻訳されている。ネットメディア「インターセプト」上級特派員，タイプ・メディアセンター執筆フェローを務め，『ネイション』『ガーディアン』ほか各紙に寄稿。ラトガーズ大学でメディア・文化・フェミニズム研究に関するグロリア・スタイネム寄付講座教授を務める。気候正義に取り組む組織「ザ・リープ」の共同創設者である。

ウェブサイト http://naomiklein.org

装丁　鈴木衛（東京図鑑）

DTP　編集工房一生社

地球《ちきゅう》が燃《も》えている

——気候崩壊《きこうほうかい》から人類《じんるい》を救《すく》うグリーン・ニューディールの提言《ていげん》

2020年11月16日　第1刷発行

定価はカバーに表示してあります

著　者　ナオミ・クライン

訳　者　中野真紀子

関　房江

発行者　中川　進

〒113-0033　東京都文京区本郷2-27-16

発行所　株式会社　大月書店

印刷　太平印刷社

製本　プロケード

電話（代表）03-3813-4651　FAX 03-3813-4656　振替00130-7-16387

http://www.otsukishoten.co.jp/

ISBN978-4-272-33099-7　C0036　Printed in Japan